Montañas y Paisajes del sur de España

FRANCISCO RODRÍGUEZ MARTÍNEZ

MONTAÑAS Y PAISAJES DEL SUR DE ESPAÑA

GRANADA
2005

MONTAÑAS Y PAISAJES DEL SUR DE ESPAÑA.
ISBN: 84-338-3268-9. Depósito legal: GR./413-2005.
Edita: Editorial Universidad de Granada.
Campus Universitario de Cartuja. Granada.
Diseño de Cubierta: Rosa María Rodríguez Mérida.
Fotocomposición: Portada Fotocomposición S.L. Granada.
Imprime: Imprenta Comercial. Motril. Granada.

Printed in Spain *Impreso en España*

A Cándida y a nuestros hijos.
A la memoria de mi madre

INTRODUCCIÓN

Montañas y paisajes. Entre estos dos términos ha discurrido, y discurre todavía de una u otra forma, sin duda, buena parte de mi actividad como investigador y como docente.

La montaña es el tema al que dediqué mis primeros trabajos y sobre todo la tesis doctoral sobre la Serranía de Ronda, concluida en el verano de 1975 y publicada en 1977, obra que abrió paso a otras muchas reflexiones y estudios sobre la montaña en general y sobre algunas montañas, andaluzas casi siempre, en particular. No era, sin embargo, un tema al que yo estuviera preconizado de alguna manera, pero las circunstancias, especialmente mi traslado a Málaga en 1971, me inclinaron, afortunadamente, a aceptar la sugerencia de mis maestros los profesores Joaquín Bosque Maurel y Eusebio García Manrique.

Algo parecido pasó con el paisaje. En aquellos iniciales años setenta, en la Geografía española como en la francesa se debatía todavía mucho sobre el alcance y contenidos del paisaje que era uno de los ejes mas corrientes del discurso geográfico, que daba síntomas contradictorios de parálisis y de renovación y, por tanto, no había pasado por alto en la tesis, aunque cuando la releo ahora, mas de un cuarto de siglo después no dejo de asombrarme de la pasión y del esfuerzo, rayano al sufrimiento, que traducen algunos pasajes escritos en aquella ocasión, en los que se alude, por ejemplo, al papel del paisaje en la Geografía regional y a la discusión planteada en algunos trabajos de Bartels sobre la función del paisaje en la nueva Geografía social que apuntaba entonces frente a la Geografía tradicional o clásica, la protogeografía como ahora la llaman algunos (J. Levy y M. Lussault, 2003). Mas que estos antecedentes, fue, no obstante, otra circunstancia también no electiva la que me llevó a desarrollar el tema del paisaje. A partir del curso 1976-77, estrenábamos el edificio de la Facultad de Filosofía y Letras en Cartuja y un nuevo Plan de Estudios para la también nueva Sección de Geografía, en realidad el primer plan autónomo de Geografía. En este contexto se me adjudicó una nueva materia, la Geografía del Paisaje «integrado», reto que tras las dudas iniciales asumí, como otros tantos a lo largo de mi vida, con dedicación y entusiamo.

Si he hecho referencia a estos contextos es porque creo que pueden ayudar a entender mejor no tanto el talante o la trayectoria personal del autor sino los contenidos de este libro. En cualquier caso parece evidente que docencia e investigación universitaria van indefectiblemente unidas y que la continuidad, mantenida a lo largo de mas de dos decenios suele reportar tantos sinsabores como satisfacciones por los frutos que se van obteniendo por uno mismo y, sobre todo, por aquellos discípulos iniciales, hoy colegas, como Eduardo Araque Jiménez, Pilar García Martínez, Yolanda Jiménez Olivencia, María Teresa Camacho, José Menor, Antonia Paniza y María José Martos, entre otros, que han continuado con estas líneas de trabajo, incorporando nuevos aspectos, métodos y técnicas, y, transmitiendo todo a una tercera generación de doctores especializados en estas temáticas, como José Domingo Sánchez o José Gómez Zotano. Evidentemente es una satisfacción grande haber podido cumplir este ciclo vital universitario sobre las montañas y los paisajes. Pero nada de autocomplacencia, porque el único mérito que podría atribuírseme es el de haber servido de vehículo o instrumento para ellos, como también otros lo fueron conmigo.

Por esto mismo, por fidelidad al «alma mater» y a los maestros que tuvimos la suerte de tener y por respeto a los que han venido después, no por ninguna otra causa, he aceptado la invitación de la Editorial Universidad de Granada para componer este libro para la serie «colectánea». No me considero maestro de nada pero no he querido eludir esta responsabilidad y, finalmente, hasta me alegro de que estos trabajos, hijuelos míos, muchos de ellos de difícil acceso, puedan ver de nuevo la luz.

Montañas y paisajes siguen siendo, por otra parte, a pesar de todo lo que se ha escrito y se sigue escribiendo sobre ello, términos tan amplios, fronterizos o híbridos que permiten continuar haciendo fructuosas incursiones desde ellos en otros campos o saberes, geográficos s.e. o no, deambular en suma con relativa comodidad por esos atractivos e irregulares márgenes entre las ciencias sociales y las de la naturaleza, que los paisajes y las montañas que nos rodean y en los que discurre y madura en ocasiones nuestra vida, nos muestran. Por esto y porque, entre otras cosas, son espacios de percepción inmediata, las montañas y los paisajes son una constante invitación a interrogarse sobre la constitución y desarrollo de las estructuras y sistemas espaciales entre la naturaleza y la sociedad y, por ende, objetos geográficos sobre los que cabe apoyar procedimientos metodológicos, de raíz inductiva ciertamente y que no resuelven del todo muchos problemas, pero que conservan un valor no desdeñable en la investigación, sin olvidar sus virtudes pedagógicas.

Evidentemente, como corresponde a la orientación esencial de la serie editorial «colectánea» se trata de una obra de recomposición, a partir de una selección finalizada en septiembre de 2004. No obstante, el hilo conductor que la sustenta no ha sido introducido totalmente a posteriori para recoser piezas dispersas sin relación entre sí. La unidad conceptual y de discurso estaban desde el principio, aunque la selección no se hizo con ningún sistema metodológico preestablecido. De haberse introducido otros trabajos mas amplios o profundos sobre los mismos o parecidos temas, se habría reforzado incluso mas la argumentación de fondo, pero la obra resultante hubiera resultado menos equilibrada y, posiblemente, hubiera rebasado los límites exigidos pos la Editorial.

Esta retrospectiva, como tras muchas, casi todas, no tiene sentido pleno mas que situándola en una trayectoria y en una prolongación prospectiva, en un doble compromiso con el presente y, en la medida de los posible, con el futuro, como ya se indicaba antes al hacer referencia a algunos contextos académicos tanto personales como de grupo. Así esta vuelta sobre uno mismo podría ser también una vuelta sobre los demás o los otros, geógrafos y geografias de aquí y de allá, de la Universidad Granada y de otras universidades andaluzas y españolas o, incluso, en menor grado, extranjeras, francesas e iberoamericanas sobre todo; geógrafos y geografías en que me he nutrido, con las que he convivido, desde finales de los sesenta del pasado siglo XX, tres décadas y media sin duda relevantes o incluso decisivas para le geografía española. Aunque se trate en este caso ciertamente de una cata muy modesta, tal vez, junto a otras similares, podría decir algo en este sentido.

En total se han incluido en esta publicación catorce trabajos agrupados en tres partes y trece capítulos. La primera parte comprende cuatro capítulos que hacen referencia principalmente a aspectos teóricos, metodológicos y técnicos («La montaña y el paisaje como conceptos y útiles de trabajo»), procedentes de cinco artículos, ya que el primer capítulo es una refundición de dos trabajos recientes centrados en la caracterización de las montañas andaluzas y españolas. Los otros tres capítulos reflejan el estado de los conocimientos geográficos sobre la materia desde finales de los setenta hasta 1990 aproximadamente.

La segunda parte («El desciframiento de las estructuras paisajísticas») recoge otros cinco artículos que tratan de profundizar en algunas claves estructurales de las montañas meridionales como la génesis de los paisajes, la estructura agraria, el abandono de la agricultura tradicional y el turismo.

Por último para la tercera parte («Ordenación y desarrollo territorial») ha sido mas difícil efectuar la selección ya que la extensión de algunos trabajos de referencia impedía su reproducción por razones de espacio. No obstante, los artículos seleccionados creo que reflejan, sino todos o los más relevantes trabajos, si las variables principales sobre las que se ha movido nuestro quehacer en materia de ordenación territorial de la montaña: políticas ambientales, espacios protegidos y desarrollo rural sostenible.

La Bibliografía de los diferentes trabajos de procedencia ha sido reunida y refundida al final del libro para aligerar los textos y evitar reiteraciones excesivas. También se han refundido los cuadros, las figuras y las notas, así como algunas autocitas de los textos.

En definitiva con este libro pretendemos contribuir a un mayor conocimiento de Andalucía y, sobre todo, de sus montañas y paisajes, tan singulares y significativos que se han hecho históricamente acreedores de los mayores elogios de viajeros, naturalistas y científicos de todo el mundo.

PRIMERA PARTE:

LA MONTAÑA Y EL PAISAJE COMO CONCEPTOS Y ÚTILES DE TRABAJO

CAPÍTULO 1
LA MONTAÑA COMO HECHO GEOGRÁFICO: CARACTERIZACIÓN DE LAS MONTAÑAS ESPAÑOLAS Y ANDALUZAS *

Las montañas españolas deben su personalidad, ante todo, a su condición de tales y a su situación geográfica en la franja más meridional o mediterránea de las latitudes medias. La singularidad de las montañas, cualesquiera que sean, consiste, como apunta García Fernández (1991), en serlo. Esto significa reconocer su entidad ecológica, que se apoya en los mismos o parecidos hechos generales casi siempre, sobre todo entre montañas de la misma latitud. En este sentido, la altitud, la articulación morfoestructural, el poblamiento y el modo de relacionarse con las llanuras son muy semejantes en sus fundamentos básicos en todas las montañas que rodean el Mediterráneo, «un mar entre montañas antes que un mar entre tierras» (Deffontaines, 1946).

Las montañas compartimentan el territorio en múltiples teselas, y de ello resultan, por un lado, muchas de las peculiaridades de los distintos ámbitos montanos en cualquier país mediterráneo. Peculiaridades climáticas, tan evidentes en sus rasgos generales en España, estrechamente relacionadas con el propio relieve montañoso y con su disposición y configuración, y, asimismo, botánicas y edáficas. De la diver-

* En *Geografía de España* (Coord: A. Gil Olcina y J. Gómez Mendoza), Barcelona, 2000, Ariel y *Geografía de Andalucía* (Coord: A. López Ontiveros), Barcelona, 2003, Ariel.

sidad del potencial ecológico se derivan en gran medida los ricos contrastes en la explotación biológica y en la biodiversidad de nuestras montañas, principalmente los que distinguen las Iberias húmeda y seca, contrastes acentuados por los vaivenes de una historia natural nada común (McNeil, 2003), que tiene que ver, en principio, con la situación de encrucijada intercontinental e intermarítima de la península Ibérica. De ahí, en principio, la riqueza y variedad de nuestros paisajes naturales de montaña, la parte principal de nuestro valioso y frágil patrimonio naturalístico.

Pero las montañas españolas, como la mayoría de las montañas, y en especial las mediterráneas, no pueden concebirse al margen de una acción humana permanente desde la Antigüedad. Objeto sin excepción de un poblamiento milenario hasta el límite de lo posible, la explotación continua de los diversos potenciales de uso existentes en ellas ha determinado una transformación de más o menos entidad, pero, en cualquier caso, suficiente para que sus huellas estén omnipresentes. La montaña española es un espacio humanizado, por tanto, pero no sólo porque ha sido ocupado y transformado desde hace mucho tiempo, sino también, y sobre todo, porque lo ha sido durante la mayor parte del tiempo de una forma relativamente peculiar o distinta de las áreas aledañas. En efecto, al menos desde el Medievo y hasta bien avanzado el siglo XX, ha existido una organización del espacio con unos fundamentos muy claros que han prevalecido, a pesar de algunas transformaciones, hasta su crisis definitiva en relación con la gran transformación industrial y urbana del conjunto de España. A pesar de esta gran crisis que ha arruinado definitivamente los fundamentos de la aludida organización secular, en los paisajes, en la cultura, en la sociedad montana actual perviven muchos rasgos de la organización tradicional, algo que, muchas veces, condiciona la nueva organización espacial que parece estar surgiendo.

Esta nueva organización emergente trata de responder a la despoblación y al abandono de las actividades agrarias tradicionales derivadas del éxodo rural en estas áreas, apelando a las nuevas demandas de la sociedad de ocio de nuestros días, lo que en la mayoría de los casos no ha bastado para mantener el mínimo poblacional necesario para el sostenimiento del equilibrio ecológico y socioeconómico.

1. DISTRIBUCIÓN E IMPORTANCIA DE LAS MONTAÑAS ESPAÑOLAS. PREDOMINIO DE LA MONTAÑA MEDIA

España es el país más montañoso de Europa, tras Suiza. Este tópico necesita ser explicado mínimamente para determinar su valor real, tanto en términos cuantitativos como cualitativos. Valorar la montaña sólo por la altitud no permite calibrar toda la relevancia del hecho montano, auténtico «espacio tridimensional» (Troll, 1973). Sin embargo, en un análisis general, servirse de esta variable es el único modo asequible de establecer algunos hechos básicos imprescindibles; por ejemplo, empezar a vislumbrar el potencial de integración vertical de los sistemas de explotación tradicionales y la disponibilidad de algunos recursos. Las montañas españolas han sido aprovechadas, como se ha dicho, al límite de lo posible, lo que en altitud significa hasta unos 2.400 m aproximadamente. Más allá, no sólo hay dificultades climáticas casi insalvables para las actividades humanas tradicionales sino que predominan los roquedales prácticamente improductivos. Por encima de 2.000 m, límite que viene a coincidir con el de la «alta montaña», hay por añadidura poco territorio en España, apenas 4.587 km^2, menos del 1% de la superficie española (cuadro 1).

En cambio, las tierras de altitud media se aproximan al 57% (287.415 km^2). Aunque en este tramo se incluyen considerables extensiones de mesetas, altiplanos y valles intermontanos (la importancia del hecho meseteño ha sido reconocida desde hace ya más de un siglo), la montaña media española es claramente predominante, no menos del 42% según diversos cálculos (Anglada, Balcells y otros,

Cuadro 1. *España. Zonas Altimétricas*

	Total superficie km²	%	*< 200 m km²*	%	*201 a 600 m km²*	%	*601 a 1.000 m km²*	%	*1.001 a 2.000 m km²*	%	*0000000> 2.000 m km²*	%
Andalucía	87.595	17,3	23.802	41,3	31.924	20,4	19.791	10,0	11.441	12,9	637	13,9
Aragón	47.720	9,4	1.527	2,7	18.162	11,6	13.148	6,6	13.929	15,7	954	20,8
Asturias	10.604	2,1	2.078	3,6	3.385	2,2	2.660	1,3	2.456	2,8	25	0,5
Baleares	4.992	1,0	4.228	7,3	627	0,4	87	0,0	50	0,1	0	0,0
Canarias	7.492	1,5	2.568	4,5	2.524	1,6	781	0,4	1.314	1,5	260	5,7
Cantabria	5.321	1,1	1.373	2,4	1.394	0,9	1.544	0,8	990	1,1	20	0,4
Castilla y León	94.224	18,6	20	0,0	1.770	1,1	62.649	31,5	29.626	33,4	159	3,5
Cast.-La Mancha	79.461	15,7	0	0,0	9.982	6,4	53.091	26,7	16.379	18,5	9	0,2
Cataluña	32.113	6,3	6.455	11,2	9.659	6,2	10.670	5,4	3.142	3,5	2.187	47,7
C. Valenciana	23.255	4,6	6.085	10,6	8.100	5,2	7.516	3,8	1.554	1,8	0	0,0
Extremadura	41.634	8,2	1.116	1,9	36.173	23,1	3.643	1,8	702	0,8	0	0,0
Galicia	29.575	5,8	5.018	8,7	15.293	9,8	7.278	3,7	1.986	2,2	0	0,0
Madrid	8.028	1,6	0	0,0	1.285	0,8	4.991	2,5	1.426	1,6	326	7,1
Murcia	11.314	2,2	1.692	2,9	4.851	3,1	3.641	1,8	1.130	1,3	0	0,0
Navarra	10.391	2,1	107	0,2	6.063	3,9	3.426	1,7	795	0,9	0	0,0
País Vasco	7.234	1,4	1.514	2,6	3.414	2,2	2.069	1,0	237	0,3	0	0,0
La Rioja	5.045	1,0	0	0,0	1.762	1,1	1.664	0,8	1.609	1,8	10	0,2
Territorios del norte de África	32	0,0	31	0,1	2	0,0	0	0,0	0	0,0	0	0,0
España	506.030	100,0	57.614	100,0	156.370	100,0	198.649	100,0	88.766	100,0	4.587	100,0

Fuente: Anuario Estadístico de España, 1999. Elaboración propia.

1980; Abreu, 1981). Lo que deja traslucir, no sólo su importancia cuantitativa, sino la trascendencia de este tipo de estructuras en la organización tradicional del espacio rural y su diverso grado de integración, tanto con la economía de los valles y llanadas aledañas como con los espacios de mayor altitud allá donde coexisten. La posibilidad de esta coexistencia de espacios de diverso potencial de utilización, eventualmente complementarios, es esencial en la organización de la vida rural tradicional orientada básicamente a la autosuficiencia alimentarla, que es siempre más viable, donde son posibles los intercambios y la obtención de rentas complementarias. Por estos motivos debe valorarse especialmente la distribución de los diversos tipos de montaña (alta, media, baja), más incluso a nivel regional, ya que a esta escala se imponen con mayor evidencia aún los hechos antes señalados. El cuadro 2 permite apreciar relativamente la trascendencia de la media montaña en casi todas las regiones: no sólo en aquellas en que están presentes los sistemas orográficos de mayor significado (Aragón, Asturias, Cantabria, Cataluña, Navarra, La Rioja o Madrid), sino también en aquellas en que los espacios meseteños rodeados de montañas constituyen, según escribe García Fernández, verdaderas «llanuras enclaustradas» (Castilla y León, Castilla-La Mancha), o incluso en aquellas otras en que la cercanía del litoral a la montaña realza el valor de esta última. Por último, debe destacarse lo excepcional del carácter montano de las islas Canarias, cuya distribución es anómala, no ya por su carácter insular, sino por sus peculiares altos relieves volcánicos y las específicas condiciones del escalonamiento bioclimático que se derivan, entre otros factores, del alisio en altitud.

La escala regional puede no bastar, sin embargo, para apreciar bien otros hechos, incluso de mayor calado. Primero, por la diversa amplitud territorial de los marcos regionales, que llega a invalidar, aunque se presenten en cifras relativas, algunas hipótesis analógicas. Segundo, por-

Cuadro 2. *Distribución altitudinal de las montañas españolas (%)*

	Baja < *600 m*	*Media* *De 600 a 2.000 m*	*Alta* > *2.000 m*
Andalucía	63,6	35,7	0,7
Aragón	41,3	56,7	2,0
Asturias	51,5	48,2	0,2
Canarias	68,0	28,0	3,5
Cantabria	52,0	47,6	0,4
Castilla y León	1,9	97,9	0,2
Castilla-La Mancha	12,6	87,4	0,0
Cataluña	50,2	43,0	6,8
Comunidad Valenciana	61,0	39,0	0,0
Extremadura	89,6	10,4	0,0
Galicia	68,7	31,3	0,0
Madrid	16,0	79,9	4,1
Murcia	57,8	42,2	0,0
Navarra	59,4	40,6	0,0
País Vasco	68,1	31,9	0,0
La Rioja	34,9	64,9	0,2
Territorios del norte de África	100,0	0,0	0,0
España	42,3	56,8	0,9

Fuente: Anuario Estadístico de España, 1999. Elaboración propia

que, en ocasiones, los hechos más relevantes se observan más y mejor a nivel regional, provincial o local. Ejemplo paradigmático de ello es la provincia de Granada, que concentra en tan sólo 532 km^2 algunas de las mayores cumbres peninsulares (Mulhacén, Veleta), lo que representa el 86,2% de la alta montaña andaluza y apenas el 11% de la española (Rodríguez, 2000). Algo similar viene a suceder en Canarias con Tenerife y el Teide, en tanto que las cumbres pirenaicas, aragonesas y catalanas parecen mejor reflejadas tanto a nivel estatal como regional.

Aunque de diferente entidad y valor, el territorio montañoso en España es muy extenso. En 1987, las zonas de agricultura de montaña (ZAM) se estimaban oficialmente en 19,2 millones de ha, el 38% del territorio peninsular, con una población de 6,2 millones; población y extensión considerables, aunque sean discutibles los criterios usados para apreciarlas (Gómez Benito y otros, 1987). En todo caso, todas las cifras usadas hasta aquí permiten sólo una evaluación aproximada y predominantemente cuantitativa de la importancia de las montañas españolas. No obstante, como se verá en posteriores apartados, las montañas deben valorarse de forma más cualitativa, principalmente por el destacado papel que desempeñan en la organización del territorio. Las montañas españolas, tanto o más que otras del propio ámbito mediterráneo, suelen ser, entre otras cosas, reservas naturales, y núcleos hidrográficos, que acumulan grandes cantidades de energías renovables de diversos tipos, recursos agrarios, forestales, faunísticos, y mineros. Ofrecen, además, paisajes originales y muy valiosos cultural y antropológicamente, parques naturales y, en definitiva, todo un rico muestrario de recursos territoriales cada vez más demandados por la nueva sociedad del ocio.

Las montañas tienen, por todo ello, un papel capital en la ordenación de las áreas periféricas que necesitan de esos recursos. De ahí que el destino y la evolución de nuestras cada vez más despobladas montañas no sea algo sin importancia, lejano y ajeno al progreso del conjunto del país, sino algo decisivo y digno de tener en cuenta en la ordenación del territorio y en la planificación ambiental y económica.

Estas cuestiones son, sin embargo, de planteamiento muy reciente en nuestro país. A pesar de los numerosos estudios geográficos sobre nuestras montañas, hasta las dos últimas décadas se ha tratado casi siempre de estudios excesivamente académicos y de escasa incidencia política. En realidad, los nuevos planteamientos de las montañas españolas se derivan de dos hechos casi universales, aunque se hayan manifestado en España más tarde que en otros países desarrollados. En primer lugar, la evolución de las áreas montañosas en relación con los procesos de desarrollo urbano-industriales contemporáneos. La evolución de las montañas no sería sino una expresión más de los procesos de desequilibrio territorial y socioeconómico, que acompañan, desde hace dos siglos, el desarrollo de los «países avanzados». Tras diversas etapas se llega a un estado de crisis, de abandono y semidespoblación, primero, y luego, en algunos casos, a una cierta recolonización en función principalmente del turismo, que ha dado escasos pasos positivos en el sentido de una nueva organización territorial sostenible. En segundo lugar, la creciente demanda, antes indicada, de recursos montanos desde las áreas periféricas, donde, en contraposición con la despoblación de la montaña, se acumula la población y la demanda de agua, energía, madera, ocio-recreación, etc. (Mulero, 1995).

El avance de la cultura ambiental desde comienzos de los setenta, y las nuevas ideas sobre el desarrollo sostenible (Conferencia de Río 1992) han podido determinar también, en las últimas décadas, una revitalización del interés general por la montaña, que es muy antiguo en la Geografía, pero que no había tenido en España la trascendencia actual (Cabero y otros, 1992). Por todo ello, se va a incidir en los siguientes epígrafes en los rasgos más destacados de esta evolución y en las perspectivas actuales de desarrollo de los ámbitos montañosos españoles.

2. LA CRISIS DE LOS MODOS DE VIDA TRADICIONALES. DESFASES Y PERVIVENCIAS

En general, las condiciones ecológicas de las montañas españolas, aunque básicamente mediterráneas y, por tanto, no tan desfavorables como en otras latitudes, son un auténtico reto para la ocupación humana que eventualmente no lo habría afrontado de no ser por determinadas condiciones históricas. La montaña es, en efecto, una variable esencial en la dilatada y compleja historia del mundo mediterráneo ibérico. Una historia muy inestable, en relación con la situación de puente y encrucijada de civilizaciones. Esta inestabilidad no parece, en principio, que favorezca la cristalización de unos modos de vida agrarios, sobre todo si, por añadidura, los equilibrios ecológicos son frágiles y cada nuevo terrazgo supone una verdadera conquista, por el esfuerzo, la solidaridad y la sofisticación extrema que requiere la adaptación, en estos medios montanos tan exigentes, de las técnicas mediterráneas del llano. No podemos entrar aquí en la descripción de la organización tradicional, producto de una larga historia, que, como se ha dicho, se remonta al menos al Medievo. No faltan excelentes estudios de diverso calibre que afrontan este análisis, tanto a nivel de sistemas ecológicos amplios (García Fernández, 1975, 1976, 1991; García Ruiz, 1976; Bosque Maurel, 1968, 1979; Rodríguez, 1981, 1989), como de montañas concretas (véase bibliografía, especialmente Cabero y otros, 1992). Conviene dejar claro, en todo caso, que más allá de las diferencias ecológicas y humanas entre las diversas montañas del norte y del sur (en las que volveremos a insistir), en todas partes la organización espacial tradicional resulta de un compromiso entre un determinado tipo de economía preindustrial, cuyo objetivo básico es la producción de alimentos para garantizar la subsistencia y, si es posible, la autarquía, por un lado, y un sistema social basado en el control del bien más importante que es la tierra. De ello se derivan, como dice García Femández (1991), diferentes modos de hacer las cosas debido, tanto a las condiciones ecológicas de cada montaña como a las peculiaridades del sistema social desarrollado al efecto. De ahí vienen, asimismo, las diferentes funciones y valoraciones de recursos tales como los pastos o la ganadería, los terrazgos agrícolas o los aprovechamientos forestales en cada montaña o sistema orográfico, así como las diversas relaciones con los valles y llanos, la amplitud de la trashumancia, el tipo de poblamiento, etc.

En definitiva, con los modos de vida tradicionales, las montañas españolas, en su mayoría, lograron desarrollar una actividad económica capaz de sustentar una densa población; en ocasiones incluso llegaron a ser espacios temporalmente superpoblados, exportadores de recursos humanos (García Fernández, 1975, García Manrique y Ocaña, 1986), de donde se deriva también la necesidad de las crisis demográficas periódicas en el marco tradicional de la montaña.

El proceso actual de abandono es muy distinto de las tradicionales emigraciones. Aunque tenga significativos precedentes y numerosos matices locales, no se generaliza hasta los años sesenta del siglo XX, coincidiendo con la crisis del mundo rural español derivada del proceso de industrialización. En casi todas las montañas españolas, que habían conocido en su mayoría máximos poblacionales similares a los de mediados del siglo XIX durante la autarquía posterior a la guerra civil, esa crisis rural fue mucho más intensa que en el resto del campo español. No se trata ya de una de las tradicionales «expulsiones» de montañeses, sino de un proceso generalizado que demuestra la incapacidad de la organización tradicional para asimilar un conjunto de cambios rápidos que afectan a la pequeña escala productiva y al autoabastecimiento, es decir, a su esencia misma, por lo que dicha organización se desarticula y queda privada de la solidaridad social que la sostenía (Cabero, 1981). Un problema básico en este sentido pudo ser la acumulación en poco tiempo de hechos de difícil control en unas sociedades relativamente cerradas. En esto residen tal vez, y no en el simple desfase temporal, las mayores diferencias entre los procesos de abandono de las montañas españolas y centroeuropeas (Gabert y Guichonet, 1965). En efecto, adaptados a las limitaciones del medio y relativamente cerrados, los sistemas tradicionales reaccionaban de manera lenta ante las innovaciones y los estímulos externos. Si éstos eran escasos o poco dinámicos, la cultura montana acababa por incorporarlos o asimilarlos, lo que no ha sido posible cuando los impactos recibidos desde el exterior han sido múltiples y rápidos. Desde mediados del siglo XX se ha visto afectado el núcleo mismo del sistema tradicional, que era la solidaridad, y, en consecuencia, se ha alterado el papel relativo de los espacios rurales y especialmente de las montañas en la economía general. Una cascada de procesos encadenados (figura 1) conduce entonces al desmoronamiento de la sociedad de montaña tradicional ya la desaparición o la esclerosis de los paisajes. En el modelo, ideado por E. Lichtenberger (1979) para explicar esta crisis, por otra parte casi universal, los factores que dominan son siempre los de orden exógeno (políticos, económicos y de urbanización) y endógenos (socioeconomía local) en tanto que a los factores de orden físico o ecológico se les atribuye un valor prácticamente constante (Rodríguez, 1981).

Desde los años sesenta, tras el plan de estabilización, en todas las montañas españolas se vive un capítulo especial del éxodo rural hacia las áreas industriales del interior y hacia otros países, producto, en suma, de unas condiciones económicas y sociales insostenibles a las que apenas trató de responderse mediante la política de comarcas de acción especial y concentraciones municipales pretendiendo contener la sangría migratoria con unificaciones de servicios que alteraban aún más la solidaridad social y territorial (estructura del poblamiento). Debido a ello, el proceso de despoblación era tan profundo a principios de los ochenta que se intentó atajarlo mediante leyes (Ley de Agricultura de Montaña, 1982; Llei Catalana de Alta Muntanya, 1983), que trataban de afrontar los problemas de manera más integral y adaptarse a los planteamientos de la CEE (Directriz 268/75; Reglamento 355/77), ya en vísperas del ingreso. Era tarde ya. La dinámica despobladora continuó hasta consumar el abandono total de serranías enteras (Demanda-Cameros, montañas leonesas y zamoranas, Ayllón, Cuenca...) o de amplios sectores, por lo que, como veremos, la integración en el Mercado Común no podía concluir más que en un nuevo proceso acelerado de reestructuración económica que no ha concluido todavía.

Figura 1. *Factores de la crisis montañesa*

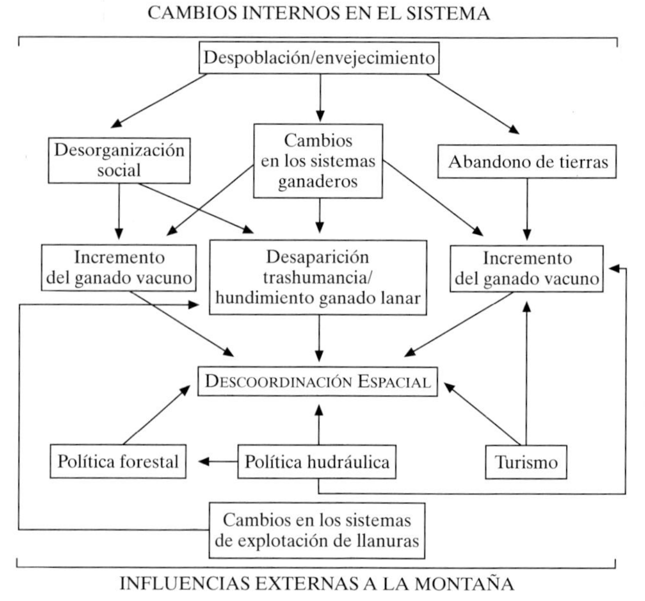

Fuente: García Ruiz, J. M., 1990.

3. LA MONTAÑA EN ANDALUCÍA

Los espacios montañosos no son ninguna rareza en Andalucía (figura 2). Nada más inexacto, sobre todo si se trata de temas agrarios, que el viejo tópico que identifica el solar andaluz con la depresión bética. Las tierras llanas, cuencas y planicies, de menos de 400 m, representan solo el 45% del territorio regional, lo que si bien supera ligeramente la media española (42%) no deja de sugerir la importancia cuantitativa de las tierras de mayor altitud, potencialmente más montañosas, aunque valorar la montaña solo por la altitud no permite calibrar toda la relevancia

Figura 2. *Unidades físico-ambientales*

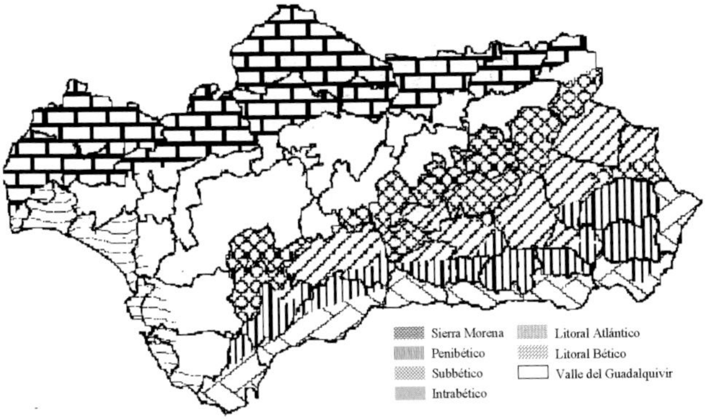

cualitativa del hecho montano, auténtico «espacio tridimensional» (Troll, 1973, 4). Sin embargo, no son menos relevantes otros aspectos cualitativos, como los específicos caracteres ecológicos y humanos de los diversos macizos y su distribución en el territorio, de donde se derivan los contrastes mayores con las llanuras interiores y los litorales.

Ninguna de las provincias andaluzas se sustrae a la montaña que aparece de forma significativa en todas ellas (Cuadro 3). Ante todo, enmarcando el valle del Guadalquivir que queda inscrito como un triángulo isósceles entre Sierra Morena y las Cordilleras Béticas, abierto solo en su base, al Suroeste de la región. Haciéndose después mucho mas patente al Sur y al Este, donde dominan las Béticas que se prolongan hasta el mar. Se justifica así que más del 80% de las montañas andaluzas se concentren en las cuatro provincias orientales, la Andalucía alta por antonomasia. No obstante las Béticas afectan también a la mayoría de las provincias occidentales (Cádiz, Córdoba y Sevilla) y Sierra Morena impone su presencia tanto en Jaén, donde alcanza las mayores cotas, como en Córdoba, Sevilla y Huelva.

Cuadro 3. *Andalucía. Zonas altimétricas*

	< 400 m		*401-1000 m*		*1001-2000 m*		*>2000 m*		*Total superficie*	
	km²	%	*km²*	%	*km²*	%	*km²*	%	*km²*	%
Andalucía Oriental										
Almería	2.696,0	30,7	3.452,7	39,3	2.547,9	29,0	81,4	0,9	8.778,0	100
Granada	392,2	3,1	5.685,4	44,9	6.045,5	47,7	531,7	4,2	12.654,8	100
Jaén	2.542,2	18,8	8.373,8	62,1	2.560,9	18,9	3,4	0,0	13.480,4	100
Málaga	2.493,9	34,1	4.321,5	59,1	491,3	6,7	0,0	0,0	7.306,8	100
Suma	8.124,3	19,2	21.833,5	51,7	11.645,7	27,6	616,6	1,4	42.220,1	100
Andalucía Occidental										
Cádiz	6.410,5	86,0	975,3	13,1	60,7	0,8	–	–	7.446,6	100
Córdoba	5.573,1	40,4	8.114,9	58,9	79,8	0,6	–	–	13.767,9	100
Huelva	8.199,2	81,3	18.74,8	18,6	0,4	0,0	–	–	10.074,5	100
Sevilla	11.771,1	83,7	22.79.4	16,2	1,2	0,0	–	–	14.051,8	100
Suma	31.954,0	70,4	13.244,6	29,2	142,3	0,3	–	–	45.341,0	100
Total	40.078,3	45,7	35.078,1	40,0	12.057,9	13,6	616,6	0,7	87.561,1	100

Fuente: Anuario Estadístico de Andalucía. Elaboración propia.

Cuadro 4. *Distribución de las montañas andaluzas (%)*

Áreas	*Baja*	*Media*	*Alta*
Granada	16,2	50,0	86,2
Andalucía Oriental	62,2	98,8	100,0
Andalucía Occidental	37,8	1,2	–
Total Andalucía	100,0	100,0	100,0

Fuente: Elaboración propia.

Se trata, por otro lado, en su mayor parte (más del 90% del total) de montañas de mediana altura, entre 1.000 y 2.000 m. La alta montaña (> 2.000) es excepcional (apenas el 1,5%) y, salvo en Sierra Nevada (Granada) que reúne el 86% de toda la alta montaña andaluza, se trata casi siempre de cimas aisladas (Cuadro 4).

4. LA MEDITERRANEIDAD DE LAS MONTAÑAS ANDALUZAS

Los caracteres ecológicos y humanos de los paisajes serranos andaluces son, ante todo, los propios de una montaña mediterránea. Este hecho, la mediterraneidad, merece una consideración atenta sobre todo en relación con los rasgos humanos y agrarios, no solo porque a ellos apunta ahora nuestra atención, sino porque circunscribirse a los caracteres bioclimáticos restringe el concepto y le resta significación geográfica. La adecuada comprensión de la vida rural de las montañas no debe basarse tan sólo en las variantes de las potencialidades ecológicas sino que ha de atender cuidadosamente a la historia de los paisajes y al desarrollo de los modos de vida que definen las condiciones de la adaptación del hombre al medio. La montaña es una constante mediterránea hasta tal punto que, como ya se ha dicho (P. Deffontaines 1972, 27), el Mediterráneo resulta ser un mar entre montañas antes que un mar entre tierras. El predominio montañoso es bien patente en todos los países ribereños y especialmente en las áreas regionales más próximas al mar como Andalucía.

Se trata, por otra parte, de unas montañas diferentes, con un cierto número de factores favorables a la ocupación humana, sin que ello quiera decir que carezcan de los inconvenientes y limitaciones propios de toda montaña y de algunos específicos. Entre los factores favorables está sin duda la situación, en una latitud casi subtropical y en las inmediaciones de una masa de agua muy templada, de donde se derivan unas condiciones térmicas que permiten entre otras cosas un desarrollo altitudinal específico de la vegetación y de los cultivos. Las actividades agrarias remontan así hasta los 2.000 m o más, si las condiciones topográficas y edáficas lo permiten. De donde se deriva, asimismo, el peculiar escalonamiento de los sistemas de aprovechamiento agrario, incluso donde escasea o no existe la alta montaña.

Otro factor favorable, mas decisivo si cabe, es el que estas montañas sean verdaderos islotes pluviométricos, que concentran la humedad y la redistribuyen a su entorno más o menos inmediato, actuando por tanto como reservorios superficiales y subterráneos y, en definitiva, como núcleos hidrográficos. Esto favorece el desarrollo de la vida agraria en las montañas y hace depender de ellas el abastecimiento hídrico de las llanuras periféricas, mucho más condicionadas por esa otra constante mediterránea que es la sequía estival. Las montañas andaluzas en un medio mas o menos semiárido, con varios meses asegurados de abrumadora indigencia pluvial, aseguran así el equilibrio vital de llanos y depresiones. Como escribiera P. George (1985, 9) especialmente «al Sur y al Sureste, el paisaje sería el de Libia, si el antepaís marítimo no estuviese revitalizado por el agua acumulada en las montañas». Las vegas y campiñas andaluzas son obra de los ríos y se mantienen también gracias a las aguas de riego derivadas de las montañas.

Se entiende por tanto que la montaña andaluza no resulte, en principio, tan desfavorable ni tan repulsiva como otras para las actividades agrarias. No obstante, los factores limitantes también están presentes, aunque, asimismo, presentan la mayoría de ellos una cierta especificidad. Destaquemos entre ellos los acusados desniveles y las inestables vertientes calcáreas y arcillosas características de un relieve alpino joven como el de las Béticas, sin olvidar que en el zócalo mariánico de la Sierra Morena tampoco faltan estos fenómenos al amparo de viejas fracturas y de la erosión diferencial sobre calizas primarias, pizarras, barras cuarcíticas y plutones graníticos.

Todo ello favorece una fuerte erosión del suelo, que en algunos sectores béticos es de las mayores de la cuenca mediterránea, y que acentúa la impresión de relieve discontínuo, de sierras abruptas, encajadas y subdivididas internamente en multitud de afloramientos que parecen «esfumarse a cada paso» traduciendo la complejidad estructural (Fallot, 1942, 15). En definitiva, unas condiciones ecológicas sumamente contrastadas tanto entre los dominios básicos como dentro de ellos, de donde resulta un espacio muy diferenciado y parcelado con muy variadas potencialidades agrarias. El Cuadro 5 pone de manifiesto los grandes contrastes en la utilización del suelo que resultan, en principio, de las diferencias de potencial ecológico, aunque no solo de ellas. Llama la atención, ante todo, de nuevo, la considerable extensión de los dominios ecológicos de montaña que reúnen, según esta fuente, el 70% de la superficie productiva de Andalucía, si bien es evidente que una parte de la superficie incorporada para este cálculo debe corresponder al litoral bético en donde la montaña cae directamente sobre el mar. Pero más sorprendente aún resulta la extensión cultivada en estos espacios, la mitad exacta del área cultivada de la región, que corresponde casi toda a las Béticas. Se deriva de ello, una radical diferenciación entre estas montañas tradicionalmente de agricultores y Sierra Morena, donde ha predominado históricamente el sistema de la dehesa, de mayor vocación ganadera y silvícola (Rivera, 1992). No obstante el aprovechamiento forestal ha

Cuadro 5. *Superficie productiva y cultivada por conjuntos fisiográficos*

Conjuntos fisiográficos	*A.- Sup. productiva*		*B.-Sup. cultivada*		
	(ha)	%	(ha)	%	B/A(%)
Valle Guadalquivir	2.230.000	29,6	1.860.000	50,8	83
C. Béticas	3.137.000	41,7	1.474.000	40,2	46
Sierra Morena	2.150.000	28,6	324.000	8,8	15
TOTAL	7.517.000	100,0	3.658.000	100,0	48

Fuente: Consejería de Agricultura. Elaboración propia.

Cuadro 6. *Distribucion del espacio rural en Andalucía*

Superficie productiva (sp)	*000 ha*	*% SP*	*% ST*
Superficie cultivada	4.162	55,3	48
Prados y pastizales	702	9,3	8
Forestal	2.658	35,3	30
SUMA	7.517	100,0	86
Otras superficies	1.214	_	14
TOTAL (ST)	8.732	_	100

Fuente: Junta de Andalucía. I.E.A. Elaboración propia.

tenido y tiene una gran importancia superficial ya que afecta a un tercio de la superficie regional y se concentra lógicamente en estas áreas montañosas.

5. DESFASES Y PERSISTENCIAS DE LOS MODOS DE VIDA TRADICIONALES EN LAS MONTAÑAS ANDALUZAS

Cuando se analiza la evolución demográfica de las montañas andaluzas en el último siglo y medio, llama la atención el alto nivel poblacional de todas ellas hasta mediados del s. XX. Se podrían diferenciar dos etapas. Hasta finales del s. XIX (en algunos casos hasta 1930), el crecimiento es generalmente sostenido, aunque tiene las características atribuidas al «ciclo antiguo», es decir una alta natalidad, correlativa casi siempre con una mortalidad también alta pero que decrece mas rápidamente que aquella. Resulta significativa la «resistencia» mayor de algunas montañas a las últimas grandes epidemias (cólera, tifus, gripe). Todo ello garantiza un crecimiento continuo en la mayoría de los casos que permite, con frecuencia, superar la media española y andaluza. Las crisis montanas de tipo antiguo caracterizadas por «expulsiones» periódicas de los excedentes demográficos que se compensaban rápidamente con el crecimiento vegetativo, no dejan de producirse en la mayoría de los casos acompañando a crisis económicas más o menos generalizadas y ligadas a sistemas comerciales superpuestos (minería del plomo y del hierro, filoxera, mildiu) especialmente entre 1870 y 1920. Las emigraciones de serranos andaluces a América del Sur y al Norte de Africa son principalmente producto de ello. En todo caso, las salidas son también consecuencia de la alta presión demográfica existente, especialmente en las montañas mas meridionales (entre 40 y 60 h/km^2 en las Béticas en 1870).

Este contexto histórico revela un grado impresionante de adaptación y aprovechamiento al máximo de los recursos naturales, especialmente en la Andalucía alta, en contraste con el valle bético, donde, a veces el «despilfarro», producto principalmente de la desequilibrada estructura socioeconómica, era evidente. El censo de 1860 revela que todavía las provincias orientales acumulaban mas población que las occidentales. Es decir exactamente lo contrario que actualmente, lo que traduce el dinamismo de las economías de montaña, máxime teniendo en cuenta que por entonces no había ocurrido aún el auge del litoral surmediterráneo. Como señala García Manrique (1986), esta realidad demográfica era la expresión mas clara de la fuerza que en el mencionado contexto alcanzan las pequeñas comunidades rurales, intensamente parceladas, dominadas por un minifundismo exacerbado y conjugado con un enorme esfuerzo humano que aprovecha todas las posibilidades del medio rural tanto en las laderas como en los valles intramontanos.

A lo largo del s. XX, esta situación va a cambiar de signo, aunque las zonas montañosas mas meridionales continuarán, con altibajos, manteniendo un alto poblamiento, hasta mediados del siglo, gracias al crecimiento natural que equilibraba las salidas de emigrantes. Desde entonces, por el contrario, se produce una caída brusca de efectivos que responde al proceso económico antes señalado y las salidas de emigrantes hacia las ciudades y regiones industriales españolas y europeas ya no podrán ser compensadas como antes.

La generalidad de las causas explica que los efectos sean similares en todas las montañas andaluzas, aunque no faltan desfases temporales que traducen las particulares circunstancias de la evolución de algunos macizos (figura 3). La mayoría de las sierras andaluzas registra así tres cúspides en las curvas evolutivas generalmente centradas en algún momento del s. XIX, en 1930 y, la más común, en 1950 que precede a la crisis rural generalizada. El máximo poblacional en la mayoría de los casos suele corresponder a una de las dos últimas fechas, predominantemente la última, ya que por lo general la etapa autárquica posterior a la guerra civil representó una postrera recuperación de la población adscrita a estas cerradas economías. En las Béticas, sorprende la anticipación de los máximos en algunas áreas internas, como las Alpujarras, donde el crecimiento demográfico al calor de la expansión del viñedo y la minería, determinó una colosal superpoblación, ya a mediados del s. XIX, a la que sucedió una brusca caída de la población de la que la mayoría de las comarcas lograron recuperarse, tras una etapa de fuerte emigración. El resto de las comarcas penibéticas tiene un máximo algo posterior, hacia el primer tercio del S XX, al igual que las comarcas mas occidentales de Sierra Morena. El resto de Sierra Morena, desde Córdoba a Jaén, y las áreas subbéticas y

Figura 3. *Desfases temporales del máximo poblacional*

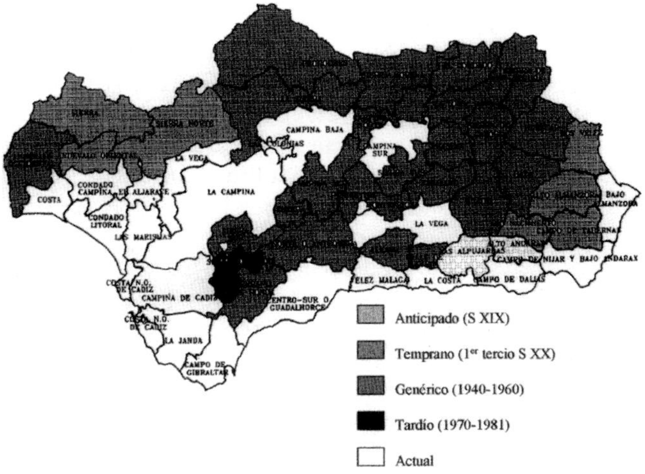

prebéticas retrasan su máximo hasta 1950. Todo lo cual parece indicar que estas economías montanas del Sur han permanecido activas durante mas tiempo que la mayoría de las montañas españolas, gracias a su crecimiento vegetativo y, en definitiva, al poder autoalimentario de los policultivos tradicionales asociados con la explotación ganadera y forestal.

6. LA SITUACION ACTUAL. AGOTAMIENTO DEMOGRÁFICO, CRÍSIS FUNCIONAL Y DESARROLLO DESIGUAL

La situación demográfica que reflejan los últimos censos (1980, 1991, 2001) es todo un síntoma de la situación creada tras el éxodo rural de las décadas anteriores. Falta de efectivos, envejecimiento, descenso de la actividad agraria, paro, etc. ponen de manifiesto claramente el agotamiento de la mayoría de las comarcas montañosas, en las que a la emigración ha seguido un decrecimiento natural, perfectamente concretado en los trabajos de Carvajal (1976, 1984) y Ocaña-García Manrique-Navarro (1998). A la altura del censo de 2001, todas las sierras andaluzas, tanto en el dominio mariánico como en el bético, sin excepción, presentan una dinámica negativa o estancada (figura 4), que sigue sembrando incertidumbre sobre el futuro. En efecto, la falta de dinamismo demográfico y el envejecimiento no son mas que indicios de otros desequilibrios de orden social (pérdida de elites, falta de iniciativa, inmovilismo), económico (actividades primarias poco evolucionadas, baja cualificación profesional, escasa diversificación, baja renta individual y familiar, etc) y territorial (desequilibrios territoriales y ambientales) (Rodríguez Martínez, 2000 y 2001).

Todo ello refleja, por otra parte, el tránsito al que hemos asistido desde finales de los 80 y sobre todo desde principios de los 90, del productivismo a una agricultura asistida, como casi toda la agricultura española en estos momentos. Es evidente la incidencia de todo ello en la dinámica poblacional reciente y, por añadidura, en los modelos de desarrollo y de ordenación del territorio.

A partir del análisis del intercensal 1981-1991 se pudo comprobar ya que aproximadamente el 80% del territorio andaluz perdía población (figura 4). En el período más reciente 1991-2001, se confirma que más de la mitad de la región sigue despoblándose (figura 5). Los cambios observados se refieren, por tanto, a solo una parte del espacio rural de montaña y cabe relacionarlos, en principio, con varios factores. En primer lugar, con el renacimiento del olivar, espoleado por las subvenciones comunitarias, que se acusa principalmente en las comarcas jienenses, las campiñas altas cordobesas y las subbéticas de Málaga, Cádiz y Sevilla. Otro factor es el crecimiento, levemente positivo, de algunas cabeceras comarcales a caballo entre la montaña y el valle, casos de Andújar (Sierra

Figura 4. *Dinámica Demográfica. 1991-2001*

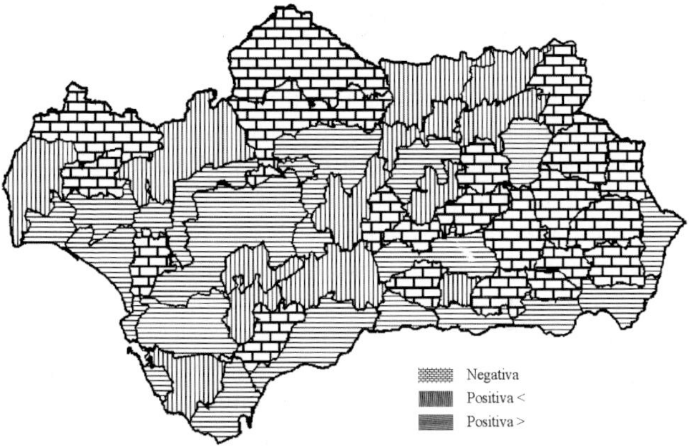

Figura 5. *Dinámica demográfica. 1981-1991*

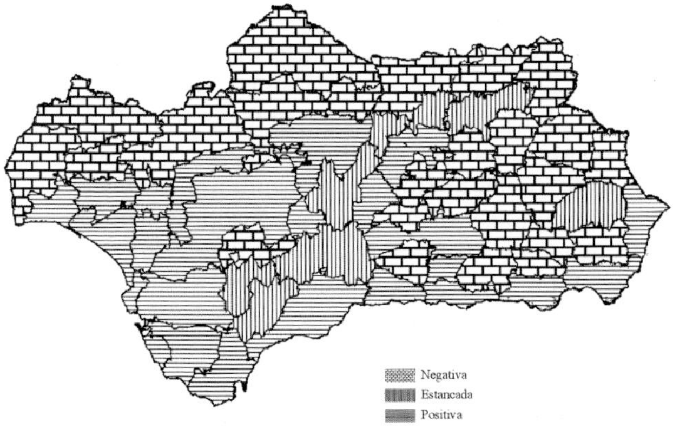

Morena de Jaén), el Andévalo (Huelva) Constantina, Cazalla y Morón (Sevilla)y Antequera (Málaga), que a veces se asocian con algunas experiencias de desarrollo endógeno (por ejemplo Ubrique en la Sierra de Cádiz), neoruralismo y un cierto cambio en las actividades dominantes, en el mismo sentido apuntado por el censo de 1991, es decir, un marcado retroceso de la agricultura a favor de los servicios, un hecho insólito en las estadísticas, de tan solo diez años antes. En definitiva casi todo contribuye a la marginación de las comarcas de montaña, «el espacio rural profundo», con ingresos inferiores a la media andaluza que es, junto a la pobreza urbana, responsable del bajo nivel de la renta regional.

En cualquier caso los leves cambios observados en la tendencia económica o el estancamiento predominante durante tanto tiempo pudieran servir para calibrar los efectos de las nuevas acciones del desarrollo rural emprendidas en los 90, que, como vamos a ver, han tenido un escenario privilegiado, aunque no exclusivo, en las áreas de montaña.

7. ¿DESARROLLO RURAL SOSTENIBLE EN LA MONTAÑA ANDALUZA?

Los cambios producidos en la orientación productiva de la agricultura andaluza, no son mas que un reflejo de la inserción creciente de la misma en los esquemas de la globalización económica, cuyos efectos negativos sobre amplios sectores del territorio, determinaron también el cambio de orientación de las políticas europeas tanto regionales (reforma de los fondos estructurales, 1988) como agrarias y ambientales (reformas de la PAC desde 1992, Agenda 2000, Programas Ambientales). Desde el inicio de los 90, en efecto, una serie de acciones e iniciativas nuevas, de política agraria sobre todo, abren en Andalucía una nueva ilusión o esperanza de desarrollo a escala local o comarcal, amparada en la nueva «filosofía» del desarrollo rural.

De acuerdo con la evolución registrada en las ideas y las prácticas (Rodríguez Martínez, 1998, 1999) parece que no debería confundirse desarrollo rural con cualquier tipo de crecimiento en el medio rural, entre otras razones porque no a todo tipo de desarrollo puede atribuirse connotaciones hoy consideradas básicas, como integrado o sostenible que responden al contexto «ruralista» bien distinto al productivismo de décadas anteriores. Este enfoque considera que el desarrollo rural en zonas de montaña o fuertemente deprimidas, condicionado fuertemente por factores naturales e históricos, no puede basarse ya solo ni principalmente en la agricultura sino en el conjunto de recursos potenciales existentes a escala local cuya movilización puede ir en paralelo al desarrollo de la conciencia ecológica y las nuevas y amplias demandas de naturaleza y ocio de una sociedad urbana avanzada (Mulero, 1995). En cualquier caso, parece evidente que todo ello, conjugado con la creciente globalización de mercados y la dependencia externa creciente de la agricultura andaluza, implica no solo un cambio de la estrategia productiva de las áreas rurales sino una reconsideración del papel de la agricultura en ellas y la apertura de un nuevo proceso de construcción social del territorio (Rodríguez y Zoido, 2002).

7.1. *La evolución de las políticas*

De lo dicho puede inferirse que, en rigor, no debería hablarse de desarrollo rural s.e. en Andalucía antes de 1988 o 1989, aunque antes hubieran tenido lugar experiencias políticas orientadas, más o menos, a parecido fin. Quizá no sea ocioso recordar la singularidad del proceso de «modernización agraria» andaluz que arranca del período de crecimiento industrial de los 60. Tal modernización surge en Andalucía del encarecimiento y no de la escasez de mano de obra (Ocaña, 1996). Así, de un subempleo crónico en el medio rural se pasó a un excedente de población activa agraria que es la fuente principal del éxodo rural andaluz hasta 1975, solo en parte asumido dentro de la propia región por las ciudades. La modernización agraria tuvo como principal efecto, además de un aumento de la producción y la productividad (paralela a la disminución de activos) una caída del empleo agrario, más aguda incluso que el éxodo rural. La recién nacida Comunidad autónoma andaluza se encontró, en consecuencia, como problema mas grave del medio rural, con el desempleo. La forma de abordarlo, apenas asumidas las competencias agrarias fue, en principio, la Ley de Reforma Agraria de 1984 que, con el problema del empleo delante, apostó anacrónicamente por un productivismo a ultranza, por una intensificación y una mayor producción, aún a costa de la rentabilidad. Es decir, todo lo contrario, que la tendencia de la C.E.E. en esos momentos en los que se habían emprendido ya las negociaciones que culminarían con el ingreso de 1986. En definitiva, tuvo escasos efectos y, menos aún en áreas de montaña, donde los «latifundios de sierra» en manos privadas, especialmente abundantes en Sierra Morena (Rodríguez Martínez, 1987) quedaron intactos, así como los incorporados tras las transferencias del ICONA al IRYDA que incrementaron considerablemente el patrimonio público de la Junta de Andalucía.

En definitiva, el Plan de Empleo Rural (P.E.R.) concebido como un sistema de protección social excepcional, contribuyó no solo a vaciar de contenido la reforma agraria, paralizada de hecho en 1989, sino que tuvo un efecto inmediato sobre el problema social del paro. De hecho su continuidad en el tiempo, ha sido un factor de estabilidad social en todo el medio rural, manteniendo en las zonas de montaña un buen número de activos nominales.

Más interés para las zonas montañosas pudo haber tenido La Ley de Agricultura de Montaña de 1982, una ley conceptualmente más avanzada que propugnaba la integración de rentas y la pluriactividad como salidas a la crítica situación ya conocida. Sin embargo, tardó mucho más de lo conveniente en desarrollarse y tras las delimitaciones de 1985 y 1987 (Zonas de Agricultura de Montaña o ZAM) fue rebasada por los nuevos contextos políticos, aunque esta ley estatal nunca fue asumida plenamente por la Conserjería de Agricultura. Mediante los criterios combinados de esta ley se consideraron ZAM, el 43% de los municipios andaluces, (327) con una superficie total de 3.301.640 has. (38% de la superficie regional y 17% de las ZAM españolas) cuya estructura socioeconómica es la que refleja el cuadro 7, que es indicativo, una vez más, de la importancia y la peculiaridad de hecho montano andaluz (especialmente en lo relativo a superficie labrada, pastizales y empleo).

Agotado el contexto productivista que encarnaba la reforma agraria, la política agroambiental se orienta, desde principios de los noventa por la vía del «ecodesarrollo», que es la filosofía que inspira el Plan Forestal (1991) que no solo pretendía reforestar una amplia superficie sino crear empleo estable mediante ello y la aplicación de unas ideas sobre el uso múltiple de los espacios forestales, cada vez más demandados para usos nuevos en relación con el ocio, la recreación y determinadas modalidades turísticas, como la cinegética que había cobrado notable impulso desde la Ley de Caza especialmente en Sierra Morena (López Ontiveros, 1981; López Ontiveros y Valle Buenestado (1988); Mulero Mendigorri, 1994 y 1995). Esta vía del Plan Forestal culminó en la Ley 2/92 Forestal de Andalucía cuyo objetivo es la gestión integrada y la restauración y repoblación forestal de los montes públicos (2,1 millones de hectáreas, ubicadas, casi totalmente en áreas montañosas, en 60 años, 0,4 millones de nuevas repoblaciones). El desarrollo de esta ley se ha visto comprometido en los años 90 por las catástrofes naturales (sequía), los incendios forestales y, sobre todo, por la falta de medios técnicos y financieros suficientes. De ahí que el viejo sentimiento de «expropiación», nacido de la política forestal de franquismo, se pueda encontrar vivo todavía en muchos municipios serranos donde crece la contestación ante la gestión excesivamente centralizada de sus antiguos montes de propios y comunes.

Cuadro 7. *Estructuras socioeconómicas en las zonas de montaña andaluzas y españolas.*

Área	*SAU (miles/has)*	*UGM (miles)*	*Superficie labrada*	*Prados de pasto (miles/has)*	*N.º de empleados total*	*Trabajad. pers. T. Completo**
Andalucía	1.367,5	256,0	1.069,9	300,6	161.417	39.910
España	5.945,0	2.465,3	3.332,4	2.604,8	749.085	251.067

* Igual o mayor al 50% de su tiempo total.
Fuente: MAPA, 1987 (modificado).

Paralelamente y obedeciendo, en principio, a similar concepto, desde 1989 (Ley andaluza de Inventario de Espacios Naturales, 2/89) se declara protegido, mas del 18% del territorio andaluz, la mayor parte mediante la figura de Parque Natural, creándose un total de 22 parques (en 1999 se añade el número 23 en las sierras granadinas-malagueñas de Tejeda-Almijara-Alhama), con una superficie total de 1,6 millones de hectareas, la mayor parte en áreas montañosas. Esta ley, que desarrolla la estatal del mismo año, podría haber tenido un especial significado para el desarrollo rural que constituye en ella un objetivo mucho más explícito que en la Ley forestal. En efecto, la conservación se considera inseparable de una correcta asignación de usos compatibles con el desarrollo rural(desarrollo sostenible). No se puede decir que dicho objetivo se haya cumplido. Más bien tras el tiempo transcurrido lo que se observa es la pervivencia del viejo conflicto conservación-desarrollo lo que impide una adecuada gestión y está originando muchas tensiones con los municipios y los empresarios locales.

Tal vez el efecto principal de la creación de una tan amplia red de parques haya sido el efecto demostrativo que ha espoleado la demanda de uso de los mismos. Por eso es urgente una planificación sistemática del uso público en la que intervengan no solo unas Juntas Rectoras mediatizadas, sino todos los ayuntamientos y agentes locales implicados. De lo contrario no solo no se generará desarrollo rural sostenible sino que los impactos sobre el medio se harán más graves. La no realización hasta el momento de los PDI —Planes de Desarrollo Integral previstos en la ley 2/89, ahora denominados de Desarrollo Sostenible— habla mucho de la incapacidad para impulsar un adecuado proceso de Desarrollo territorial. El no nato PMA (Plan de Medio Ambiente), aprobado inicialmente en 1995, asumía alguna de estas cuestiones a través de algunos órganos nuevos de coordinación, pero los problemas, de competencias y de descoordinación están a la orden del día. Un ejemplo de ello ha sido la laboriosa gestación del Parque Nacional de Sierra Nevada, que pervive junto al Parque Natural (Rodríguez Martínez y Arias Abellán, 1996).

Todo ello pone también de manifiesto la inconveniencia de la paralización del Plan de Desarrollo Rural de Andalucía (1993) tras la elaboración de un excelente diagnóstico básico que trataba de situar definitivamente el mundo rural andaluz en un contexto presidido por las ideas de integración y sostenibilidad, sin perder de vista los niveles del problema rural y las diferentes DAFO comarcales. De todos modos las nuevas circunstancias de las políticas agrarias y ambientales europeas exigirían una revisión profunda de los objetivos y estrategias formuladas a principios de los 90, apenas iniciada, en 1992, la que se llamó nueva PAC, que ha sufrido notables modificaciones posteriores que culminan en los documentos de la Agenda 2000.

En consecuencia, la mayoría de los procesos de desarrollo rural en las montañas andaluzas han surgido y se están desenvolviendo de manera bastante insatisfactoria. La aplicación de medidas estructurales, en primer lugar, es prueba de ello, independientemente de los problemas que plantea su concesión. La indemnización compensatoria de montaña es por otra parte, un ejemplo consumado de la inadaptación de algunas políticas europeas al marco estructural de la montaña mediterránea, lo que explica el escaso recurso a las mismas (Rodríguez Martínez y García Martínez, 1996). Y otro tanto ocurre con algunas políticas agroambientales cuya aplicación resulta casi imposible en ecosistemas tan peculiares como las dehesas de Sierra Morena (Avilés Benítez, 1995).

No obstante, la experiencia de mayor envergadura en lo que se refiere al desarrollo rural de la montaña andaluza se relaciona con las iniciativas comunitarias, LEADER y PRODER, especialmente la primera a la que dedicamos una atención mayor en el apartado siguiente. Pero, en definitiva, la impresión global es que, a falta de verdadera planificación y, sobre todo de verdadera gestión coordinada del territorio, todo se va reduciendo a intentos puntuales de resistencia frente a la marginación socioeconómica y a los riesgos ambientales derivados del abandono. O bien procesos mas generales y, con frecuencia, orientados por una demanda exterior a los que responde una parte mas o menos grande de la población, propiciando la correspondiente oferta con la ayuda en muchos casos de capital e iniciativas externas. No se trata solo de enjuiciar el grado de autocontrol o espontaneidad de los procesos de desarrollo rural, sino de considerar que, en algún momento, dichos procesos tendrían que ser asumidos plenamente por la población local tratando de adecuar su naturaleza y dimensiones a las necesidades y objetivos de las comunidades, con las necesarias cautelas institucionales.

Así, el espacio rural profundo, la montaña andaluza, sigue siendo un subproducto en los grandes planes estratégicos estatales y regionales de Obras Públicas e Infraestructuras (carreteras, ferrocarriles, comunicaciones, hidrológicos...) que contemplan a las montañas como territorios mostrencos sin apenas necesidades específicas, salvo las de conservación o defensa del patrimonio natural (ni siquiera todo el patrimonio rural), a pesar de que suministran gratuitamente una serie de recursos a otras áreas y en general a los urbanitas. Otras políticas (sanidad, educación, servicios asistenciales) se mueven también por criterios similares, «de eficiencia», con lo que se favorecen los procesos de abandono.

7.2. *Las iniciativas comunitarias y el desarrollo rural sostenible de las montañas andaluzas*

Como final vamos a intentar una mayor concreción valorativa de las experiencias de desarrollo rural mas consolidadas en las montañas andaluzas, es decir las derivadas de las Iniciativas Comunitarias, LEADER I y II, ya que el PRODER, además de tener una vigencia más corta apenas afecta a zonas montanas profundas (figura 6). No se trata de trazar un balance exhaustivo que en lo posible, ha sido ya anticipado en algunos casos (por ej. Ruiz Avilés y Ulecia García, 1995; Ruiz Avilés, Ulecia García y Casado Raigón, 1999; Junta de Andalucía, 2001), sino de una aproximación en la línea apuntada de calibrar algo más las acciones realizadas en la perspectiva de la sostenibilidad. A ello agregamos aquí la reflexión nacida de la propia experiencia de trabajo en algunas zonas, principalmente béticas y la de otros trabajos (Casa de Velázquez, 1986; Rivera Mateos, 1993; Acosta, 1995).

A la vista de los datos realizados al cierre del LEADER I (cuadros 8 y 9) destacan varios hechos. Primero, la cuantía de la inversión total, casi quince mil millones de pesetas, que duplica lo previsto y que, sin duda ha roto en gran medida con la frustración en la que estaban sumidas la mayoría de estas comarcas a principios de los noventa. Se ha podido derivar de ello, por tanto, una nueva dinámica de crecimiento económico, aunque no tenga un carácter homogéneo. Al respecto es significativo que solo seis comarcas (o grupos locales) concentren la mayor parte de la inversión y los proyectos, en tanto que otros cuatro apenas reciben el 15% del total, lo que traduce claramente las diferencias entre las zonas que se relacionan tanto con su situación previa como con otros factores. Así en la Alpujarra se contaba con un Plan previo de desarrollo comarcal que había detectado tanto las principales potencialidades, como agentes de desarrollo y algunos factores de bloqueo (Rodríguez Martínez y Arias Abellán, 1996). Por lo que se refiere a acciones o medidas, el LEADER I estuvo dominado en Andalucía, como en casi todas partes, por las inversiones y proyectos turísticos. En otros trabajos (ver bibliografía) se han puesto en entredicho algunas de las inversiones efectuadas en equipamientos y hostelería, así como el déficit de oferta complementaria, la ausencia de modalidades como el agroturismo y, sobre todo, la extensión del modelo monoactivo con la anulación casi absoluta de la actividad agrícola y ganadera.

Por lo que se refiere al LEADER II (Cuadros 10 y 11), para el que contamos con menor perspectiva temporal aún, todo parece indicar que se ha intentado reconducir algunos problemas anteriores. Ante todo la experiencia se amplia a 22 grupos de acción local (GAL) con una inversión cercana a los veinte mil millones; más todavía, si se tienen en cuenta las áreas afectadas por el PRODER. Se nota, por otro lado, una mayor voluntad de innovavión y de diversificación, tratando de evitar que un turismo desproporcionado siga suplantando a otras actividades, en especial

Cuadro 8. *LEADER I: Inversiones por medidas (1994)*

Medidas	*INVERSIÓN (miles de pesetas)*		
	Prevista (P)	*Comprom. (C)*	*% C/P*
1. Apoyo Técnico	338.810	370.222	109
2. Formación y Empleo	320.840	677.728	211
3. Turismo Rural	4.370.730	7.402.613	169
4. Pymes, Artesanía y Servicios Locales	1.122.550	1.624.328	145
5. Valorización y Comercializac. de Productos Agrarios	1.459.770	3.894.818	267
6. Otras Medidas	77.610	71.376	92
7. Ceder	421.720	461.481	109
Total	8.112.130	14.502.566	179

Fuente: Consejería de Agricultura.

Figura 6. *Actuaciones Leader y Proder*

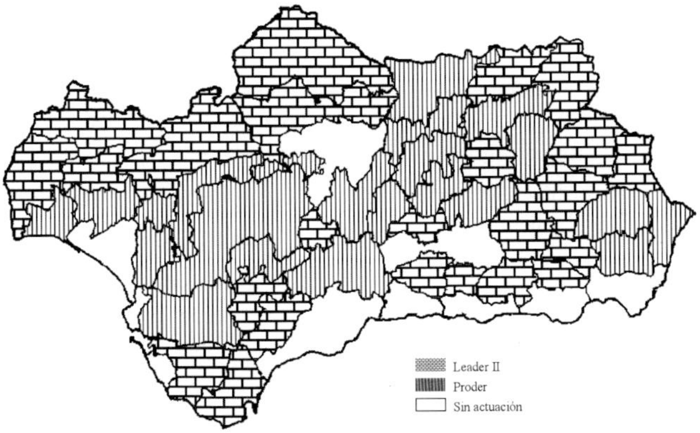

Cuadro 9. *LEADER I: inversiones en Andalucía por áreas*

Comarcas	*Inversión (miles de pesetas)*
Sierra Sur	2.095.861
La Alpujarra	1.912.011
Riotinto	469.528
Comarca de La Loma	884.344
Serranía de Ronda	1.671.359
Anarquía Interior	1.332.439
Sierras Subbéticas	2.206.743
Sierra Norte	1.528.628
Sierra de Cádiz	2.370.271

Fuente: Consejería de Agricultura.

las agrarias; objetivos plausibles, aunque difíciles de alcanzar entre otras razones porque la experiencia arrastra inercialmente y por la dudas existentes sobre el efecto que la

Cuadro 10. *LEADER II: Inversiones por medidas (Junio de 1998)*

Medida	*Millones de pesetas*
– Apoyo Técnico al Desarrollo Rural	896,51
– Formación Profesional y Ayudas a la Contratación	165,39
– Turismo Rural	6.925,17
– Pequeñas Empresas, Artesanía y Servicios	4.755,15
– Valoración y Comercialización de la Produccción Agraria	5.250,49
- Conservación y Mejora del Medio Ambiente y del Entorno	1.114,77
Total	19.107,48

Fuente: Consejería de Agricultura.

selección del turismo puede tener en unas economías tan necesitadas de demanda. De ahí el mayor relieve que han adquirido las medidas de valorización y comercialización agraria, así como las de apoyo a las pequeñas y medianas empresas de los sectores artesanales y servicios.

La generalización, por otra parte, de la iniciativa a casi todas las áreas montañosas y de depresión rural profunda está contribuyendo a una dinámica más homogénea que se enriquece de la experiencia ya adquirida ante similares problemas sin que por ello se deje de atender a las circunstancias internas de cada comarca.

En conclusión, no se puede dudar que estas iniciativas han introducido una dinámica económica nueva en la mayoría de las zonas montañosas. Pero no hay duda tampoco de que los LEADER no fueron concebidos como meros programas de inversiones y, por tanto, no se deberían evaluar en términos de ejecución del presupuesto. Es ya casi obvio que el desarrollo rural no es concebible solo como incremento de la riqueza sino

Cuadro 11. *LEADER II: inversión en Andalucía (Junio 1998) por provincias y grupos*

Provincia	*Grupo*	*Total*
ALMERÍA	Los Vélez	734.923.997
	Alpujarras	656.357.714
	Total	1.300.281.711
CÁDIZ	Alcornocales	650.344.086
	Sierra de Cádiz	1.443.843.375
	Total	2.094.187.461
CÓRDOBA	Guadiato 2000	170.896.097
	Los Pedroches	382.674.085
	Sierra Morena Cordobesa	1.206.648.167
	Total	1.760.218.349
GRANADA	Poniente Granadino	750.718.759
	Noreste de Granada	1.205.160.227
	Guadix	1.153.371.163
	Total	3.109.250.149
HUELVA	Adra	899.564.756
	Cuenca Minera	487.780.709
	Aracena y Picos de Aroche	1.602.281.084
	Total	2.989.626.549
JAÉN	Sierra Mágina	757.198.757
	El Condado	705.074.378
	Ceder Sierra Segura	776.128.024
	Total	2.238.401.159
MÁLAGA	Sierra de las Nieves	1.307.512.882
	Axarquía	818.153.100
	Ronda	920.510.672
	Total	3.046.176.654
SEVILLA	Corredor de la Plata	543.901.708
	Ecodesarrollo	719.325.202
	Estepa Sierra Sur	1.306.179.249
	Total	2.569.406.159
TOTALES		19.107.548.191

Fuente: Consejería de Agricultura.

mas bien como crecimiento en calidad de vida lo que exige que la experiencia sea mas local, endógena e integrada. En este sentido persisten muchas opacidades y tareas pendientes que hacen, junto a otros factores, que se pueda dudar de la sostenibilidad de muchas de las acciones emprendidas sin un mayor esfuerzo para recuperar en lo posible los agrosistemas mediterráneos. Estos definen lo esencial de la identidad cultural y son por ello el auténtico nudo gordiano del desarrollo rural integrado, cuya resolución requiere aunar esfuerzos internos, más cooperación institucional y más coordinación administrativa.

Se echa en falta, en consecuencia, una política agraria regional susceptible de entender las comarcas o / y las mancomunidades rurales como entidades capaces de gestionar socialmente su propio territorio, sin interferencias estériles de los niveles administrativos superiores que debieran ser ágiles canales de comunicación en todos los sentidos. Se incrementaría así la eficacia y se lograría posiblemente una mayor garantía de sostenibilidad, aunque también, al mismo tiempo, se harían más patentes las insuficiencias de las políticas de estructuras y se reconocerían mejor las lagunas de las políticas europeas derivadas del desconocimiento de la especificidad de los agrosistemas montanos mediterráneos de Andalucía. En definitiva, una nueva política de gestión del territorio, capaz de asumir comprometidamente todo lo que implica la estrategia de la sostenibilidad. Pero, pese a todo, hasta el momento la iniciativa LEADER ha servido para mejorar sobre todo la articulación social de las comarcas de montaña y su tejido empresarial y sociocultural. Sin duda se puede y se debe avanzar todavía mucho en estos y otros aspectos pero se ha creado o recreado una importante conciencia comarcal. Ninguna otra política ha avanzado mas en este aspecto esencial y ello permite albergar muchas esperanzas ya que las propias comarcas pueden ya articular muchos intereses y exigir con mayor fuerza que antes el desarrollo de estrategias públicas y privadas coordinadas y proporcionales a su significado socioterritorial.

CAPÍTULO 2
NOTAS SOBRE LA CRISIS Y LAS POSIBILIDADES DE DESARROLLO DE LA MONTAÑA MEDITERRÁNEA ANDALUZA: EL MODELO DE SIERRA NEVADA*

La consideración geográfica de la montaña ha tenido tradicionalmente y tiene todavía dos aspectos principales. En primer lugar, la consideración más global se ha centrado en el análisis del paisaje rural montañés, entendido como un caso especial que refleja tanto la singularidad del medio físico sobre el que aparece, como la originalidad con que cada grupo humano ha ido adaptándose a ese medio. Es frecuente, en consecuencia, que esta «percepción geográfica» de la montaña haya contribuido a destacar sobre todo, la personalidad de los modos de vida de cada macizo. Por otro lado, se han hecho y siguen haciéndose provechosos estudios monográficos, bien centrados en los aspectos físicos (geomorfología, clima,.. vegetación), bien humanos (demografía, hábitat, utilización del suelo...), bien monografías regionales que combinan un poco de todo teniendo casi siempre como referencia o telón de fondo el paisaje.

De este tipo de tratamientos hemos heredado una cierta contradicción, en principio más formal que de fondo pero que reaparece de modo insistentemente significativo. Por un lado, con criterio excepcionalista, se habla de la diversidad y originalidad de las montañas; por otro, se afirma que todas tienen una entidad geográfica común. No obstante esto último, hasta hace poco, apenas se han hecho intentos de defini-

* *Cuadernos Geográficos*, n.º 11 (1981), págs. 117-122.

ción geográfica de la montaña, apenas se han esbozado los criterios que separan la «percepción geográfica» del hecho montañés de otras percepciones científicas, populares o literarias. En general, pocas veces se ha pasado de reconocer la importancia de algunos elementos característicos como el escalonamiento altitudinal y la orientación. En definitiva, la montaña ha llegado a ser tanto una realidad cotidiana en geografía, una de las realidades más fecundas y brillantes incluso, como uno de los aspectos menos concretos y más vagamente conceptualizados. Esta contradicción ha bloqueado en cierto modo el análisis de la montaña desde una perspectiva más científica y ha llegado a plantearse como una necesidad actual y perentoria la definición de modelos teóricos o sistemáticos que, cuando menos, sirvan de referencia a esa serie de estudios dispersos. Sin construcciones de este género, las comparaciones entre las montañas son artificiosas, ocasionales e ineficaces.

No es extraño, en este sentido, que en determinados círculos de nuestro país, donde se conocen mal los caracteres actuales de nuestra disciplina, se considere que los trabajos geográficos sobre la montaña o son pura geología o se inscriben en la más trasnochada tradición decimonónica de la etnología o del folklore. Habrá que convenir, sin embargo, que el presunto retraso de la Geografía de la montaña se refiere en todo caso a aspectos muy concretos y que ello no anula la validez y el carácter pionero que sobre todo, en su época, tuvieron algunos estudios geográficos alemanes, franceses e incluso españoles. En general, parece que el análisis geográfico tradicional ó es sectorial ó está centrado en una interpretación excesivamente historicista del paisaje que olvida ó subordina la consideración de alguno de los aspectos más dinámicos de la realidad montañesa. Así, prácticamente hasta los años cincuenta de este siglo, no se generaliza entre los geógrafos la preocupación por la inadecuación del método paisajístico tradicional para reflejar los nuevos elementos en juego en la economía de la montaña, cuando en muchos casos la crisis traspasaba las puertas de los numerosos institutos alpinos de geografía (Lichtenberger, 1979).

Varias generaciones de estudios franceses, alemanes, austriacos y suizos apenas habían detectado y, sobre todo, abordado en profundidad y con un método adecuado el problema global y universal del abandono de la montaña. Hay atisbos de la cuestión muy tempranos en A. Penck, E. De Martonne en R. Blanchard, que se plantean el tema de la «capacidad vital de la montaña». Posteriormente, que sepamos sobre todo el austriaco Schwitzeky y Germaine y Paul Veyret plantean, en las páginas de la Revista de Geografía Alpina, la necesidad de las crisis demográficas periódicas en el marco tradicional o autárquico de la montaña. Pero el reconocimiento de la inadecuación de algunos enfoques es mucho más reciente cuando ya la evidencia del agotamiento irreversible de muchas montañas era insoslayable. En cualquier caso, la falta de un marco general, de un modelo teórico ó de varios complementarios, para reflejar, por ejemplo, los problemas de la media y alta montaña, ha podido ser una de las causas que restó perspectiva a algunos excelentes estudios pioneros. En los años cincuenta y sesenta de este siglo, en el Tirol y en los Alpes franceses e italianos sobre todo, la crisis demográfica se describe ya como un proceso de desertización del espacio rural montañés. Actualmente, en los años setenta y ochenta, dicho proceso es mucho más general e intenso y ha alcanzado de pleno a nuestras montañas que, como todo ámbito mediterráneo, presentan un notable retraso en sus estructuras económicas y sociales y han vivido su particular experiencia del éxodo rural que, en general, ha sido uno de los motores del desarrollo económico tanto en España, como en Italia y otras zonas sureuropeas (Migliorini, 1979).

1. LOS FACTORES EXPLICATIVOS DE LA CRISIS

Para una correcta explicación de este proceso de abandono, que es global y general como hemos dicho, conviene recurrir cada vez más a modelos que, a diversas escalas, permiten correlacionar mejor tanto los aspectos físicos como los humanos y unos con otros. Este tipo de construcciones aunque sean discutibles en sus detalles, no hay duda de que facilitan las comparaciones y permiten distinguir, con mayor claridad, lo que es general de lo que es especifico de cada conjunto montañoso, calibrando o pesando el valor de los diferentes elementos.

Una contribución en este sentido podría ser la que incorporamos como cuadro número 12 adaptándola de E. Lichtenberger (1979).

Se distingue en él, entre:

1°) factores constantes, de orden físico, suceptibles por otra parte, de un tratamiento en un modelo particular como el de G. Bertrand (cuadro núm. 13);
2°) factores endógenos, de orden socioeconómico y,
3°) factores exógenos, de órden político, económico y de urbanización.

El análisis de los factores constantes, mediante el modelo propuesto por G. Bertrand, ó mediante cualquier otro equivalente, debería distinguir:

- Los medios favorables y los desfavorables a los diversos modos de ocupación humana y en qué grado. Y esto, no sólo en función de la tipología del relieve, del clima, la exposición ó la altitud en cada dominio biogeográfico, sino también, en función de la jerarquía taxonómica y la escala corológica de cada hecho ó fenómeno de orden físico. Las diferencias de potencial ecológico pueden permitir sobrepasar las distinciones internas en cada montaña y correlacionar, a diversas escalas, procesos del mismo género o parecido, de montañas centroeuropeas y mediterráneas, por ejemplo. De este modo, ante un mismo problema se puede reconocer lo que es una etiología general y lo que es específico de cada individuo y a que grado de complicación llega.

Cuadro 12. *Modelo explicativo de los procesos de abandono de la montaña*

I. Factores Constantes	*II. Determinantes Endógenos*	*III. Determinantes Exógenos*
1. Tipología del relieve	1. Determinantes sociales a) Sustitución de la posición económica marginal, por valores sociopolíticos b) Sistemas sociales y tipos de hábitat	1. Determinantes políticos a) Principios de política agrícola b) Formas de organización política y administrativa c) Acondicionamiento de la infraestructura técnica y social
2. Clima, potencial ecológico	2. Determinantes económicos a) Magnitud económica de la ganadería b) Escalonamiento de la agricultura c) Papel de la silvicultura	2. Determinantes económicos a) Economía agraria de libre concurrencia b) Disparidad de las rentas agrarias en relación con otros sectores económicos
		3. Determinantes de urbanización a) Exploración de la montaña por la población urbana b) Transferencia de capitales c) Sustitución de la posición económica marginal por la fuerza de «atracción ecológica» actuando sobre una población con tiempo libre

Cuadro 13. *Esquema de «modelo ecológico de montaña» (Según Bertrand)*

	Escala Cailleux	ESTRUCTURA TOPOLÓGICA	SISTEMA	ESTRUCTURA O SISTEMA BIOGEOGRÁFICO	ESTRUCTURA	COROLOGÍA
CRITERIOS EXTERNOS	I	Estructura zonal	Circulación atmosférica y balance térmico zonal		Zona	MACROESTRUCTURAS
		Bloque continental (o bloque oceánico)	Tectónica de placas continentales. Huso climático (Flujos «azonales»)	Bioma (stock florístico o faunístico a escala continental)	Dominio o Subdominio	
INDIVIDUA-LIZACIÓN DEL CONJUNTO MONTAÑOSO	II & III	Estructura orogénica	Orogénesis:situación de las geoestructuras (placas o zócalos). Efecto de masa Efecto de localización. Gradiente climático altitudinal teórico	Gradiente altitudional general y teórico		

Cuadro 13. *Esquema de «modelo ecológico de montaña» (Según Bertrand) (Cont.)*

	Escala Cailleux	ESTRUCTURA TOPOLÓGICA	SISTEMA	ESTRUCTURA O SISTEMA BIOGEOGRÁFICO		ESTRUCTURA	COROLOGÍA
CRITERIOS INTERNOS	III & IV	Estructura en fachadas y abrigos (principal y secundarios). (Situación con relación al flujo atmosférico dominante)	Efectos orográficos (ascendencia subsidencia. Etc.) Gradientes climáticos regionales	Escalonamiento	Gradientes regionales	Régimen ecológico	MESOESTRUCTURAS
		MORFOESTRUCTURAS	Compartimentación tectónica. Climas locales		Gradientes locales	Geosistema	
		MORFOESTRUCTURAS (Modelados)	Morfogénesis (en gran parte heredadas). Escalonamiento de los modelados		Pisos verdaderos		MICROESTRUCTURAS
	V	Estructura topoclimática (unidad: vertiente elemental)	Exposición (juega en función de la latitud)				
		Estructura en catena (toposecuencial)	Efecto de gravedad. Efecto de dominio	Catena	Serie?		
	VI	Elemento de catena	En función de su lugar en la catena (cabecera, valle)		Grupo ecológico	Geofacies	
			Elemento aislado			Geotopo	
	VII	Microestructura				Microforma	

La consideración, por otra parte, de los factores o determinantes endógenos, debe permitir discernir hasta que punto (considerando las cosas por su racionalidad económica) el problema de la crisis agraria actual en la montaña mediterránea puede reducirse a la fórmula simple de que en todo lugar cuando la posición económica marginal no puede ser sustituida por la «fuerza de atracción ecológica» de la sociedad desarrollada con tiempo libre, el proceso de abandono de lugares habitados y de tierras cultivadas se desarrolla inevitablemente de forma irreversible. Tal formulación sería la de algunos economistas americanos y europeos que han interpretado a posteriori la situación creada por el éxodo rural, como una confirmación de su tesis de la eliminación de las tierras marginales siempre que se produce una desproporción entre costes y rendimientos. Partiendo de esta idea económica se puede preguntar si en el pasado han existido dimensiones extraeconómicas que hayan remplazado la posición económica marginal de la montaña. A esto se suele responder que la autarquía tiene contrapartidas sociales y políticas en la montaña que no se dan en la llanura y que determinan lo que P. Veyret llama «la precoz democracia rural de las montañas» (Veyret, 1972).

2. LOS DESFASES TEMPORALES

Los desfases temporales introducen claramente al análisis de los factores exógenos. Antiguos unos y modernos otros, se refieren tanto a las formas políticas y de organización, como al tipo de relación con el mercado y con el proceso de urbanización e implican que, a grosso modo, en el declive del hábitat y la economía de cualquier montaña pueden señalarse fases mas o menos coincidentes entre sí con otras zonas montañosas. Incluso, se pueden producir significativos desfases temporales en estos fenómenos en los diferentes conjuntos montañosos y, aún entre las diversas unidades de un mismo conjunto. Las fases (cuadro núm. 14) van siempre

Cuadro 14. *Las fases del declive del hábitat y la economía rural montañesa*

	Población	*Hábitat y Economía*
Fase inicial	Exodo montañés	Abandono de tierras periféricas, extensificación de cultivos
Fase principal	Fuerte disminución de la población, estructura demográfica envejecida	«Mountain blight», declive de instituciones comunitarias, descapitalización, roturaciones parciales, incendios provocados...
Fase final	«Desaparición» de la población agrícola	Desertización total de los hábitat y territorios agrícolas

desde un estadio inicial de éxodo y abandono de las tierras periféricas a una verdadera desertización, pasando por lo que los americanos llaman «mountain blight» ó rotura de la economía montañesa, con envejecimiento demográfico, declive de las instituciones comunitarias, descapitalización, etc. Por regla general la montaña se defiende mejor, en principio, que otras tierras marginales rurales.

Este tipo de procesos, o mejor dicho, las diversas fases de los mismos deben ser analizadas también con la ayuda de algún modelo ó esquema comparativo al estilo del que dibujamos en el cuadro núm. 15, referido a algunas montañas europeas.

En él puede notarse un cierto desplazamiento W-E y N-E de los desfases en la crisis agraria, más o menos en relación también a su vez, con:

- La época principal o de despegue en la revolución socioeconómica, burguesa o socialista.
- El tipo de apoyo político que recibe la montaña, nulo en unos casos, decisivo e importante en otros.
- Cuanto el impacto es más reciente todos los fenómenos se manifiestan a la vez y son más difíciles de controlar.

Cuadro 15. *Desfases temporales en la crisis demográfica de las montañas europeas*

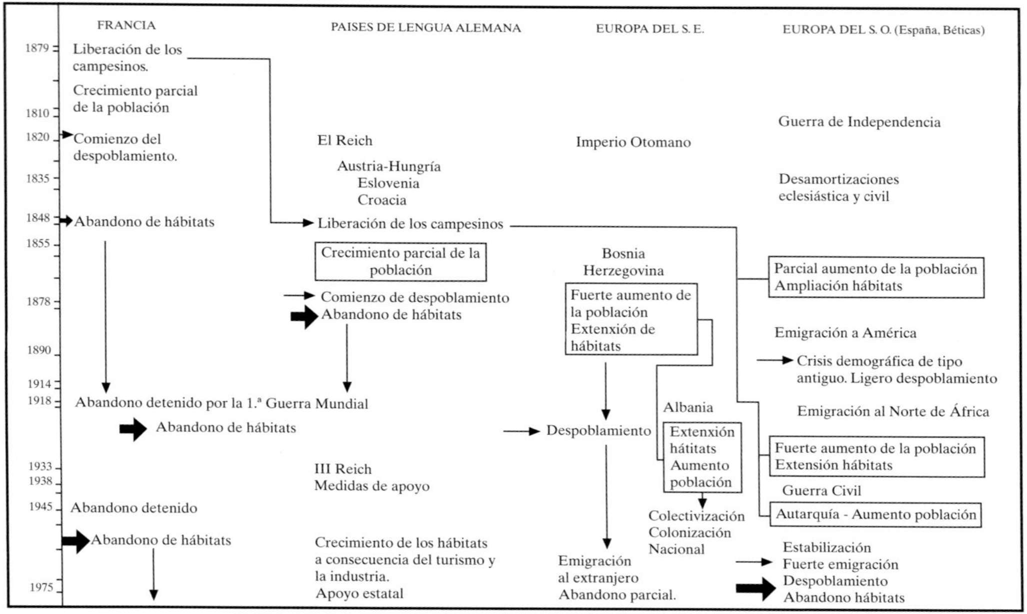

Se entiende así el desfase de las montañas centroeuropeas entre sí y de éstas con las del Mediterráneo, aunque hay también otra serie de hechos diferenciales a introducir en el modelo de análisis de la montaña mediterránea a los que haremos alusión enseguida. Antes quisiera insistir en la importancia de este tipo de construcciones en parte teóricas, en parte producto de una experiencia analítica que no serviría de nada sin ese marco general. Por este camino es como se pueden elaborar programas, planes de desarrollo, o proyectos de explotación de recursos diversos, porque lo primero que hay que saber es para quien se planifica y que experiencias existen al respecto, y esto lo reconoce la propia UNESCO en su programa MAB. Así es, como se pueden extrapolar incluso, experiencias ajenas si fuera posible, tras un reconocimiento no sólo de la similitud de la problemática sino también de sus factores determinantes.

Y, en este sentido, es como pienso que hay que entender algunos de los problemas actuales de la vida rural de las montañas más próximas al Mediterráneo y, en concreto, de las montañas andaluzas y, sobre todo, de las Cordilleras Béticas.

La crisis de la vida agraria de la mayoría de las montañas Béticas no es, por supuesto, ya una etapa más de una evolución llena de flujos y reflujos, sino que es la crisis definitiva de los modos de vida tradicionales, hecho tan generalmente admitido hoy día como poco estudiado en sus causas profundas y, sobre todo, en sus aspectos más actuales y problemáticos.

3. LOS CARACTERES ESPECÍFICOS DE LA MONTAÑA MEDITERRÁNEA

Los elementos diferenciadores a introducir en un modelo de análisis de estos problemas, provienen, en principio, del carácter mediterráneo de estas montañas. Después intervienen otros hechos susceptibles de diferenciar los caracteres demográficos y económicos esenciales a escala española, e incluso, andaluza, como denotan entre otros los estudios de Ortega Valcárcel, Valenzuela, Cabero, Alvarez, Muñoz, etc. por un lado, y los de Roux, Valle Buenestado, Mignon, Bosque y yo mismo, entre otros, referidos a montañas andaluzas.

La montaña es una constante mediterránea. El Mediterráneo, como dice P. Deffontaines (1972), es un mar entre montañas más que un mar entre tierras y Braudel como antes J. Blache señalaba la trascendencia que en la vida tradicional del Mediterráneo tiene la oposición montaña-llanura.

El predominio montañoso en términos cuantitativos es claro y, aunque no sea del todo exacto, basta recordar algunos porcentajes de tierras de más de 300 m:

- Italia peninsular 70%
- Grecia 80%
- Andalucía 60%
- Andalucía Oriental 82%

Esto explica también una cierta ventaja en términos cualitativos, un predominio de la montaña sobre la llanura en algunas etapas del pasado.

La montaña mediterránea representa con respecto a otras montañas, sobre todo de la zona templada del Hemisferio Norte, una serie de rasgos favorables a la ocupación humana, otros desfavorables. Sin una pretensión de exhaustividad que nos alejaría excesivamente del hilo conductor del tema, podemos señalar:

a) La escasa proporción que la alta montaña tiene en los conjuntos montañosos y el carácter mucho más aislado y discontinuo de ésta. Lo cual representa diversas posibilidades de adaptación de la base ecológica, en el pasado y más ahora en que la alta montaña actúa, a veces y no sin contrapartidas de motor de despegue.

b) Junto al escalonamiento bioclimático y las diferencias debidas a la exposición, orientación, etc., los sistemas agrarios de la montaña mediterránea, reflejan, la mayor benignidad de un invierno en la vecindad de un mar relativamente cálido como el Mediterráneo y, sobre todo, el rigor y la extensión de un verano seco al igual que las llanuras contiguas. La mayor precipitación invernal, sobre todo allí donde permanece la nieve, compensa apenas y el agotamiento de los pastos es inevitable incluso en altura donde los heleros son demasiado poca garantía. Finalmente estamos ante territorios de alto riesgo ecológico por hallarse no sólo en una zona muy meridional sino también porque gracias al juego bioclimático se han logrado difíciles equilibrios naturaleza-hombre.

c) La vida agrícola y pastoril, en consecuencia, tiene que adaptarse a estas exigencias. La vida agraria se prolonga a más altura que en Europa, sobre todo por los cultivos temporales tradicionales, escalonándose en terrazas que son también una defensa contra una erosión, siempre amenazante, en el límite de la rexistasia. La ganadería ha de ser extensiva preferentemente y apoyarse mucho más en la trashumancia, como ponen de relieve Sorre (1932) y Sermet (1942) en relación con Sierra Nevada.

d) Otra característica esencial, por último, es la discontinuidad espacial en la ocupación agrícola. y ganadera que se contrapone con la mayor extensión en altura y la mayor intensidad y duración a lo largo del año. Lo que guarda relación no sólo con el contraste típico entre el ager y el saltus, sino también con la oposición esencial secano-regadío, especialmente significativa, incluso visualmente, sobre todo hasta donde llega la arboricultura.

En el marco de la economía tradicional, autárquica en lo esencial, la montaña mediterránea ha alcanzado con estos modos de vida un cierto nivel de desarrollo, suficiente para mantener una fuerte población, aunque haya estado sujeta a las típicas crisis cíclicas. Estas, al margen de guerras, epidemias, etc., han sido siempre de menos incidencia que en la llanura ya que se aliviaban mediante migraciones temporales (a veces de artesanos nómadas) y también definitivas. Era la forma usual de reencontrar el equilibrio.

No hay que olvidar que este sistema autárquico, cuya quiebra representa un aspecto fundamental de la crisis actual, obligaba, por otra parte, a un desarrollo artesanal principalmente en base a recursos propios de la tierra, con el que satisfacer las necesidades de vestido, vivienda, trabajo, etc.

Todo ello era base de una vida rural intensa y solidaria que ha configurado un paisaje complejo, reflejo de una auténtica civilización rural. Un paisaje que es en sí mismo, un patrimonio estético, con su parcelario dividido casi infinitamente, irregular, que resalta en la fotografía aérea junto a espolones incultos. Un paisaje vertical, escalonado, pero también complementario económicamente, basado en el intercambio limitado de productos; y una civilización con desigualdades como todas, pero menos que en el llano, debido al predominio de la pequeña propiedad que alterna con una explotación colectiva de bosques y pastos, y debido a la lejanía del poder o, de los propietarios grandes. Aparte el paisaje, los testigos de esta. civilización material abundan y son hoy día un atractivo turístico más; costumbres, vestidos, proporciones, materiales, forma y distribución de las casas etc.

Todo esto es lo que se ha estudiado tradicionalmente, pero es ya más cosa del pasado que actual. El modelo clásico de explicación, de raiz etnográfica, ya apenas sirve porque las montañas mediterráneas culminan ahora el proceso que en Europa empieza con la llegada del ferrocarril hacia 1840. En su aspecto actual, la vida rural en las Cordilleras Béticas, por ejemplo, aparece rota en su equilibrio tradicional con el inconveniente de una acumulación en poco tiempo de hechos impactantes, de dificil control dentro de una región por añadidura subdesarrollada y dependiente.

4. EL MODELO BÉTICO. SIERRA NEVADA

En síntesis, los aspectos que identificarían el modelo bético, prescindiendo de los rasgos de orden físico-ecológico, serían los siguientes:

a) *Retraso y acumulación de impactos en pocas décadas*

Los modos de vida tradicionales se mantienen, por lo menos desde la repoblación del Siglo XVI, en lo esencial, hasta el siglo XIX, con sus avances y retrocesos, sus crísis cíclicas, etc. Habría que discutir la tesis de Sermet y otros autores de hasta qué punto la repoblación transformó el sistema rural medieval y el alcance que pudo tener, pero no podemos ahora entrar en ello.

Durante el siglo XX se suceden algunos hechos importantes que contribuyen a retrasar la crisis del sistema tradicional. En esta etapa, se producen incluso aumentos espectaculares de la población y en algunos casos nuevas roturaciones. Los máximos de población conocidos de la Serranía de Ronda, las Alpujarras, etc. se sitúan en 1870-1880 y 1930-1950.

Esta situación viene a coincidir con una relativa expansión de la minería, la metalurgia y diversas prácticas artesanales. En cambio, no se puede entroncar fácilmente con la Desamortización eclesiástica y de los señoríos, ambas muy notables en diversas zonas béticas. En la Serranía de Ronda, por ejemplo, la Iglesia y la casa ducal de Arcos poseían a finales del siglo XVIII más de un tercio de la superficie útil. Otro tanto ocurre en Sierra Nevada, principalmente grandes dehesas. No está claro que esta Desamortización mejorara las condiciones de vida de los montañeses, que sin embargo, se proletarizaron menos que otros campesinos andaluces.

Por otro lado, la etapa autárquica de la postguerra, en parte, tuvo los caracteres de un tardío repliegue de los clásicos en la montaña, lo que hizo más dramático el impacto ulterior de la emigración y de la apertura al mercado impuesta tras la estabilización.

También contribuyó al retraso la marginación, que continúa, de las áreas montañosas al trazarse, desde finales del siglo XIX, al margen de ellas la red de ferrocarriles y de carreteras. En una región ya de por si mal comunicada, las montañas lo están aún peor y esto ha contribuido, a diferencia de los Alpes, a una menor y peor movilización de sus recursos.

A finales de los cincuenta de este siglo, tras alcanzarse índices 121 sobre 100 en 1960, con densidades de más de 50 Hab./km^2, viene en veinte o treinta años una acumulación de fases, que en algunos casos han producido una pérdida ya irreparable y en la mayoría un envejecimiento de la población. Ni siquiera el corte de la emigración exterior ha frenado totalmente el proceso y el retroceso continúa en términos absolutos y relativos (Veyret, G., 1971). La Alpujarra Alta granadina ha perdido por ejemplo, casi 6.000 habitantes entre 1970 y 1975, pasando de 34.154 a 29.923, y otro tanto ocurre en Ronda, donde incluso la cabecera comarcal ha retrocedido (por primera vez en este siglo). La natalidad ha descendido por debajo del 15% y la mortalidad debido al envejecimiento, ha aumentado, hasta dejar en la mayoría de los casos el crecimiento negativo y, en cualquier caso, en una situación inferior a otras comarcas granadinas o malagueñas.

b) *Los procesos en curso*

Se ha llegado así a un planteamiento a la americana, con dos vertientes que se plantean, incluso oficialmente, como un proceso imparable:

- Una: Abandonos de amplios sectores, especialmente de la media montaña y las tierras altas de ocupación temporal.
- Dos: Introducción de nuevas actividades, acordes con los nuevos imperativos de la economía y la sociedad urbana.

Ya hemos dicho que estas dos vertientes no tienen por que ser una disyuntiva, como tampoco el criterio economicista y rentabilista el único defendible para medios tan frágiles y atractivos. En este sentido, voluntarismos aparte, hay que decir que el abandono tendrá costes no sólo económicos sino también ecológicos, visibles ya en muchos casos al no producirse las restituciones de las series a la velocidad necesaria para reequilibrar el medio e impedir la violencia erosiva que conlleva enormes pérdidas anuales de masa (Goicoechea Acosta, 1981).

Por otra parte, el proceso especulativo de algunos particulares y, sobre todo, de algunas sociedades alcanza ya caracteres alarmantes en Sierra Nevada. La espectativa inmobiliaria en algunos valles altos alpujarreños ha elevado en los últimos cinco años el precio de las viviendas y solares en oferta en un 800%.

La presión exterior en distintos frentes crece y plantea a muchos municipios el problema de controlar y ordenar un problema que les supera técnica y materialmente, como también supera a los organismos provinciales, como la Comisión de Urbanismo incapaz de hacer efectivos sus propios acuerdos, incapaz de ordenar tanto la corriente especulativa como los atentados al medio y a un paisaje cargado de valores estéticos y culturales. La situación especialmente en los altos valles suroccidentales y en la cabecera del Genil, es no solamente crítica sino en muchos aspectos, insostenible. ¿Hasta qué punto, una urbanización controlada, ordenada e integrada en un conjunto de actividades tradicionales renovadas puede ser un freno del abandono y un factor de desarrollo? Esta es la gran interrogante actual de Sierra Nevada. Sobre ello opinamos al margen de campañas más o menos soterradas, de partidismos y de personalismos, que es falso el dilema abandono-urbanización, como también, en cierta medida, el que se plantea entre conservación y explotación, por ejemplo a propósito del proyecto de Parque Nacional de la Cabecera del Genil, que ha puesto en evidencia las grandes insuficiencias de una planificación urbanística de ámbito municipal en conjuntos montañosos cuya entidad geográfica radica no sólo en la singularidad y valor ecológico del medio natural sino en la valoración y utilización que el hombre le ha conferido en el pasado y le puede conferir en el presente teniendo en cuenta el futuro. Todo ello debe ser la base de unas estrategias de explotación prudentes y previsoras que han de configurarse dando audiencia igual a todas las partes interesadas ó a todos los que puedan aportar puntos de vista. En cualquier caso, los derechos adquiridos o históricos, de los habitantes de la montaña no pueden ser ignorados ni tampoco manipulados.

Para evitarlo ha de articularse una política ó ley estatal de la montaña que configure las directrices y umbrales por los que han de configurarse las estrategias a escala regional y local. En mi opinión, habría que empezar por fijar unos límites altitudinales de usos y suscribir la absoluta necesidad de salvar lo salvable de las actividades rurales tradicionales, agrarias o no. Esto implica aceptar que muchas de estas actividades serán económicamente marginales siempre y, por lo tanto, incapaces de concurrir en un plano de igualdad con las de los sectores extramontanos. No obstante, se puede reducir al mínimo en muchos casos esta marginalidad con medidas al estilo de las tomadas en países en los cuales la montaña es tan básica como en el nuestro, es decir, por ejemplo, Suiza, Austria ó Japón, tales como:

- Redistribución de la propiedad y las explotaciones, al objeto de hacerlas más viables.

- Créditos y subvenciones para recapitalizar explotaciones que se ajusten a ciertas bases.
- Especialización agroganadera en productos más rentables y característicos.
- Simbiosis agricultura-artesanía-turismo de media y alta montaña
- Defensa de las calidades de origen.
- Cooperativismo.
- Redistribución racional del hábitat, servicios, etc. dentro de un urbanismo acorde con la tradición y el ambiente, etc.
- Parques naturales, no necesariamente «nacionales», donde la gestión de conservación no se oponga más de lo racional al disfrute civilizado de la naturaleza y a una explotación controlada.

Una serie de acciones concertadas en fin, guiadas por la idea de un bienestar más social que económico. Una política de montaña acorde con las peculiaridades físicas y humanas de nuestras montañas pero inspirada por principios similares a las de los países más avanzados, cuyas coincidencias en lo sustancial evidencian el hecho de que las montañas, sobre todo dentro de un mismo ámbito biogeográfico, tienen una base común y un funcionamiento similar. Por esto es posible exigir, en todo caso, su explotación racional, equilibrada y controlada, de modo que se mantenga en lo esencial el equilibrio ecológico y se impida la rapiña incontrolada de los que confunden el mejor desarrollo con el que mejor y más rápidamente satisface su lucro personal.

CAPÍTULO 3
EN TORNO AL VALOR ACTUAL DEL PAISAJE EN GEOGRAFÍA*

Este trabajo constituye un ensayo que podría ubicarse con los confines de la pedagogía con la investigación temática. En efecto, tratamos aquí en lo posible de dar respuesta a algunos interrogantes que se nos plantean sobre todo por los estudiantes sobre el paisaje. Desde hace varios años, algunas secciones de Geografía de las universidades españolas cuentan en sus planes de estudio con una asignatura denominada «Geografía del paisaje integrado», cuyo simple título plantea ya a cualquier no avisado una serie de dificultades iniciales que no desaparecen tampoco, según creo, cuando se ha buscado para la materia una denominación más concreta o eufemística, cuando se ha tratado, en definitiva, de estudiar lo mismo sin que aparezca la palabra paisaje en el título. ¿Qué sentido tiene una materia tal en nuestros planes de estudios? A esta pregunta frontal se puede responder, en principio, aludiendo al interés que reviste para el quehacer geográfico, cualquier intento de aclarar lo que el paisaje ha significado y puede, tal vez, significar todavía. ¿Ha sido, es o puede ser el paisaje, como opinaba M. Sorre, la última ratio, el alfa y la omega de la Geografía? En definitiva, ¿podría hacerse del paisaje uno de los pocos temas de estudio referibles a la Geografía a secas, sin apellidos? Ciertamente, esto no tiene que significar ne-

* *Cuadernos Geográficos*, Granada, n.º 9 (1979).

cesariamente una maniobra para salvaguardar el viejo proyecto unitario de una Geografía clásica integral o sintética, que muchos considerarían ya hoy día una empresa imposible o definitivamente arrumbada aunque no sea más que por la dificultad de hacer referibles a ese fin, algunas de las más validas orientaciones de la investigación actual. Para quienes ven así las cosas es obvio que un estudio tal tendría un interés puramente histórico, derivado de la reconstrucción de un aspecto interesante pero superado de la historia del pensamiento geográfico, o, tal vez, un interés ideológico, ya que la exposición de semejantes concepciones periclitadas se interpretaría en algunas instancias como una empresa política. En cualquier caso, habrá que contar con que son muchos los geógrafos actuales que niegan cualquier virtualidad a los estudios paisajísticos, al menos en cuanto puedan representar una continuación de la tradición o resulten referibles a una concepción de la disciplina como ciencia de síntesis.

Esta actitud, a nuestro juicio excesivamente simplificadora y concluyente, supone bien una ruptura total entre la tradición geográfica y las tendencias actuales del análisis paisajístico, bien una identificación de dichas tendencias con la «Geografía clásica o tradicional». Para nosotros ambas posiciones son excesivas ya que no todo es nuevo ni tampoco simple continuación de lo anterior, puesto que el paisaje no ha dejado de evolucionar en el mismo contexto científico y técnico que lo han hecho otros temas geográficos y, también, han tenido que abandonarse, de hecho, muchas posiciones tendentes a convertirlo en objeto central de Geografía.

En consecuencia al margen de otras dificultades que expondremos en su momento, creemos que resulta posible y conveniente tratar de poner en relación algunas de las adversas teorías paisajísticas y encontrar un hilo conductor entre ellas, que haga más inteligibles y, tal vez, menos paradójicas algunas actitudes de ciertos geógrafos empeñados con demasiada facilidad en renunciar al paisaje, cualquiera que sea su interpretación, precisamente cuando aumenta la demanda y la producción de estudios paisajísticos en los más diversos campos. En efecto, existe un indudable retorno actual al estudio del paisaje fuera y también dentro de la Geografía donde se está reavivando con nuevos argumentos el viejo debate sobre el papel del estudio paisajístico y donde se están desarrollando líneas de estudio que, gracias a nuevas bases teóricas, metodológicas y técnicas, carecen de la rigidez y de las contradicciones del pasado.

Tras este planteamiento se comprenderá mejor nuestra tentativa de esbozar un esquema de las principales líneas de estudio actuales de donde podrá deducirse en alguna medida su grado de vigencia y trascendencia. Este propósito, pensamos que no resultará ocioso, a pesar de ser ya varios los análisis realizados sobre la cuestión, tanto en español como en otros idiomas, pero que resultan de difícil acceso o se refieren a aspectos parciales o excesivamente circunscritos a una tendencia (Bertrand, 1968, 1972, 1973, y 1978; Bolos, 1975; Garcia Ruiz, 1975; Panareda, 1978).

1. EL PAISAJE, TEMA CENTRAL DE LA GEOGRAFIA CLÁSICA

A lo largo del siglo XX, el paisaje ha dejado de ser un objeto geográfico fundamental y casi exclusivo para interesar a otras disciplinas, tanto físicas como humanas. Esta convergencia de intereses sobre el paisaje ha producido en cierta medida, la descalificación de la Geografía como ciencia del paisaje y ha dado lugar al nacimiento de corrientes interdisciplinarias de estudio.

El primer problema que se plantea, por consiguiente, es tratar de aclarar, en lo posible, que ha representado el paisaje para la Geografía por lo menos desde comienzos del siglo XX hasta el momento en que se han producido estas nuevas direcciones en el estudio del paisaje, para tratar de examinar posteriormente éstas con un prisma geográfico.

A mi entender, el paisaje, que es un tema antiguo, descubierto ya por la pintura occidental de los siglos XII-XIII e interpretado artísticamente de diversa forma desde entonces, ha sido incorporado como concepto científico por la Geografía moderna. Aunque no podemos entrar aquí en una historia a fondo, resulta imprescindible una referencia mínima a este hecho, porque hay autores que afirman, y creo con razón, que justamente con el cambio de siglo (XIX-XX) se produce, sobre todo en Francia, una ruptura o bloqueo de la incipiente tradición geográfica del estudio del paisaje, entendido como expresión de las relaciones hombre-medio (Bolos, 1975). En efecto, quizá partiendo del concepto de formación introducido por Humboldt, la Geografía alemana va a insistir durante el siglo XIX en el estudio del «landschaft» como realidad global que agrupa elementos físicos, biológicos y antrópicos. No insistiremos ahora en el problema de hasta qué punto y porqué el estudio del paisaje en la Geografía alemana pudo llegar a ser un exponente de las doctrinas deterministas, pero es evidente que el tema tiene allí una continuidad y unas vías de estudio mucho más definidas que en otros países.

No ocurre otro tanto en Francia. Si Vidal de la Blache pasa por ser el fundador de la Geografía francesa, su concepto de paisaje no parece que tuviera una real continuidad. En este sentido es significativo que G. Bertrand (1973) se haya referido a los actuales estudios franceses de paisaje integrado como renovadores de una tradición inaugurada precisamente por Vidal y rápidamente interrumpida tras su muerte. Dado que la Geografía francesa ha sido y es todavía en cierta medida la principal inspiradora de la española, no estará de más considerar rápidamente cual pudo ser el concepto vidaliano del paisaje y su desarrollo o no por la Geografía posterior.

Ante todo para Vidal el paisaje es la fisonomía del espacio, algo que se ve y se describe, aunque también posteriormente se intente explicar como combinación de hechos físicos biológicos y humanos. En esto estarán de acuerdo todos los geógrafos posteriores, así como la idea de que el estudio del paisaje tenía su marco adecuado en la región. La región era para Vidal una especie de laboratorio geográfico, donde el estudio del paisaje sin dejar de mostrar su profunda raíz natural, mostraba también la maestría y la capacidad humana en el dominio del medio. Vidal inició una indiscutible apertura de la Geografía hacia las ciencias sociales, pero sin perder de vista la tradición naturalista. La Geografía era «la ciencia de los lugares», no de los hombres, la región en el fondo es la región natural (Claval, 1974). El tema de las relaciones hombre-medio era contemplado todavía en una óptica ambientalista, aunque también posibilista. El paisaje vidaliano es todavía un paisaje ante todo natural o físico, que hacia honor a su etimología (pays-territorio) ¿Que ocurre tras Vidal?

Yo no sé hasta que punto podrá hablarse, como Bertrand, de ruptura postvidaliana en el tema del paisaje. Lo cierto es que Vidal aparece cada vez menos como padre del concepto paisajístico que iba a poner en práctica la geografía regional francesa. El paisaje, que en Vidal aparece inscrito dentro del estudio de las relaciones hombre-medio y que no llegó a ser conceptualizado perfectamente por esta vía, pasó a ser algo diferente inmediatamente después de su muerte. Por una parte, su yerno E. de Martonne, repite de modo sistemático que el paisaje es, en último término, el objeto de la Geografía ya que como realidad global, física, biológica y humana, a él son referibles finalmente todos los estudios geográficos. El paisaje es la expresión de la síntesis geográfica y como tal también la salvaguardia de la unidad de la Geografía, aunque esta idea se exprese a través de las páginas de un manual de física, en el cual el geógrafo Martonne solo realiza el estudio del relieve y del clima, y ha de recurrir a un botánico (Chevalier) y un biólogo (Cuenot) para el volumen referente a Biogeografía. (Martonne, 1964).

Desde entonces el paisaje, quedó casi definitivamente alejado de las preocupaciones de la geografía física que se convirtió casi exclusivamente en geomorfología, quizás en función del éxito generalizado que obtuvo el paradigma propuesto por W. M. Davis. El paisaje pasó a ser la expresión fisionómica del espacio humanizado. La geografía la ciencia de los paisajes humanos. Se comprende así, el desarrollo que adquiere, en el primer cuarto de siglo los estudios del hábitat rural y urbano, de la morfología agraria y urbana, realizados por el propio Martonne, Blanchard, Demangeon, Sion... y los que se hicieron después en los años 20 y 30) (Sorre, Dion, Deffontaines, Faucher, Meynier, etc.). Aunque estos estudios implicasen una clara sectorialización del paisaje como realidad geográfica global, lo cierto es que el paisaje queda configurado después de Vidal de la Blache, ante todo como el análisis de la huella de los hombres sobre el espacio. Lo cual tiene además otras implicaciones, como el hecho de que sobre estas premisas la explicación paisajística fuese fundamentalmente una explicación histórica, retrospectiva. Por otra parte, sin la maestría de los autores del primer tercio del siglo, los geógrafos posteriores derivaron fácilmente a lo que se ha llamado el plan por archivadores que implicaba una atomización máxima en capítulos difícilmente conectados. Se comprende, finalmente, las reacciones ambivalentes que suscitó, por los años 40, la obra de Le Lannou que pretendía salvar la unidad de la geografía, en un momento en que la escisión era ya real entre Geomorfología y Geografía Humana, sobre la base del paisaje creado por el hombre habitante. (Le Lannou, 1948).

Aunque en una línea de pensamiento similar en el origen de su planteamiento y en sus conclusiones, la figura de Max Sorre, significa la introducción en el marco de la Geografía francesa, estudiosa del paisaje humanizado por encima de todo, de unos nuevos elementos que intentan a la vez dos cosas: primero, reasumir en lo posible la tradición naturalista de la geografía, más o menos mantenida por la Geomorfología; segundo, la incorporación de una cierta corriente estructuralista, de origen ecológico, sin que la geografía perdiese su esencia humana; lo que también podía representar un deseo de defensa, de delimitar campos frente a una ciencia como la Ecología, con la que Sorre había tenido relación y que entre los años 30 y 40 empezaba a apuntar los conceptos integradores que serían la base, tanto en su desarrollo posterior como de su influencia en lar renovación de los estudios geográficos del paisaje. Con Sorre el paisaje pasa a ser una estructura que integra el medio físico, pero el método no cambia, sino que se refuerzan sus fundamentos biológicos.

El intento de integrar el medio en el estudio humano no era nuevo. En Alemania, tanto Passarge como Schluter y Hettner habían hecho serias aportaciones al tema en los años 20, que permitirían luego a Carl Troll (1939) iniciar la Landschaftokologie o ecología del paisaje. En efecto, del paisaje entendido, como interfase (Hettner) era fácil, pasar después a conceptos como el de comunidad merógena, sinergiocora, etc. que están en la base de los estudios de un Smithusen o un Bobeck, basados en la lógica de sistemas (Bolos 1975). Pero no es sólo en Alemania donde se había producido una cierta renovación inspirada en la ecología. En Inglaterra, donde las preocupaciones generales de los geógrafos eran tan distintas, Stodart (1965) ha recordado al americano H. Barrows, que, en medio de la incomprensión de sus compatriotas había tratado de replantearse la geografía «as Human Ecology», en 1925. Es decir un planteamiento próximo al que utilizaría Sorre en sus fundamentos biológicos de la geografía humana, subtitulados también «Ensayo de Ecología Humana». Por influencia de la ecología, el estudio del paisaje cobraba, por tanto, fuerza en dos direcciones: por una parte, el paisaje natural, por otra el paisaje humanizado, replanteado como ecología humana.

Por otra parte, no se puede afirmar que el paisaje llegara a ser, aunque a veces lo pretendiera, el único objeto de la Geografía «Clásica» o «Tradicional», ni siquiera en Francia. Pero si que ha sido uno de los objetos más esgrimidos teoricamente en defensa de una concepción unitaria de la Geografía, como disciplina global ó de síntesis. Es lo que podía llamarse el absolutismo paisajista de la Geografía. De ahí que ningún tema u objeto de estudio geográfico revele con más claridad los problemas del objeto de la Geografía que el tema del paisaje, sobre el que, en un afán reduccionista excesivo se ha querido durante mucho tiempo vertebrar una disciplina que ha mantenido contactos continuos en su historia con otras ciencias naturales y humanas de las que se ha nutrido y a las que ha nutrido también.

El paisaje se convierte así, de algún modo, en un tema capital sobre el que se intenta basar una epistemología geográfica, especialmente por la escuela francesa que hace continuos esfuerzos sobre todo durante la primera mitad del siglo XX por acomodar el objeto paisaje a las exigencias de cada momento. Así el paisaje pasa de ser una fisonomía a ser el aspecto material que traduce la convergencia e interacción de toda clase de fenómenos físicos, biológicos y humanos en la superficie terrestre, a ser considerado como una estructura e incluso, recientemente, como un sistema. Repetimos que no podemos aquí hacer un repaso exhaustivo de la historia del pensamiento geográfico sobre el paisaje, pero importa a nuestro actual propósito recordar este hecho, si bien no se puede decir que haya existido nunca una sola corriente de opinión al respecto. Una cosa es que, como se ha dicho ya, especialmente durante la primera mitad del siglo, la mayoría de los geógrafos de los diversos países, y especialmente los franceses, utilicen el término paisaje u otros sinónimos más o menos equivalentes, y otra diferente que todos consideren un concepto de paisaje cualquiera como algo esencial para el desarrollo o la supervivencia incluso de la Geografía. Y esto no sólo en Francia, las geografías de esta época especialmente la rusa, inglesa y sobre todas la alemana, constituyen casos aún más claros de la pluralidad de interpretaciones de que ha sido objeto el paisaje y de la existencia paralela de otras temáticas básicas.

En este sentido, hay que subrayar que el paisaje se convierte en algo esencial, sobre todo para quienes a lo largo de la historia de la Geografía o, actualmente, defienden un proyecto unitario de la disciplina sobre bases naturalísticas o han mantenido una concepción sintética a ultranza de la misma. Así se llegará a contradicciones flagrantes, repetidamente esgrimidas por los detractores de esta concepción, en aquellos que teóricamente se muestran partidarios de la síntesis paisajística y mantienen una práctica analítica, tal vez por insuficiencias o carencia de un método depurado de análisis paisajístico, tal vez por que durante mucho tiempo se consideró tal síntesis como un desideratum nunca alcanzable, lo que aún sigue manteniéndose actualmente por muchos a pesar del reflujo del positivismo y el contexto científico actual tan propenso a una consideración sistémica de las diversas materias naturalistas y sociales.

De ahí también, que el paisaje se haya convertido en blanco preferido de los ataques de algunos de los «nuevos» geógrafos, aunque muchas veces esto se critica desde un plano excesivamente teórico, lo que no es en si mismo razón para desconocer el acierto de estas criticas en muchos casos. (Ronai, 1977). Y más si proceden del ámbito de la «Geografía social», cada vez más asentada.

Así pues, el paisaje puede ser y ha sido ante todo, un tema central, si no de toda la geografía, sí de una buena parte de la Geografía alemana de la preguerra y sobre todo de la «escuela francesa de Geografía regional «, cuyas contradicciones conceptuales y metodológicas han sido repetidas veces expuestas y podríamos considerar en orden a nuestra argumentación, sobre todo como una tentativa quimérica de hacer el paisaje un objeto clave, aséptico, objetivo, original, sintético, natural y humano etc.

En definitiva, la posición de la «geografía clásica» con respecto al paisaje se puede resumir de la siguiente forma:

a) *El paisaje queda como* un término ambiguo o mal conceptualizado

Aunque se le defina como combinación o estructura, aunque se alcancen sobre todo por los geógrafos alemanes unos conceptos integradores, con la palabra paisaje se alude unas veces a la realidad global de la superficie terrestre, otras a los aspectos físicos, otras a los humanos. Más tarde la dispersión y la polisemia serían mayores (paisaje geomorfológico, vegetal, agrario, urbano, etc.).

Así, habrá que convenir que hasta en tanto esta ambigüedad persista no se puede hablar seriamente de una Geografía del Paisaje, al menos si el paisaje se entiende referido a una práctica geográfica global, lo que ha exigido actualmente redundar en la expresión paisaje integrado.

Estaría pendiente, no obstante, si el paisaje puede ser susceptible de un estudio global o integrado, y si puede, en suma, llegar a ser todavía, en algún modo una posibilidad de cara a esta Geografía total. Sobre esta cuestión no vamos a dar otra respuesta en este trabajo que la que se pueda deducir de la consideración de las plurales tendencias vigentes. Pero la larga experiencia de la «Geografía clásica» al respecto, ha dejado también un bagaje que ha hecho abandonar, de facto, el término a algunos autores. Ha subsistido en efecto, un término mal conceptualizado, susceptible de interpretaciones diversas que en la mayoría de acepciones científicas tradicionales se ha apartado o ha pretendido apartarse de la noción vulgar, intuitiva, que tiene cualquier persona y que supone simplemente algo que se ve y que provoca reacciones de tipo estético. Esta es también la acepción principal que recoge cualquier diccionario español o el Larousse francés. Sin embargo, los geógrafos, especialmente los educados en la tradición francesa, han pretendido durante mucho tiempo desvincular en lo posible el «concepto científico de paisaje» de cualquier experiencia subjetiva y, sobre todo, estética. El paisaje geográfico no se ha considerado tradicionalmente homologable al de un artísta, al de un pintor por ejemplo; del paisaje geográfico no se ha podido predicar, en consecuencia, que sea feo o bonito, como lo ve también el hombre de la calle. y sin embargo, el paisaje geográfico no deja de ser captado visualmente, no deja de percibirse igual que el paisaje vulgar, por más que a posteriori se pretenda objetivizarlo, distinguir unos elementos y unos factores que expresan una realidad supuestamente más objetiva que las demás.

En cualquier caso, la no aceptación del término paisaje, como algo establecido de una determinada forma, con unas concretas connotaciones en la practica normal del idioma, su reconversión en un significado diferente negándole todo potencial de subjetividad ha contribuido no poco a empobrecer los resultados de la experiencia clásica del paisaje, empeñada en destacar lo original al margen de lo subjetivo. Esto ha dificultado no poco la depuración de un método de análisis de los paisajes, y, en definitiva ha convertido el lenguaje geográfico sobre el paisaje en algo críptico cuando no en un verdadero galimatías, no sólo ininteligible para los no iniciados sino, incluso, también, por las contradicciones que conlleva su uso, para los propios geógrafos. (A. Fel, 1974, R. Brunet, 1974).

b) *Insuficiencia metodológica y técnica*

El paisaje era teóricamente la síntesis geográfica. A la síntesis son referibles los análisis sectoriales que sin embargo no alcanzan casi nunca dicha síntesis. Como escribía Casas Torres (1971): «La síntesis se encuentra a veces en la mente del investigador aunque este se ve incapaz de transmitirla como la ve». Esto hace de los análisis paisajísticos, paradójicamente, tanto un arte como una ciencia ya que, como observa Meynier (1969), los métodos geográficos tienen una gran carga de intuición y son esencialmente cualitativos. Tal vez, afirma Bolós (1975) esto era consecuencia de la escala a que se situaban las regiones (100-2000 km escala corológica) entendidas como «áreas de extensión de un determinado paisaje», en la que parecen primar hechos particulares, específicos, que sólo parecen justificables con razonamientos de este tipo; en tanto que el paisaje se analiza a diversas escalas y a partir de una escala mucho mayor o escala topológica.

Hay, pues, una contradicción entre teoría y práctica, entre el paisaje, entendido como realidad global y objetiva y, por otra parte, unos estudios sectoriales que no llegan a representar verdaderas unidades de paisaje, donde no hay una verdadera cartografía sintética y donde los hechos objetivos se mezclan con apreciaciones subjetivas. De esta forma no es extraño que el paisaje haya llegado a ser tanto la expresión más familiar, como, al propio tiempo, menos significativa entre los geógrafos, una especie de tapadera de problemas o verdadero punto ciego que, por añadidura, según algunos geógrafos marxistas, mixtificaría y confundiría deliberadamente el sentido de las relaciones espaciales. En cualquier caso, a una teoría globalizadora se contrapone, en la práctica, una metodología analítica y separativa.

La situación de confusionismo a que había llegado la Geografía en el tema del paisaje se aprecia viendo el tratamiento que el tema recibió en el congreso Internacional de Geografía de Amsterdan en 1938. Dicho congreso consagró una parte importante de su trabajo a intentar construir una teoría coherente. Hasta ahora, se decía entonces, el concepto de paisaje en Geografía ha sido poco claro y preciso, debido sobre todo a que «varias ciencias han hecho suyo este término y por otra parte, se aplica por los artistas en un sentido estético». El congreso se planteó también interesantes cuestiones, por ejemplo: a) ¿Cuales son los componentes esenciales que determinan el carácter de un paisaje y sus límites?; b) ¿Pueden formularse leyes concretas sobre los paisajes? c). ¿Puede distinguirse netamente entre un paisaje natural y un paisaje humano? No hay que decir que estas cuestiones no recibieron respuestas definitivas y quedaron aplazadas. Así la geografía clásica puede identificarse también, hasta cierto punto, como una búsqueda sin éxito sobre el paisaje (Claval, 1974).

En esta búsqueda, parece por tanto evidente que los geógrafos de la primera mitad del siglo veinte se vieron imposibilitados de hallar un método específico de tratamiento del paisaje global. La existencia de estructuras globales y de procesos dinámicos objetivables era ignorada de hecho ó incluso, negada. Sólo recientemente en los años 60 el paisaje ha sido considerado como verdadero objeto del análisis en sí mismo. y ello, además de por las razones ya expuestas, por otras que son, al propio tiempo, las que explican la actual renovación de los estudios. G. Bertrand (1973), las ha resumido en los siguientes puntos:

a) La creciente importancia que ha ido cobrando la teoría y la reflexión epistemológica en una serie de investigaciones llamadas «de punta», particularmente la Biología. Ambas cosas en relación estrecha con problemas de semántica y clasificación.
b) El desarrollo de las investigaciones sobre estructuras y sistemas inspiradas en la linguística, que proporcionan un utillaje al investigador, que le permite examinar el paisaje como un «conjunto coherente», no como una colección de objetos.
c) La vulgarización de métodos matemáticos e informáticos que permiten tratar rápidamente datos múltiples y de apariencia heterogénea (analisis multifactorial).
d) Los progresos de la ecología de síntesis o biocenótica que han permitido el estudio global de la biosfera con la ayuda de un pequeño número de conceptos integradores simples, algunos de los cuales no han adquirido carta de naturaleza hasta los años sesenta (Odum, 1964).
e) En el plano técnico la generalización de la fotointerpretación y cada vez más, de la teledetección, que facilitan el análisis global.
f) La renovación y el desarrollo alcanzado por los estudios del paisaje dentro y fuera de la Geografía es incomprensible al margen del interés que han adquirido actualmente los problemas del «medio ambiente», de los recursos naturales y de la protección de la naturaleza, que plantean en términos nuevos

la vieja cuestión de las relaciones entre las sociedades y el medio físico. De esta forma, los estudios de paisaje desembocan en la ordenación del territorio y obligan a los geógrafos a preguntarse sobre la finalidad de su trabajo, su papel en la sociedad y, también, sobre su formación y capacitación profesional.

g) Por último los nuevos estudios, integrados o no, teóricos y prácticos, se han desarrollado, en primer lugar, por geógrafos de fuera de las escuelas en que se puede centrar la tradición clásica. Es decir fuera de Alemania y, sobre todo, de Francia. La avanzadilla de tales estudios, se encuentra por una parte en la URSS y Europa del Este, y, por otra, en Canadá, Australia y USA. El ejemplo de estos países ha terminado por afectar a los viejos esquemas clásicos, pero el desfase entre estas investigaciones y las que se llevan a cabo en Francia y otros países es muy grande.

2. LAS IDEAS VIGENTES

¿Cuales son las ideas vigentes sobre el paisaje? ¿Cuales son las principales tendencias de la investigación al respecto? Ante todo hay que remarcar que el crecimiento ha sido tan rápido que muchas de las ideas hace unos pocos años, cuando los nuevos modos empezaron a difundirse en Europa Occidental y en España, aparecen hoy más eclipsadas.

Cronológicamente, se empezó por constatar dentro de la propia Geografía, la necesidad de aprehender globalmente el medio físico excesivamente sectorializado e hipertrofiado por el estudio geomorfológico. En los años cuarenta y cincuenta se produce la incorporación del clima al estudio del relieve, apareciendo en Francia la Geomorfología bioclimática en torno a A. Cholley. A la vez se va produciendo la renovación de la Biogeografía y la necesidad de alterar el esquema clásico del estudio del medio físico, concediendo un mayor desarrollo a la vegetación y los suelos cuyo papel había sido ya descubierto en función de las nuevas teorías como la de biostasia y rexistasia. Posteriormente, a comienzos de los años sesenta se aprecia la insuficiencia del lenguaje y empieza a incorporarse conceptos inspirados en la teoría de sistemas y en la ecología. Así en 1964-65 aparece en Francia el concepto de geosistema en el que Bertrand veía entonces una unidad taxo-corológica básica de la que podían derivarse otras. Así, el geosistema aparecía como un espacio natural homogéneo, dividido en geofacies, geotopos etc. La diferencia con el ecosistema era, por aquel entonces, la dimensión espacial que cobrada el concepto ecológico que, en principio, no era más que una abstracción conceptual.

Con la incorporación del concepto de geosistema y sus derivados, Bertrand intentaba demostrar, siguiendo a los geógrafos soviéticos, que el paisaje tenía una posibilidad práctica de estudio objetivo e integrado, haciendo hincapié sobre todo en la dinámica paisajística. «El paisaje, escribía Bertrand, es una porción de espacio caracterizado por un tipo de combinación dinámica, por consiguiente inestable, de elementos geográficos diferenciados —abióticos, bióticos y antrópicos— que actuando dialécticamente unos sobre otros hacen del paisaje un conjunto geográfico indisociable que evoluciona en bloque tanto bajo el efecto de las interaciones de elementos que lo constituyen como bajo el efecto de la dinámica propia de cada uno de estos elementos considerados separadamente». (Bertrand, G. y Dollfus, O., 1973).

En un primer momento, el paisaje recuperado como estudio global era el paisaje natural que era el estudiado con la óptica del geosistema, es decir con una perspectiva que situaba la investigación geográfica en la confluencia con la Ecología pura. Las relaciones con las ciencias humanas y, en especial, con la Geografía humana, no se planteaban en términos de yuxtaposición o de conflicto.

El análisis del paisaje era una especie de Geografía física global o compleja y debía facilitar su integración en el análisis del medio social o económico. El tratamiento global y ecológico del paisaje permitiría plantear mejor los problemas de su utilización por las sociedades humanas. Se rechazaba, por otra parte, el que la nueva visión fuese, como muchos decían, una forma renovada de la Geografía regional e, incluso, se afirmaba que no venía a sustituir unos análisis sectoriales que se creían necesarios sino a darles más sentido.

Esta nueva concepción del paisaje físico o natural se afirmaba desde un principio también por ensayar una nueva conceptualización y por el desarrollo de unos métodos propios y específicos para estudiar globalmente el paisaje. En este sentido, hay que apuntar siguiendo a Bertrand (1973):

a) La prioridad concedida a la clasificación de los objetos; la idea de que a través de la taxonomía se les da entrada en el mundo científico, ya que una Sistemática precisa es la única manera de pasar de la monografía al modelo.
b) El paisaje debía ser analizado en una jerarquía de escalas, a la vez temporales y espaciales, para que aparezcan claros los diferentes niveles de discontinuidad que lo organizan (Brunet, 1967).
c) El análisis integrado es un estudio de sistemas abiertos, donde las interrelaciones deben destacarse y donde el proceso continuo de evolución es esencial. En un primer momento, Bertrand consideraba que con esta óptica podían renovarse también el estudio clásico de la evolución de los paisajes.
d) La cartografía del paisaje debía ser integrada y, por tanto, susceptible, de una interpretación directa de la dinámica paisajística, aunque no se rechazaba que se acompañara de mapas analíticos o temáticos.

Así es como una corriente de «paisaje integrado» ha sido afirmándose con gran fuerza en Europa Occidental, sobre todo en Alemania, donde tenía una relativa tradición, y en Francia, sobre todo en Toulouse. No obstante, simultáneamente o incluso antes, se habían desarrollado en estos mismos países y en otros, como Inglaterra, Canadá o USA, otras direcciones que renovaban el estudio del paisaje, bien en una dirección física, bien en otra más humana o sociológica. En ambos casos, el paisaje era valorado y recuperado en función del planeamiento, en cuyo interés convergían con algunos geógrafos, otros especialistas como psicólogos, sociólogos, urbanistas, etc. En general tanto si el enfoque era de planificación física, como si el objetivo era integral, el paisaje era analizado con una perspectiva y una metodología muy diferente de la anterior. Por otra parte, se trataba de estudios más o menos objetivos, pero muy pragmáticos de tipo «land surveys» americanos, que pretendían incorporar o integrar en la planificación, casi siempre mediante análisis multifactoriales las «dimensiones físicas esenciales» (Ortega, F. y Rodriguez, F., 1976). Por otra parte, se iba desarrollando una dimensión culturalista del paisaje, de la idea de que el paisaje, como ya notaban Schluter, (1919) o Sauer (1925), es ante todo un objeto percibido y subjetivo o, incluso, sentido y vivido. Desde 1961 la revista Landscape trabaja en esta línea próxima a la Geografía cultural, que hace del paisaje un archivo de percepciones diversas donde se interfieren elementos míticos, religiosos, etc. Si el paisaje debía ser incorporado a la planificación había que empezar por aclarar el sentido que tenía para los hombres que lo habían creado o que lo estaban viviendo o lo iban a vivir. Esta dirección culturalista y fenomenológica entronca bastante, aunque ellos lo nieguen, con los estudios de los geógrafos radicales que pretenden primar en el paisaje unos elementos políticos. En el orden puramente fenomenológico diversos estudios actuales corroboran dentro de la Geografía la utilidad de estas investigaciones, (M. J. Bertrand, 1974; A. Fremont, 1974; A. Rochefort, 1974).

En definitiva, en los años 70, la temática paisajística ha resucitado plenamente dentro y fuera de la Geografía y era evidente que cada vez resultaba mas difícil lograr que el término paisaje respondiera a una noción clara, precisa y válida para todos. A partir de aquí, empieza a cobrar fuerza la idea, que era ya vieja, de un estudio interdisciplinario, con direcciones más o menos paralelas, mas o menos convergentes. En 1970, en Toulousse, se celebra un Congreso Internacional sobre la «ciencia del paisaje y sus aplicaciones» del que Taillefer publicó un interesante informe en la R.G.P. etSO, en el mismo número (1972) en que Bertrand hablaba de la ciencia del paisaje como ciencia diagonal. Finalmente, por lo que a la Geografía se refiere parece que en el último Congreso Internacional (Moscú *1977),* la «ciencia del paisaje» ha sido, reconocida dentro de la comunidad geográfica. Pero en estos años se han perfilado mucho más las cosas y se puede intentar, como ha hecho en su último número monográfico la RGP et SO, un esquema comprensivo de las principales corrientes de investigación.

Por lo que al conjunto de los análisis paisajísticos se refiere, G. Bertrand y Nicolai Beroutchachvili (1978) creen poder definir la evolución seguida en relación con tres grandes paradigmas conceptuales: 1) El paradigma descriptivo y clasificador; 2) Paradigma genético y sectorial y 3) Paradisma sistémico.

Estos tres paradigmas pueden entenderse como sucesivos cronológicamente; el primero permitió sentar las bases de la ciencia moderna desde el siglo XVIII (disciplinas); el segundo se instaló progresivamente a partir del positivismo (genético y sectorial); el paradigma sistémico no ha comenzado a implantarse más que a partir de 1950 y en el caso de la Geografía francesa A. Cholley representa un intento pionero como Strahler o Chorley en la anglosajona. No obstante, a pesar de esta sucesión cronológica, en lo que al paisaje concierne, estos tres paradigmas no están agotados sino que siguen vivos aunque con diferente éxito y porvenir. A este respecto puede distinguirse ya hoy dentro de la «ciencia del paisaje»:

1) Un análisis fisionómico o «ciencia del paisaje» en sentido estricto, cuyo origen se remontaría a los relatos de exploradores asi como los de algunos geógrafos naturalistas. Es como una tentativa de interpretación global basada en los componentes visibles del paisaje, definidos a su vez en una serie de análisis sectoriales. Se alcanzaron así algunas tipologías elementales: principio de zonalidad, regímenes naturales, etc. Se trata, en surna, más de una forma de presentación de análisis sectoriales que de un verdadero método. Es un poco la dirección de la Geografía física clásica, sobre todo alemana desde Passarge (1921). También la línea que aplicó Berg en 1941 al análisis del paisaje natural en Rusia o la linea que intenta Birot (1970) en «Las regiones naturales del Globo». Sería también una línea que continúan con otra técnica y finalidad los «landscape survey» o «los análisis de planificación física» (Australia, Canadá USA) (Tarlet, 1976; Ortega y Rodriguez, 1976). En este grupo habría que incluir también algunos análisis geográficos, sociológicos, etc. de tipo local o regional que siguen analizando el paisaje natural y humano de modo sectorial y esencialmente fisonómico.
2) Análisis integrado del medio físico y humano con enfoque interdisciplinario. El punto de partida no es el paisaje propiamente dicho, sino las diferentes disciplinas naturalistas y sociales a partir de las cuales se intenta reconstruir y aprenhender: a) «el complejo territorial y natural»; b) toda la huella del hombre en el paisaje humanizado. No solamente todos los componentes conocidos visibles o invisibles. sino que estos elementos se analizan como parte de un conjunto dotado a su vez de propiedades efectivas. Es pues, en teoría, un análisis de sistemas, pero no lo es realmente porque tiene limitaciones importantes: a) es un análisis que se mantiene esencialmente cua-

litativo incluso cuando utiliza el análisis multifactorial; b) es interdisciplinario en el peor sentido de la palabra; es decir se contenta con conciliar a posteriori datos geográficos, biogeográficos, antrópicos. etc. Si logra, a veces, presentar compuestos cualitativos complejos, la génesis paisajística es apenas esbozada y se escapa.

3) El análisis sistémico o «Ciencia del geosistema» como se le ha llamado ahora para distinguirlo de la «ciencia del paisaje». El paisaje ha pasado a ser desde esta vía un término de referencia de una serie de investigaciones tanto físicas como humanas, más que de ninguna concreta. Esta corriente sistémica se deriva en su origen de un esfuerzo de teorización sobre el medio natural en su sentido más estricto, el menos modificado por la acción antrópica e independiente de todo control de percepción. Esta construcción no es posible más que utilizando la cuantificación en forma masiva. es decir medidas estacionales complejas con aplicación directa de la teoría de sistemas y la sistémica. El estudio del geosistema o «sistema territorial natural» comporta tres niveles: físico, geoquímico y etológico. Las mediciones tienden a detectar el funcionamiento del conjunto: balances de materia y energía, «estados espaciales o temporales de geosistemas». Exigen grandes medidas y sólo se emplea con rigor en la URSS. En Francia y también en España más recientemente (Barcelona, Granada) se ha intentado adaptar la teoría pero no se ha pasado todavía de la fase interdisciplinaria por falta de medios.

3. CONCLUSIÓN

Resumiendo o simplificando aún más, se podría decir que la mayor parte de los estudios actuales sobre el paisaje, son susceptibles, de una interpretación dualista:

a) El paisaje es una naturaleza-sujeto. No tiene existencia social más que en función de un proceso que pasa de la función de imagen a su interpretación social. Esta combinatoria supone la intervención de mecanismos psicológicos, fisiológicos, lingüísticos, económicos, ideológicos etc. El paisaje es en definitiva un fenómeno cultural, derivado de la disposición material del espacio —natural y social— aprehendido visualmente por un observador. Como su representación localizada, el paisaje se articula en varios planos que permiten identificar objetos y comprende una valoración estética.
b) El paisaje es una naturaleza-objeto. Es decir una realidad que existe independiente de la observación y del observador, una porción del espacio terrestre, un fenómeno natural.

Ambas interpretaciones subyacen en todos los estudios citados, geográficos o no, y permiten considerar, cuando menos, al paisaje, de una forma menos maniquea, como una noción de referencia de la que participan lo mismo análisis naturalistas o sociales (Bertrand, 1978) y no tanto ya un término operativo o susceptible de una utilización como concepto clave de ninguna disciplina científica. En cualquier caso, la situación actual exige de las diferentes disciplinas paisajísticas una depuración previa del sentido en que utilizan el término, de la forma de conceptualizarlo, y, en el caso de la Geografía, de una cierta depuración adicional de los métodos, aunque no sea más que por razones de coincidencia con otras disciplinas como la Ecología y la Sociología.

CAPÍTULO 4
EL PAISAJE EN LA ORDENACIÓN DEL ESPACIO LITORAL*

La amplitud e intensidad de la ocupación humana del litoral —sobre todo en las franjas de contacto tierra-mar— y su reciente atractivo económico, que se percibe tanto en el auge de la urbanización y del turismo como en la expansión de las agriculturas de vanguardia y el desarrollo de ciertas industrias, no podían dejar indiferentes a los responsables de la ordenación del territorio y no ha sido así, aunque las respuestas han sido muy diversas en el tiempo y en el espacio. Circunscribiéndonos a la Europa mediterránea, España o Andalucía, ámbitos para los que contamos con referencias más numerosas y experiencias personales próximas, no se puede aducir la existencia de un vacío normativo en lo relativo a la ordenación de litoral, ya que abundan las disposiciones para favorecer el crecimiento ordenado, especialmente las relativas al urbanismo, aunque también las que atañen a la corrección de los impactos y los desequilibrios territoriales derivados tanto de la dinámica natural de los litorales, como de la dinámica inducida por las actividades humanas. En todo caso, puesto que cualquiera puede percibir recorriendo nuestas costas que los desequilibrios y las agresiones son un hecho corriente, parece evidente que la legislación no ha sido suficiente o

* En *Ordenación y planificación del espacio litoral*. Coord. J. M. Barragán. San Roque, Cádiz, 1994.

adecuada para evitar ese desarrollo incontrolado que apreciamos en urbanizaciones, puertos, paseos marítimos, etc. Se podría decir que el esfuerzo normativo, ingente en algunos casos como Andalucía, no ha sido seguido más que por unos resultados mediocres. ¿Por qué?

Sin duda era muy difícil ordenar un proceso de crecimiento tan acelerado como el que se ha producido en nuestro litoral desde mediados de siglo. Pensemos que en Andalucía los municipios del litoral han pasado de alojar al 38% de la población, en 1930, a concentrar 63% en 1991. Ordenar un proceso de tal magnitud es tan difícil como lo fue el éxodo rural a las ciudades, bastantes de ellas ubicadas en el litoral. No se puede, por otra parte, frenar el desarrollo de la economía litoral, pero la ordenación territorial debió propiciar no sólo unos marcos legislativos, por lo demás sectoriales en exceso, sino todo un conjunto de políticas activas que hicieran posible la minimización de los desequilibrios del crecimiento, la reducción de las agresiones al medio patentes en el paisaje y, en definitiva, una dialéctica litoral-interior de menor contraposición y mayor integración o complementaridad.

Dicho esto, sin duda, como ha señalado J. M. Barragán (1993), nuestro desarrollo normativo reciente adolece, salvo contadas excepciones, de un excesivo sectorialismo que ha conducido a un inadecuado o insuficiente tratamiento de los problemas planteados en nuestro litoral. En este espacio mas que en ningún otro se producen fenómenos de contacto y equilibrios tan frágiles, tanto de tipo natural como histórico-cultural, que reclaman una sensibilidad y un tratamiento global. El propósito de esta exposición es, en este sentido doble. Primero insistir en que el consumo de litoral y en concreto del litoral andaluz, no puede ya en ningún modo seguir amparándose en políticas sectoriales por muy elevadas que sean las miras de éstas. Por otra parte, sean estas políticas suceptibles o no de controlar el proceso espontaneísta de crecimiento, hemos de ser conscientes que estamos cerca del punto final en muchos sectores en los que habrá no sólo que limitar sino impedir que el desarrollo urbano y de las actividades económicas prosiga hasta destruir los pocos santuarios que nos quedan o hasta alterar tan irreversiblemente el medio que se haga insoportable vivir junto al mar en el futuro. Pero esta constatación pretende ser el pórtico adecuado para, en segundo lugar, intentar defender que el paisaje, a pesar de sus problemas, representa una de las pocas oportunidades para enfocar correctamente los problemas de ordenación global del litoral, especialmente en áreas como la andaluza, tanto mediterránea como suratlántica. En principio esto es así porque el paisaje representa no sólo un recurso perceptual o histórico patrimonial, sino también porque es un excelente indicador de los equilibrios biofísicos y culturales. Por esto sustancialmente, defenderemos la introducción del estudio paisajístico como una de las piezas claves para la ordenación territorial del litoral, en una triple perspectiva: histórico-evolutiva, actual y prospectiva. En definitiva esto representaría utilizar el paisaje para mejor comprender la cultura territorial heredada y tenerlo en cuenta, además, no sólo para definir y valorar las actuaciones en curso sino para diseñar unas pautas y unos horizontes tendenciales de crecimiento.

1. EL LITORAL COMO OBJETO DE LA ORDENACIÓN DEL TERRITORIO

Para entender adecuadamente el papel que atribuimos al paisaje en la ordenación y planificación del litoral, conviene explicitar previamente nuestro concepto del mismo en este contexto. Resumiendo mucho se podría decir que: 1.º) El litoral desde este punto de vista, y cada vez más, es algo más que la línea de costa (Carreras, J. M. y Estivill, X, 1982). El litoral incluye todo el espacio terrestre que mira al mar, es decir, lo que se ha llamado el «litoral topográfico», que incluye la llamada «franja biológica». Esta última afecta a la costa en un sentido más restringido, comprendiendo la posición terrestre más inmediata al agua —las orillas— y el agua inmediata que, a veces, coincide, parcialmente al menos, con la plataforma continental. En esta franja biológica los fenómenos de interfase *mar-tierra-atmósfera* adquieren tal valor, por la riqueza de los intercambios, que en ella se producen equilibrios muy frágiles y continuos reequilibrios o acciones y reacciones de tipo naturalistico, más o menos inducidas por la intervención humana. En todo caso, esta franja de máximo valor ecológico, ha sido la más afectada por las actividades económicas modernas y sobre todo por el turismo masivo que ha destruido una gran parte de la costa andaluza, especialmente la riqueza natural que contenía hasta hace poco, tanto en tierra (saladares, estuarios, marismas, dunas, acantilados, etc.) como también en el agua. No obstante, también han alcanzado y están alcanzando las afecciones al resto del litoral topográfico y al mar epicontinental, ámbitos que suelen conllevar una sucesión de unidades paisajisticas de gran valor ecológico y económico. No olvidemos que aquí están las mejores posibilidades para la pesca, la agricultura, los bosques relictos o repoblados, las subseries más o menos estabilizadas de la vegetación natural y, en definitiva, gran parte de los atractivos también de la agricultura y del turismo actuales que demandan infraestructuras y espacios más allá de la playa pero al calor del mar.

El litoral topográfico y las aguas próximas constituyen como mínimo el espacio que cabe tener en cuenta en la consideración integrada del paisaje dentro de la ordenación territorial, y esto, coincida o no dicho espacio, con las definiciones administrativas, ya se trate de los municipios, lo que tendría un sentido operativo sobre todo de cara a la ordenación urbanística, o bien de las franjas administrativas diseñadas tardía y miopemente en la Ley de Costas que afectan, como máximo a 500 m tierra adentro.

Por último, si bien puede hablarse del litoral como un hecho general derivado de unos factores generales y, en

Lámina 1. Vista aérea de las laderas costeras junto a la rambla de Albuñol (Granada). Fotografía cedida por la Casa de Velázquez

Lámina 2. *Costa de La Mamola (Granada). Foto A. Humbert. Casa de Velázquez*

este sentido, también del paisaje litoral; no es menos cierto que las combinatorias de elementos y factores naturales y humanos son muy variables y, por tanto. se hace necesaria la adopción de escalas regionales y subregionales de estudio para el desarrollo de políticas concretas. En consecuencia se podría y se debería hablar tanto de la situación general del litoral como de la concreta y diferenciada del litoral mediterráneo o atlántico, o del litoral andaluz mediterráneo o andaluz atlántico, o almeriense, granadino, malagueño, o gaditano-onubense. En cada uno de estos sectores, varían las características y combinaciones biofísicas e histórico-culturales.

También es un hecho común, la creciente presión humana sobre el litoral, relacionada con la «tendencia centrífuga de la población española» que ha determinado la transformación, en muy poco tiempo, de los usos tradicionales y el agotamiento de muchos de los recursos. De ahí que el litoral, que ha sido y es siempre un espacio frágil, escaso, y hasta raro, se ha visto restringido y amenazado al máximo, acumulándose las afecciones sobre los recursos, entre los cuales se encuentra el paisaje.

En consecuencia debe quedar claro, si este es nuestro concepto, que el tratamiento y la gestión territorial no pueden reducirse a la franja costera; como tampoco cabe desde la perspectiva de la ordenación del territorio, considerar el litoral sólo y exclusivamente en función de los aspectos urbanísticos, ambientales, histórico-culturales, turísticos o agrícolas. Estas consideraciones sectoriales tan al uso, contradicen la esencia de lo que debiera ser, y fue sustancialmente hasta el siglo XVIII, el gobierno del territorio. Este no puede confundirse con las meras ingenierías o especialidades sectoriales como tan acertadamente han expuesto F. Posocco y F. Zoido (1992).

La presión que el conjunto de actividades mencionado ejerce sobre los recursos es concurrente e interdependiente, por lo que los planteamientos sectoriales, excesivamente diferenciados, no se sostienen, especialmente en la interfase litoral, una auténtica frontera biofísica y cultural. Por otro lado, como ha escrito J. M. Barragán (1933 b), el litoral es un espacio enormemente atractivo y disputado por la convergencia en él de usos y actividades muy diversas, lo que deriva en una problemática singular que reclama un tratamiento lo más específico e integrado posible.

Por otra parte si entendemos la ordenación del territorio como un conjunto de acciones políticas encaminadas a la gestión integrada del mismo, es obvio que debe procurarse una coordinación de las actuaciones administrativas, sobre todo a escala regional. En relación con ello caben dos observaciones:

1. Estas acciones políticas sino son meramente correctoras o aposteriori han de sujetarse a un plan o programa con plazos muy precisos, dentro de los cuales estas acciones puedan ser evaluadas desde una perspectiva global o territorial de conjunto, no sólo sectorial. De lo contrario nunca sabremos del todo si realmente avanzamos en la corrección de los desequilibrios territoriales o se quedará la ordenación del territorio en una mera declaración de intenciones, en simple expresión de objetivos tendenciales pero que nunca se alcanzan o bien los objetivos son pura mentalización de las propias administraciones o, por último, una forma de vender mejor la gestión pública.
2. La ordenación del territorio exige, por muy difícil que esto parezca, el manejo simultáneo de varias escalas y no es tan claro como se dice que la escala regional sea privilegiada hasta el punto que se entienda como única; por mucho que lo haya sido por la Constitución y los Estatutos de Autonomía.

Es cierto, sin embargo, que la segregación excesiva de espacios a efectos de la ordenación del territorio, no sólo crea disfunciones (carreteras que no continúan, aguas que vienen, depuradas o no, al mismo río o mar, según que entidad les afecta). Como reconoce la Carta Europea de la Ordenación del Territorio, el espacio terrestre cada vez más humanizado es cada vez más interdependiente también en el sentido de ordenarlo y conservarlo. Esta interdependencia no puede reducirse, sin embargo, a algunos aspectos. Por ejemplo el Programa de Acciones para la Protección del Mediterráneo exige un tratamiento unitario que sólo se ha materializado en acuerdos sobre vertidos-contaminación y tráfico marítimo. No obstante, esto permite constatar que hay una escala internacional, como mínimo europea, que tener en cuenta.

A escala nacional no se puede desconocer la importancia que a estos efectos tienen:

1. Las leyes estatales de carreteras, transportes terrestres, marítimos y aéreos, puertos, aguas, etc, cuya incidencia territorial y paisajística es enorme.
2. La necesidad de coordinar las actuaciones territoriales a todos los niveles e incluso con la planificación económica del Estado. Sólo así se podrán aplicar correctamente los recursos económicos previstos por las leyes de financiación regional.

Por tanto las escalas por encima y por debajo de la región también cuentan. Por debajo (nivel subregional) baste decir que más vale prevenir que curar, es decir, que no se puede afirmar por un lado que toda la competencia está en los municipios vía planeamiento y luego lamentarse o corregir a posteriori. La Administración Central y, sobre todo la Autonómica, pueden y deben orientar decisivamente, por la vía de la financiación entre otras, la gestión territorial de los municipios, a pesar de la autonomía municipal y mucho más allá de la simple indicación de directrices.

Llegados a este punto, podemos preguntarnos si el consumo de espacio litoral ha alcanzado ya o está próximo ya a su techo en Andalucía. Una simple mirada a las afecciones urbanísticas previas a la Ley de Costas de 1988, permite apreciar que, en general, y salvo sectores concretos como la costa malagueña, la situación del litoral andaluz es de tipo intermedio. Las afecciones urbanísticas no alcanzan el grado del Levante español. No obstante, la situación es grave, aun reduciendo a términos urbanísticos, por la falta de ordenación global y paisajística y porque, salvo algunos sectores de la costa atlántica, casi todo el litoral andaluz está afectado urbanísticamente con carácter irreversible en la franja de 20m definida por la Ley de Costas. Es decir, se ha ocupado la primera línea de playa e incluso la primera de agua. Por otra parte no se puede considerar que la situación este controlada, cuando desde las más diversas instancias administrativas se siguen programando intervenciones masivas en esta franja y las inmediatas y precisamente, en algunos de los sectores más vírgenes y frágiles como el árido levante almeriense o la costa de Huelva.

Por otra parte, la falta de coherencia y coordinación entre las políticas turísticas, agrarias e infraestructurales es patente a escala autonómica, con lo que cabe presumir que va a seguir la destrucción hasta el agotamiento del «espacio-motivación» (Torres Bernier, E, 1992).

Y esto va a suceder no sólo por el desarrollo urbanístico sino por la reciente concentración de infraestructuras de todo tipo, en especial carreteras, puertos, aeropuertos, paseos marítimos, etc (Marchena, M., 1992; Vera Rebollo, F., 1993).

En definitiva, parece que la contradicción entre teoría y práctica sigue siendo flagrante. Mientras que las Directrices del Litoral y la Ley de Ordenación del Territorio apenas han diseñado los principios del modelo de territorial del litoral andaluz, siguen acumulándose la población y las actividades sin una mínima ordenación global. En esta situación, ¿qué puede aportar el paisaje? Habrá quien diga que nada o una complicación innecesaria del discurso territorial. Yo pienso lo contrario y voy a tratar de explicarlo.

2. EL PAPEL DEL PAISAJE

La primera dificultad en relación con la introducción del paisaje en la ordenación del territorio, pudiera consistir en la coexistencia de definiciones y prácticas paisajísticas diversas. Así se ha indicado en diversas ocasiones, entre otros por A. Ramos y R. Cifuentes (1982). La respuesta a esta cuestión no puede ser otra que considerar prioritarios los aspectos formales, el paisaje visual que representa un recurso por si mismo. En este sentido se pronunciaba hace unos años, como responsable de la Ordenación del Territorio de Andalucía, F. Zoido (1987). De este modo se haría coincidir la acepción habitual o vulgar y la práctica técnica dominante desde hace afios, como ponen de manifiesto, entre otras, las aportaciones de Esteban Bolea, Ramos, Villarino y Gómez Orea. Lo que no es pequeña ventaja, como viene a demostrar el hecho que esta concepción del paisaje visual ha terminado por influir otras nociones y prácticas paisajísticas de inspiración más estructuralista o funcional. En cualquier caso, aun tomando como punto de partida de la ordenación del territorio el paisaje formal o visual, esto no impide, en mi opinión, la consideración complementaria del paisaje como indicador de procesos territoriales globales, no directamente perceptibles. En este sentido F. González Bernáldez (1989) hablaba del criptosistema subyacente al fenosistema paisajístico. Por otra parte, la apertura del paisaje a la subjetividad, en sus diversas facetas, no debe representar ninguna dificultad sino enriquecer la necesaria concreción técnico-política que el paisaje visual debe de tener dentro de la ordenación del territorio.

Otra dificultad aparente en relación con la aplicabilidad del paisaje al litoral puede derivarse de la discusión sobre la unidad *y/o* variedad del paisaje litoral o del paisaje litoral mediterráneo. La respuesta cabal a esta cuestión lleva implícita la aceptación del paisaje como una realidad a la vez objetiva y subjetiva, producto de una historia cultural. F. Braudel que tan agudamente captó la realidad geohistórica del mediterráneo en su monumental obra centrada en la época de Felipe II, ha escrito, en una obrita más reciente (1985), las frases siguientes con cuya reproducción creo que se obvia bastante la cuestión que acabo de plantear: «¿Qué es el Mediterráneo? Mil cosas a la vez. No un paisaje, sino innumerables paisajes. No un mar, sino una sucesión de mares. No una civilización sino civilizaciones amontonadas unas sobre otras (...) y todo porque el Mediterráneo es una encrucijada viejísima. Desde hace milenios todo ha confluido hacia él, alterando y enriqueciendo su historia: hombres, bestias de carga, carros, mercancías, navíos, ideas, religiones, artes de vivir. E incluso plantas. Creéis que son mediterráneas. Pues bien, excepto el olivo, la vid y el trigo —autóctonos desde muy pronto— casi todas han nacido lejos del mar. Si Herodoto, el padre de la Historia, que vivió en el siglo V antes de nuestra era, volviese mezclado entre los turistas de hoy, iría de sorpresa en sorpresa. Lo imagino, escribe Lucien Febvre —repitiendo su periplo del Mediterráneo Oriental. ¡Cuánto asombro! Esos frutos de oro, en esos arbustos de color verde oscuro, naranjos, limoneros, mandarinos... pero no recuerda haberlos visto cuando estaba vivo. Son del Extremo Oriente y fueron transportados por los árabes. Y esas plantas extrañas de siluetas insólitas, que pinchan, de bohordos floridos y nombres extraños, cactus, ágaves, áloes, higueras de Berbería —pero que no vió nunca en vida—. Son americanos. Y esos árboles de follaje pálido, que, sin embargo, llevan nombre griego: eucalipto. Nunca los vió, ni si quiera parecidos. Son australianos. Y los cipreses tampoco. Son persas. Todo esto por lo que se refiere al decorado. En cuanto a la menor de las comidas, cuántas sorpresas todavía, ya se trate de tomate, peruano; de berenjena, india; del pimiento, guayanés; del maíz, mexicano; del arroz, favor de los árabes, por no hablar de la alubia, de la patata, del melocotonero, fruto de montaña chino vuelto iraní; ni del tabaco. «Y no obstante, todo eso se ha vuelto paisaje mismo del meditetráneo: una Riviera sin naranjos, una Toscana sin cipreses, mostradores sin pimientos..., ¿qué hay más inconcebible, hoy, para nosotros? (...). Tanto en su paisaje físico como en su paisaje humano, el Mediterráneo encrucijada, el Mediterráneo heteróclito se presenta en nuestros recuerdos como una imagen coherente, como un sistema donde todo se mezcla y se recompone en una unidad original. Es la unidad que se representa en el sistema-paisaje, único aunque diverso tanto física como culturalmente».

Es evidente, por tanto, que no se puede prescindir del paisaje porque ello representaría, además, una amputación de nuestra propia identidad, que el modelo territorial ha de definir ante todo. Sólo a través del paisaje se puede definir el modelo histórico y tendencial de nuestro litoral. El paisaje proporciona, además, la base más racional para el control y seguimiento de la forma física y cultural del litoral andaluz.

Por esto propugnamos, sobre todo, la necesidad de integrar los contenidos paisajísticos, no sólo en los análisis sectoriales, sino como pieza clave de una política artículada sobre el territorio.

No se trata, por tanto, sólo de conservar o preservar el paisaje del litoral. En cuanto a esto, no estamos ni por una simple valoración economicista de la conservación, ni por un conservacionismo a ultranza, sino más bien por considerar el paisaje como un recurso que existe, que se utiliza y que requiere un tratamiento específico. Pero no se trata, insisto, sólo de preservar o conservar para lo cual incluso cabe, con voluntad política, la utilización de diversos medios legales y técnicos, como la Ley del Suelo, la Ley del Patrimonio, la Ley de Conservación de la Flora y Fauna, la Ley Andaluza de Espacios Protegidos, el Decreto sobre Impacto Ambiental, Restauración de Actividades Mineras, etc. Conservar el paisaje es importante pero no es lo único ni tampoco podemos considerar el paisaje como una foto fija, inamovible. El paisaje cambia y debe hacerse posible el cambio dentro de unas pautas preestablecidas.

Definido el modelo territorial, el paisaje tiene todavía un papel que desempeñar a las diversas escalas de los planes territoriales del litoral. Pero nosotros abogamos, como hemos dicho, no sólo por la consideración del paisaje en los planes sectoriales sino por un plan global de ordenación del litoral donde el paisaje tenga un papel eje. La bibliografía técnica ha avanzado mucho en la concreción de los principales aspectos a tener en cuenta en relación con el paisaje en los planes paisajísticos sectoriales, pero no tanto en un plan global (MOPU, 1991; CONESA, 1993). Se consideran, en general, los siguientes aspectos, tras la inventariación de los elementos del medio: visibilidad, calidad, fragilidad y capacidad de acogida. También se ha avanzado en la definición y restauración del impacto paisajístico y en las técnicas de simulación del paisaje visual (Fundación Valle de Salazar, 1986; Ojeda, 1993). Todo esto constituye un bagage técnico muy importante para constituir un plan global con garantías, en el que la definición de unidades y la determinación de la capacidad de acogida serían también aspectos cruciales.

En relación con cada segmento concreto de litoral, deberían desarrollarse complementariamente planes paisajísticos en relación con todas las infraestructuras básicas como carreteras, puertos, aeropuertos, nuevos cultivos, repoblaciones, urbanizaciones, etc, sin olvidar los espacios protegidos, las bonificaciones de áreas palustres o las regeneraciones de playas (Gil Olcina, 1993), como tampoco los contenidos paisajísticos de las viejas y las nuevas ofertas complementarias del turismo (camping, campos de golf, etc), (Vera Rebollo, 1992; Rodríguez Martínez, 1994; Mauvais, 1991).

La definición e instrumentación de estos planes paisajísticos al servicio de la ordenación del territorio debería haberse consagrado en la reciente Ley 1/1994 de Ordenación del Territorio de Andalucía, que, a pesar de ser una «ley marco», parece excesivamente cautelosa. Un adecuado planteamiento de los planes paisajísticos parciales o totales en el litoral debería ir mas allá de los antiguos planos indicativos de uso (P.I.D.U.), un documento utilísimo y poco valorado, y de las unidades ambientales, también indicativas de las directrices regionales del litoral, para llegar a facilitar un mejor encaje de las diversas actuaciones sectoriales, una más ajustada definición de las unidades de gestión territorial y un mejor entendimiento de la dialéctica global litoral-interior.

Hay, en definitiva, un campo inmenso y prometedor en cuanto a la consideración del paisaje en la ordenación del litoral, como demuestran las consideraciones expuestas y la experiencia de otros paises como Francia e Italia. Es dudoso, sin embargo, que en un país con la incultura paisajística del nuestro esto pueda ser una realidad inmediata, más allá de los simples voluntarismos o acciones aisladas. En todo caso, para una mejor corrección habría que considerar la problemática y los aspectos paisajísticos más sobresalientes a tener en cuenta en la ordenación del litoral andaluz, en su conjunto y por sectores.

SEGUNDA PARTE

DESCIFRAMIENTO DE LAS ESTRUCTURAS PAISAJÍSTICAS

CAPÍTULO 5
EL PAISAJE RURAL EN LOS VALLES PENIBÉTICOS *

La montaña constituye siempre un poderoso factor de diferenciación ecológica y humana, de cuya presencia se deriva un verdadero mosaico de paisajes relativamente originales. Sin embargo, paradójicamente, en contraposición con la gama paisajística que toda montaña conlleva, suele reconocerse también que todos los conjuntos montañosos, o al menos los de una misma zona o dominio biogeográfico, resultan referibles a uno a unos pocos tipos mediante generalizaciones teóricas o, incluso, mediante «modelizaciones» que atienden preferentemente a los procesos dialécticos entre los distintos elementos del paisaje (Bertrand, 1975).

1. CARACTERES GENERALES

La Cordillera penibética, dentro de su pertenencia básica al sistema alpino y al dominio mediterráneo, no deja de ofrecer interesantes posibilidades de estudio en los dos sentidos apuntados. En efecto, esta montaña a pesar de su relativa falta de continuidad, de su atomización relativa en macizos diversos, constituye la más extendida en longitud, y la más meridional de las cordilleras béticas, al lado mis-

* En *Los paisajes rurales de España*. Valladolid, A.G.E., 1980.

mo del Mediterráneo, presentando al propio tiempo las cumbres más elevadas de la península. Los contrastes de potencial ecológico son muy considerables y no se limitan al característico escalonamiento altitudinal o a la clásica oposición, muy marcada sin embargo, entre solanas y umbrías, sino que aparecen toda una serie de hechos topográficos, litológicos, tectónicos, climáticos, edáficos y biogeográficos que contribuyen a diferenciar y a multiplicar los contrastes; por ejemplo, entre los diversos sectores orientales y occidentales de la Cordillera, pero también a lo largo de algunos valles, transversales (Andarax, Lecrín, Guadalhorce) y de las dos depresiones longitudinales intramontañosas (Alpujarra y Valle del Genal) que separan los conjuntos esenciales (Sierra Nevada y Serranía de Ronda) de una franja de sierras costeras (Contraviesa, Lujar y Palmitera-Bermeja) que caen casi directamente sobre el mar. Será precisamente en estas depresiones longitudinales intermedias donde se multiplican los contrastes ecológicos de todo tipo, en donde vamos a centrar nuestro análisis del paisaje rural penibético.

A una base ecológica diversa, se superpone por otra parte, una humanización antigua e intensa, como corresponde a la situación general de la montaña. En toda la Cordillera se detectan restos prehistóricos y antiguos que permiten asegurar la sólida implantación del poblamiento prerromano y romano que constituyó la base sobre la que se estableció más tarde una intensa islamización y una organización rural, según todos los indicios, perfectamente adaptada y en equilibrio con el medio natural. Esta situación, que permite relacionar la Penibética con otras montañas mediterráneas, se alteró sin embargo, progresivamente a partir de la Reconquista y ulteriores repoblaciones que significaron una implantación de hábitos campesinos distintos, poco adaptados a la vida montañosa, que tendieron a recrear el paisaje de secanos cerealistas de las regiones de origen. A la vez que se fortalecían las bases de la extremada parcelación actual de la propiedad y de la explota-

Lámina 3. *Barranco de Poqueira, ladera W. Cultivos abandonados*

Lámina 4. *Capileira. Barranco de Poqueira (Alpujarra)*

ción, mediante el sistema de repartimientos, que en esto, conservaron hasta la vieja costumbre morisca de separar el dominio del suelo y el vuelo. La extremada división de la propiedad y la atomización de las explotaciones y parcelas es un hecho general a la Andalucía mediterránea pero que alcanza su máximo desarrollo en estos valles intramontanos como las Alpujarras, Lecrín y Genal.

El proceso debió culminar en los siglos *XVIII* y *XIX* a la vez que se producían otros importantes hechos que acabaron de configurar los aspectos esenciales del actual paisaje rural. Estos hechos pueden resumirse en los siguientes:

1) Nuevas roturaciones a expensas del bosque climácico hasta el límite superior de su extensión altitudinal, que estuvieron espoleadas ahora por un relativo crecimiento demográfico, una cierta expansión de la minería (más esporádicamente la siderurgia), la generalización de la práctica del carboneo y, por último, la necesidad de una ampliación del área de pastos extensivos.
2) Desamortización de los bienes eclesiásticos y, parcialmente, de los propios unida a la desaparición de los señoríos y del régimen señorial.
3) Consolidación del aislamiento de amplios sectores de la cordillera, al trazarse al margen de ellos la red de carreteras y ferrocarriles. Así mientras esto favorecía la transformación agrícola de algunas áreas de la periferia montañosa, estos sectores quedaban prácticamente condenados a una autarquía que a la larga limitó incluso los intercambios tradicionales con las zonas externas.

El paisaje rural de la Penibética, sobre todo en sus áreas más interiores, refleja toda esta larga herencia y denota que los hechos campesinos no se explican, como piensan algunos, por el simple aprovechamiento económico de una base ecológica. En realidad, como observa García Fernández (1975), existe toda una «infraestructura geográfica» heredada de la que dependen también la rentabilidad de la economía rural y el propio grado de adaptabilidad a los tiempos presentes, lo que se traduce a su vez en el paisaje ya que condiciona la renovación de la población, la redistribución de los usos del suelo y, en definitiva, la propia transformación de la organización heredada.

Esto explica la lenta evolución de los paisajes rurales que, como los penibéticos, resultan de una historia tan larga y compleja asociada a grandes etapas de aislamiento. Pero la dinámica existe siempre y, en buena parte, también depende de factores exteriores al propio campo. Así el actual paisaie penibético, al menos en los valles intramontanos, se explica fundamentalmente por la inadaptación y el retraso con que sus viejas estructuras han recibido la revolución tecnológica que ha sido factor determinante, aunque no único, de la emigración que ha ido vaciando sus campos. Pero, cada vez más aparece en este paisaje, la huella de ese fenómeno, viejo y nuevo, que es la urbanización. De hecho es notorio que las revoluciones económicas y tecnológicas contemporáneas se han hecho en función de las ciudades que han actuado más que nunca como polos de atracción de población campesina.

Pero también se observa ya en el campo penibético, esa especie de reflujo que parece conllevar la vida urbana y que se materializa en una nueva ocupación, más o menos temporal, de parte del espacio rural (turismo, urbanización secundaria, etc.) que, como denunciaba hace poco el Consejo de Europa (1977), amenaza destruir el patrimonio que representa la arquitectura más tradicional, pero que va mucho más allá, ya que las transformaciones de la vivienda y, en definitiva, del paisaje, significan un verdadero cambio y diversificación de las actividades campesinas tradicionales. Las tierras cobran de pronto nuevo valor, el campesino adopta poco a poco una mentalidad más urbana y encuentra estímulos para una nueva ordenación del espacio rural con arreglo a nuevos presupuestos.

Los valles intramontanos penibéticos, personalizados en dos tramos tan representativos como la Alpujarra y el Valle del Genal, ofrecen actualmente un paisaje rural que sintetiza todas las situaciones anteriormente descritas, desde unas bases ecológicas variadas y matizadas hasta los problemas que plantea la utilización de dichas bases por unos grupos humanos casi completamente condicionados por la herencia recibida a la que se superponen hoy esas nuevas formas derivadas de la urbanización y que, según el punto de vista que se adopte, pueden representar una esperanza de transformación o una nueva destrucción irreversible del equilibrio ecológico.

Dentro del esquema general que hemos trazado, los valles intramontanos del Genal presentan aspectos que permiten la generalización y otros que difieren y que contribuyen a diferenciar los respectivos paisajes. Aunque más adelante haremos hincapié en diversos pormenores de la Alpujarra y del Valle del Genal, importa ahora destacar algunos rasgos generales de éstos. Entre los rasgos físicos comunes destaca, en primer lugar, la situación similar de estos dos valles en unas depresiones longitudinales intramontanas, de escala distinta pero igualmente encerradas entre cadenas paralelas de montañas en la retaguardia de la Costa del Sol. De esta situación derivan los caracteres geográficos esenciales, aunque la mayor extensión de la Alpujarra y la mayor altitud de Sierra Nevada frente al «complejo de Las Nieves» (Nieves- Tolox, Almola, Jarastepar), determina una relativa mayor riqueza de matices paisajísticos. En ambos casos se trata también de depresiones tectónicas que aíslan el eje principal de la cordillera de los antemurales costeros, pero litológicamente,y también edáficamente, la Alpujarra, aun teniendo en cuenta su mayor extensión, es más monótona que el Valle del Genal, corazón de la Serranía rondeña. Así,salvo pequeños accidentes locales que hacen aflorar (casi siempre tectónicamente) calizas y dolomías, en la Alpujarra dominan el roquedo, las pizarras y los micasquistos, tanto en una como otra vertiente del valle que drena el Guadalfeo. Por el contrario, en el Valle del Genal, la menor altura se ve compensada relativamente por el mosaico litológico de filitas, pizarras, gneises, dolomías, cuarcitas y peridotitas dentro de una neta oposición fundamental entre la vertiente septentrional, esencialmente caliza, y meridional, principalmente constituida por el batolito peridótico de la Sierra Bermeja.

Desde el punto de vista climático y biogeográfico, la mayor altitud que permite en la Alpujarra una escalonamiento «entre el trópico y el Polo» (Bosque Maurel, 1971), se ve compensada con la posición más occidental próxima a Gibraltar, y más expuesta al flujo húmedo dominante del SO, lo que permite que los cultivos y la vegetación puedan alcanzar, en ambos casos, las máximas alturas posibles, siempre mayores en la Alpujarra, donde además la vertiente de Sierra Nevada aparece cortada transversalmente por barrancos en los que se centra la ocupación humana.

El aislamiento y la común pertenencia al Reino musulmán de Granada han definido también otra serie de rasgos comparables. En ambas zonas, el paisaje rural se estructura a partir de unos núcleos de poblamiento apiñados y presenta una característica asociación de cultivos y especies arbóreas que se escalonan en minúsculas parcelas a lo largo de las vertientes. En ambos casos la personalidad geográfica se apoya, en fin, en un aislamiento a ultranza que ha hecho de estos valles de acceso difícil, reductos casi insalvables en los grandes acontecimientos históricos (rebelión mozárabe de Omar Ibn Hafsún, guerras moriscas, guerra de la Independencia, bandolerismo, maquis...) y ha facilitado la aparición de unos tipos de economía y de paisaje tan relativamente comparables entre sí, como netamente diferenciados sobre todo de las áreas próximas, como la vecina Costa del Sol, aunque esta diferenciación no sea tan antigua ya que hasta el siglo XX, la costa no era sino la «marina» prácticamente despoblada de la Sierra.

2. ASPECTOS FORMALES Y FUNCIONALES DEL PAISAJE RURAL PENIBÉTICO: LOS EJEMPLOS DE LA ALPUJARRA Y DEL VALLE DEL GENAL

Sin duda este aislamiento justifica en primer lugar que la Alpujarra, como la Serranía de Ronda, alcancen su plenitud y labren lo esencial de su paisaje rural con el Reino musulmán de Granada, en una típica época de repliegue histórico, donde se alcanza el máximo de racionalidad en la explotación del medio. Como hemos señalado ya, sobre una indudable base antigua y prerrománica, en la que hay que buscar el origen de muchos topónimos, la Alpujarra y el Valle del Genal organizaron en esta época lo esencial de su paisaje rural, teniendo como base principal de su economía un regadío ya muy atomizado y dividido en pequeñas parcelas rodeadas por setos de diversas especies de árboles forestales susceptibles de aprovechamiento (encinas, robles, castaños...) y frutales. Parcelas en general no muy alejadas de los núcleos de población, a partir de los cuales se organizaba todo el terrazgo, adaptándose a la pendiente y al trazado de las acequias. Esto explica la gran cantidad de pequeños núcleos que aún hoy parecen excesivos pero que eran muchos más que los actuales y más pequeños. A finales del s. XV y primeros años del s. XVI la Alpujarra llegó a contar, según Simonet, incluyendo el sector almeriense, con 155 lugares que hacia 1598 se calcula tenían 12.850 vecinos. Estos lugares se organizan en tres «climas» o distritos, subdivididos a su vez en «tahas» o demarcaciones que se adaptaban muy bien a la disposición del relieve, de forma que cada taha venía a coincidir con uno de los valles que descienden de la cordillera cortando transversalmente la vertiente hasta hundirse en la depresión longitudinal. El mismo fenómeno, aunque con diferente organización administrativa, se daba en el Genal que, a pesar de su exigüidad llegó a contar a principios del siglo XVI con 30 lugares.

La repoblación que siguió a la rebelión y expulsión de los moriscos, que a diferencia de otras zonas penibéticas permanecieron inicialmente en estos valles, cambió profundamente el paisaje rural, empezando por su célula básica que eran los núcleos habitados. En efecto, la repoblación ordenada por Felipe II, que tuvo inicialmente más éxito en el valle del Genal que en la Alpujarra, no fue en ningún caso suficiente para recuperar todos los pequeños pueblecitos. En la Alpujarra, los nuevos colonos llegados un poco de todas partes pero sobre todo del Valle del Guadalquivir, la Meseta y Galicia, ocuparon tan sólo unas 38 poblaciones. El Valle del Genal quedó reducido a 14 lugares. La concentración fue considerable, aunque tuvo como contrapartida, sobre todo en la Alpujarra, la progresiva extensión en altura del habitat temporal —los cortijillos que tendían a un aprovechamiento de los pastos de verano pero también a aprovechar los deshielos para practicar cultivos temporales en nuevas zonas roturadas que alcanzaron pronto los 2.000 m, frente a los 1500 que, como máximo, alcanzaban los cultivos y el habitat no permanente en la época morisca.

La repoblación fue decisiva, por tanto, ya que produjo una modificación en profundidad del paisaje rural a partir del propio poblamiento. No obstante, conviene no olvidar los restantes cambios producidos, en especial los del paisaje agrario. En este sentido, cada vez resulta más válida la tesis expuesta por J. Sermet, según la cual, los castellanos, eran hombres del llano que desconocían la vida de montaña sobre todo como la practicaban los primitivos habitantes penibéticos. Por tanto el regadío, la arboricultura y la producción intensiva fueron sustituidas, lógicamente, a expensas del bosque original de encinas, castaños y pinos, motivando la desaparición de la vegetación espontánea y acelerando la erosión de los torrentes serranos que en los siglos subsiguientes han ido ampliando con sus depósitos las hoyas litorales. La erosión, irreversible en algunas partes como las áreas dolomíticas por encima de

Cuadro 16a. *Sistema de poblamiento de la Alpujarra*

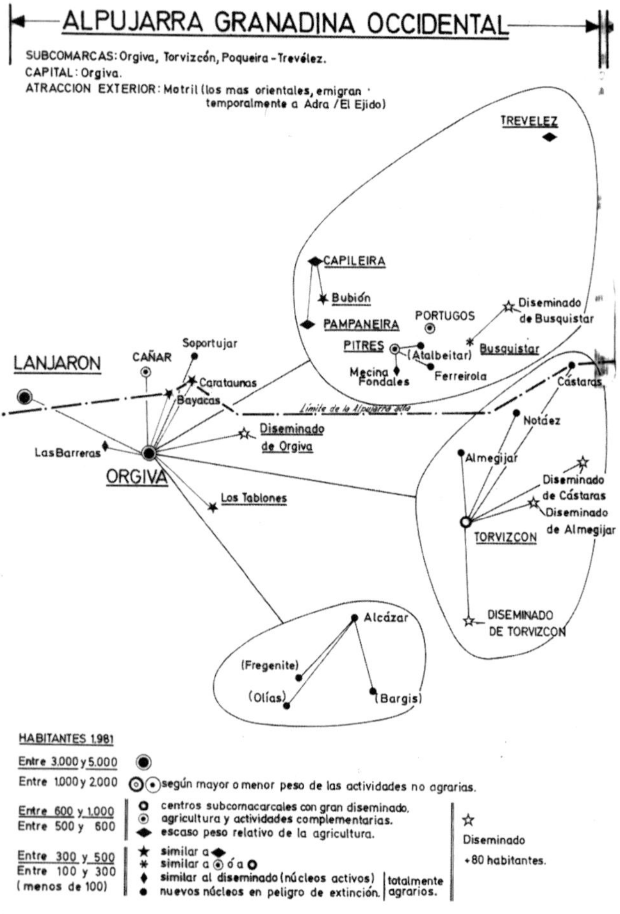

Cuadro 16b. *Sistema de poblamiento de la Alpujarra*

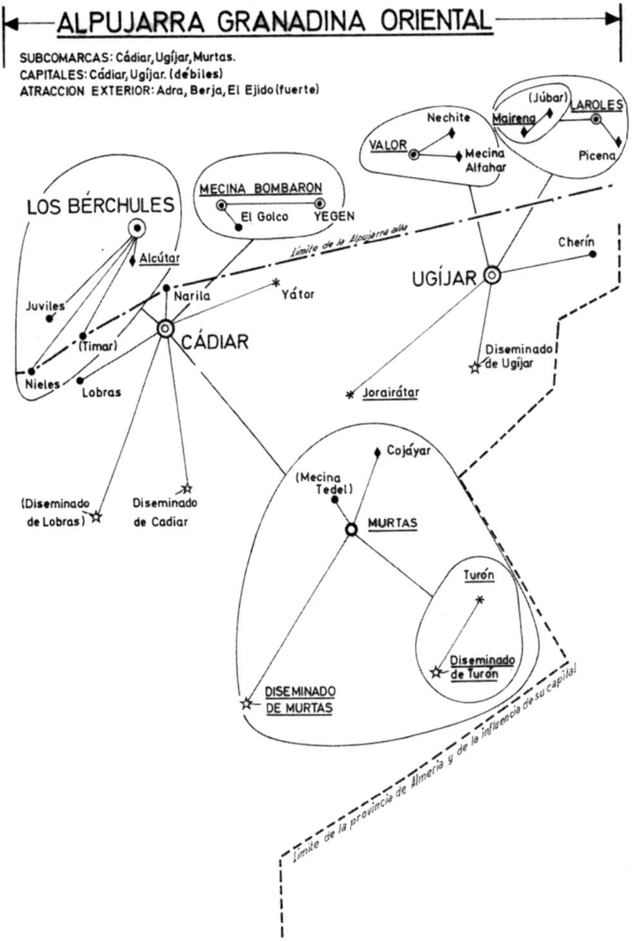

Cuadro 16c. *Sistema de poblamiento de la Alpujarra*

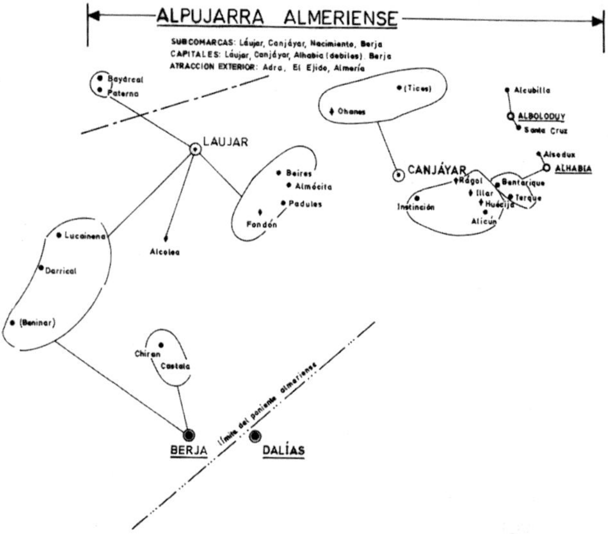

los 1.500 m de la cabecera del Genal, obligó incluso al abandono de núcleos inicialmente repoblados y que se hicieron especialmente inseguros (caso de Chúcar o de Guindazara en el Genal despoblados en el s. XVII). No obstante la consolidación de la repoblación en la segunda mitad del siglo XVII y las roturaciones permitieron un cierto crecimiento, con altibajos hasta 1860 en que tanto la Alpujarra (76.912 habitantes, 59 por km^2) como el Genal (22.719 habitantes, 48 por km^2) alcanzan una especie de saturación en sus posibilidades vitales, nunca igualada, salvo momentos esporádicos en municipios concretos y por causas concretas (minería, autarquías postbélicas, etc.).

Por otra parte, para no confundir escalas conviene aclarar en seguida que mientras el Genal evoluciona como una unidad más o menos coordinada al resto de la Serranía de

Ronda, la Alpujarra es una unidad humana y económica que integra realidades físicas diferentes y por tanto mayores contrastes paisajísticos. Si en el Genal, éstos podrían reducirse a los derivados de la oposición de las vertientes, con una mayor ascensión en altura de los núcleos permanentes (850 m) y de los cultivos (1.300 m) en la vertiente preseptentrional expuesta al mediodía, en la Alpujarra es preciso distinguir, porque determinan contrastes notorios en el paisaje rural, entre la Alpujarra oriental y occidental y entre alta, media y baja Alpujarra. Así la Alpujarra oriental mucho más baja y peor orientada es más seca, lo que supone un descenso sensible de los núcleos y de los cultivos que se escalonan según la línea de cumbres. Por otra parte, la difícil penetración en los valles o barrancos transversales ha hecho que los núcleos más altos estén, tanto hoy como en el pasado, subordinados a los núcleos que se encuentran al pie de la Sierra en el fondo de la depresión longitudinal (Ugíjar, Cadiar, Orgiva, la «Alpujarra media»).

En todo el sector occidental (Cuadro 16a), la Alta Alpujarra configura, como hemos dicho, su paisaje rural en torno a los núcleos situados en cada barranco a media ladera en la parte más soleada y con un terrazgo adaptado tanto al emplazamiento del pueblo como a la forma del torrente. Dicho terrazgo se halla dividido, entre un regadío hortícola no alejado de los pueblos y, por otra parte, un secano de cultivos escalonados según la altura. Todo ello, en minúsculas parcelas que, al igual que en el Genal, se hallan rodeadas de los correspondientes setos, los cuales rodean también parcialmente los prados alpujarreños que dominan a partir de los 2.000 m.

Este paisaje, como consecuencia de los hechos antes apuntados, contrasta bastante con el que aparece en las Alpujarras Oriental y Baja (Cuadros 16b y 16c), donde el contraste regadío-secano es más violento, desapareciendo los setos y apareciendo, en mayor extensión, olivos, higueras, o almendros y viñas, asociados en el piso basal al naranjo y otros frutales mediterráneos. Por último, la Alpuja-

Lámina 5. «*Terraos*» *de Pampaneira, usados como secaderos en verano. El Veleta sin nieve al fondo*

Láminas 6 y 7. *Casas alpujarreñas, exhibiendo sus elementos básicos (muros de piedra superpuesta, aleros de pizarra oscura, castigaderas, beriles, «terraos» y chimeneas)*

rra Alta y occidental centrada en Orgiva ha tenido un menor retraso económico que se fundamenta en sus mejores comunicaciones, la electricidad y el turismo, actividades que han venido sucesivamente a sustituir al esporádico auge minero. Otro tanto cabe decir, aunque en menor grado, del Valle del Genal, cuyo aislamiento está también empezando a ser vencido con la mejora de la carretera, muy reciente, que le une a la gran área urbana de la Costa del Sol Occidental.

El paisaje rural aparece, por tanto, condicionado en estas áreas por un poblamiento antiguo. En segundo lugar podemos considerar en qué medida el habitat refleja una adaptación al medio y no se limita, por otra parte, a ser sólo un elemento formal del paisaje sino un verdadero elemento funcional que responde, además de a una base ecológica, a una determinada organización de los modos de vida y la economía rurales.

Ante todo resulta significativa la coincidencia, tanto en el Genal como en la Alpujarra, de los límites máximos del habitat permanente (1.300 y 1.500 m, respectivamente) con el límite aproximado de la innivación y/o con el contacto tectónico e hidrogeológico entre mantos alpujárrides o rondaides. Esta coincidencia determina también un escalonamiento asimétrico de los cultivos ya que, como es lógico y hemos señalado en parte, la línea de máximas altitudes no es tal en el Genal. Y esto es válido tanto para los cultivos permanentes como para los cultivos temporales que se marcan en el paisaje por los «cortijillos» que son una especie de testigos de una agricultura y una ganadería nómadas, que actualmente han desaparecido ya prácticamente debido a la emigración. Por su parte, los pequeños núcleos, compactos y cerrados dentro de una disposición anárquica en apariencia, ofrecen una trama en la que el escalonamiento conforme a las curvas de nivel es decisivo con una serie de ejes transversales que cortan las susodichas curvas y que están más o menos prefiguradas por el conjunto central de la pequeña plaza de la iglesia, o sobre todo en el

Genal por el trazado del camino viejo y actual carretera que ha derivado algunos núcleos apiñados hacia el trazado lineal.

En este habitat, la vivienda del Genal y de la Alpujarra quizá sea el elemento del paisaje que más distingue a uno y otro sector penibético. La vivienda alpujarreña responde a una tipología netamente mediterránea pero más africana que europea. Se trata de una casa en altura escalonada según la pendiente y de forma cúbica, con terrado y chimeneas características que resaltan en la cubierta plana. La vivienda se adapta claramente al medio. En primer lugar, los materiales: bloques de pizarras y gneis en los muros, lajas de pizarra micasquística en los aleros y en los suelos, troncos de roble y castaño en las techumbres y la «launa» (tierra derivada de filitas azuladas y verdosas) para las cubiertas de los terrados, que consiguen gracias a ella una fácil impermeabilización y resistencia en los cambios térmicos.

El tamaño de la casa alpujarreña y su disposición interna e incluso externa responden tanto a las bases socioeconómicas como a su condición de instrumento agrario. Su reducido tamaño corresponde a unas economías basadas en el minifundio y el autoconsumo. La distribución en altura aprovechando el desnivel del terreno permite diferenciar la planta baja como establo del ganado de trabajo, de la planta media, como vivienda, y de la última como granero y henil, con entrada trasera por la calle posterior situada a un nivel más alto. La casi total ausencia de corrales salvo los pequeños espacios para las aves, se explica por la escasez de ganado comercial y, sobre todo, por su cría al aire libre o estabulado en los cortijillos diseminados por los alrededores, a veces muy distantes de los pueblos. Sólo recientemente el abandono de los cultivos temporales ha impuesto la concentración ganadera en el núcleo o en sus inmediaciones, al menos en lo que se refiere al porcino y vacuno. La funcionalidad de la vivienda se percibe, por último, en algunos rasgos externos: los secaderos, más frecuentes en la Alpujarra media o baja, donde también abundan balcones que contrastan con las pequeñas ventanas de la Alpujarra Alta, en la que son característicos también los «tinaos» o cobertizos que defienden la carga y descarga de los animales de la lluvia o la nieve.

Al lado de este habitat original, la vivienda penibética occidental (Valle del Genal), sin dejar de ser original y mediterránea, es mucho menos expresiva pero igualmente resultado de una funcionalidad en trance de cambio o de desaparición. Algunos elementos, no obstante, coinciden: el tamaño, las chimeneas, de formas muy parecidas a las alpujarreñas, responden a orígenes, antropológicos similares; los materiales son también los que ofrece el país (gneis, pizarra, castaño). Pero la estructura y la cubierta son netamente diferentes: se trata de pequeños bloques de uno o dos pisos y patio trasero o lateral a través del cual se relacionan la vivienda- residencia y la vivienda-Iugar de trabajo, con establo incluido. La cubierta a dos aguas con tejado aísla una pequeña cámara o granero. En definitiva, una casa ya de transición al cortijo de las campiñas malagueñas.

CAPÍTULO 6
LOS LATIFUNDIOS DE SIERRA EN EL AMBITO PENIBETICO *

Aunque el «término latifundio de sierra» fue empleado antes, entre otros por P. Carrión (1930), ha alcanzado más relativa difusión como concepto desde que fue desenterrado por Bosque Maurel (1966). Este lo consideraba ya como el contrapunto serrano del minifundio dominante en la Andalucía mediterránea, y señalaba como su característica básica el estar formado «por bienes comunales o de propios, aparte de algunos —muy pocos— de propiedad privada...»; de donde, por otra parte, se infería una dedicación eminentemente forestal o silvopastoril. En trabajos posteriores (1968, 1969), este mismo autor esbozaba incluso una tipología descriptiva de los latifundios de sierra, al separar, por una parte, las grandes explotaciones privadas silvoganaderas a lo largo de la Sierra Morena y al Norte del río Guadalquivir, y, por otra, los latifundios «que ocupan las tierras altas del cinturón montañoso Penibético». No profundizaba, en cambio, en su caracterización cualitativa, quedando el concepto excesivamente circunscrito en un sentido físico-determinista que, en cierto modo justificaría tanto su «vocación» silvo-ganadera como su propia configuración como gran finca de aprovechamiento tradicional colectivo. Esto explicaría también, por otro lado, su perviven-

* En *Estructura y regímenes de tenencia de la tierra en España.* Madrid, M.A.P.A., serie «Estudios», 1987.

cia, que trasciende las más diversas circunstancias históricas, ya que los elementos físicos (altitud, pendientes, clima, suelos, vegetación...) no habrían permitido otro tipo de explotación que la tradicional, complementaria por añadidura del policultivo minifundista del regadío.

Abundando en esta orientación, Mignon (1982) considera que los latifundios montañeses son una gran propiedad ficticia ya que aunque ocupan prácticamente 3/4 de la superficie tienen escasa relevancia en la economía rural, lo que resulta totalmente insatisfactorio en mi opinión, no sólo atendiendo a su origen y función tradicional, sino, sobre todo, a *sus* circunstancias actuales y a *sus* posibilidades futuras.

Por último, la misma insuficiente caracterización parece deducirse de la clasificación de latifundios esgrimida por Roux (1980) para justificar su planteamiento del latifundismo como producto de un capitalismo arcaico. Roux por otro lado, sólo considera como «latifundios de sierra» los de la Sierra Morena occidental, en los que «... la explotación capitalista ha fracasado», a diferencia de lo ocurrido, según él, en las tierras regadas y en las campiñas. Aparte de justificar este fracaso o incapacidad de adaptación en razones en gran medida físicas, esta posición interesa por implicar de modo muy directo otros factores de índole económica que tienen que ver con los atractivos que este tipo de espacios montañeses mantienen desde una óptica capitalista moderna. Atractivos que, desde luego, como veremos, no tienen que ver sólo con la rentabilidad primaria (agrosilvo-pastoril) tradicional, sino también con nuevas valoraciones ecológicas y/o urbanas.

En definitiva, atendiendo a estas referencias que hemos escogido como más representativas, el «latifundio de sierra» queda actualmente como un concepto relativamente poco preciso, excesivamente determinista y expresivo de la marginalidad del espacio montañés. Nuestra opinión es que, sin embargo, tal concepto debe ser mantenido; no sólo como un término descriptivo, que hace alusión a profundas diferencias de orden físico que determinan a su vez unas más o menos precarias potencialidades rurales, sino también en función de nuevos contenidos que lo hacen, por otro lado, más homologable relativamente desde el punto de vista económico y sociológico al latifundio habitual o normal.

1. ELEMENTOS PARA UNA REDEFINICIÓN DEL «LATIFUNDIO DE SIERRA»

La gran finca serrana no es, en efecto, tan atípica ni tan ficticia como más o menos se viene entendiendo. En torno a ella se han configurado muchos aspectos básicos de la vida rural tradicional y, en función de ello, han aparecido tensiones económicas y sociales, que determinarían, en expresión de Sevilla Guzmán (1980), una conflictividad latente, tanto en el pasado como, por motivos parcialmente distintos, actualmente.

a) *El contexto tradicional. ¿Complemento marginal o equilibrio básico?*

La valoración del contexto tradicional del «latifundio de sierra» es uno de los aspectos en donde se ha procedido, a mi modo de ver, con mayor ligereza. Resulta sorprendente, por ejemplo, que Mignon (1982) equiparase, como antes decíamos, la función tradicional de los grandes espacios baldíos de tránsito del ganado en las comarcas áridas del este almeriense con la de los municipios montañeses. Aunque como escribe Bosque (1971), las economías tradicionales de la montaña mediterránea tienen una identidad de fondo con los llanos y áreas periféricas, no creemos que la identidad sea total ni mucho menos, ni que las diferencias sean sólo de base física. La vida rural montañesa no es una nueva variante empobrecida del llano, porque además de diferencias topográficas, climáticas, etc., existen diferentes formas de apropiación y diferentes formas de aprovechamiento que entroncan con factores de tipo histórico y socioantropológico, entre otros. Diferencias que se agudizan en la alta montaña, escasa pero existente también.

En ese sentido, las actividades montañesas más típicas, como la explotación silvo-pastoril, distan mucho de tener el mismo significado marginal que en el llano. En éste, se trata mucho más de meras actividades complementarias, en tanto que en la montaña, debido a su mayor aislamiento, se refuerza su carácter básico, en el marco de una economía de subsistencia mucho más cerrada. Por ello, la ganadería estante o trashumante y las diversas explotaciones silvícolas y artesanas son un factor de equilibrio mucho más poderoso que en el llano. En la alta montaña, además, estas explotaciones se refuerzan y aparecerán, incluso, asociadas a los cultivos temporales de verano. Por eso las condiciones de explotación y de acceso a las grandes fincas tiene una trascendencia que va más allá del mero complemento marginal, para convertirse en un factor básico en el equilibrio de la vida rural tradicional.

Por otro lado, en toda la penibética, se registra una temprana aparición de economías comerciales, casi siempre en un contexto precapitalista. La sericicultura, la minería, la vid... han representado una serie de ciclos de diversa envergadura en los cuales esta función básica o de equilibrio de las grandes fincas lejos de desaparecer se ha reforzado, aumentando la presión sobre las mismas, reforzando los caracteres duales de la economía y, a compás del incremento demográfico, creando tensiones más o menos abiertas por el control de estos espacios. Coyunturalmente, los municipios, e incluso, algunos particulares, han podido realizar, incluso, abundantes beneficios con la subasta anual de productos de los grandes patrimonios.

En resumen, pues, los «latifundios de sierra», incluso, en un contexto tradicional, no están exentos de tensiones económicas y sociales, ya que de la facilidad de acceso a su explotación se derivan ventajas sustanciales.

b) *El contexto actual. Tensiones económicas, sociales y ecológicas*

Mucha mayor importancia revisten lógicamente las tensiones existentes actualmente. La depresión demográfica acumulada por las áreas montañosas en pocas décadas ha podido contribuir a la idea de que el latifundio de sierra es menos conflictivo hoy que nunca. Ciertamente, las actividades silvopastoriles se han visto muy pronto y muy intensamente afectadas por el abandono de la población y la elevación de los salarios. En principio, esto representó un argumento más para extender el control del ICONA sobre las grandes fincas serranas de propiedad pública o privada, para ampliar indiscriminadamente las repoblaciones (también con la idea de frenar la erosión y en particular la erosión hídrica). Pero posteriormente, no parece que esta labor esté potenciando demasiado la necesaria renovación de la vida rural. Por varias razones que van desde la limitación de la circulación de ganados y de las cargas ganaderas de las zonas de pastos, hasta la misma limitación de éstas por la extensión de la repoblación. Por otro lado, cuando la población escasea es cuando la agricultura montañesa muestra más sus limitaciones y sus desventajas en relación con la ganadería y las explotaciones silvícolas (Mignon, 1981).

En este contexto, los municipios se ven coartados por acuerdos anteriores con el ICONA, en la disponibilidad de sus montes, que ahora desearían recuperar en buena medida. ¿Por qué? No sólo por las razones apuntadas de revitalización de algunas actividades rurales, sino también por el nuevo valor que estas fincas adquieren, actualmente y que sin duda aumentará en el futuro. Ante el progreso de la urbanización, la demanda de espacio con calidad en sentido material y estético aumenta sin cesar y los municipios se preguntan en función de qué se les puede negar el acceso a una vía de desarrollo que creen ver en la explotación urbana de sus bienes.

Esto crea tensiones y contribuye a concentrar la presión urbana sobre los escasos latifundios privados objeto de sonadas operaciones especulativas, a veces respaldadas por los propios habitantes de los municipios convertidos coyunturalmente en aliados de la propiedad privada.

Tensiones económicas y sociales de nuevo diseño, en definitiva, que se apoyan a su vez sobre una tensión ecológica básica, que a menudo aparece en la forma de un enfrentamiento entre «ecologistas» y «especuladores», encerrados ambos, a menudo, en el dilema maximalista conservación-explotación, olvidando las verdaderas necesidades sociales.

En estas condiciones, las grandes fincas serranas, los «latifundios de sierra» son objeto central de toda esta problemática ecológica y económica. Lo que, en cierto modo, contribuye, a mi juicio, a hacer relativamente homologable desde el punto de vista sociológico, el latifundismo de sierra con el latifundismo habitual y, en definitiva, a hacer igualmente necesario en ambos una reforma estructural adecuada a la demanda social y a sus peculiaridades.

2. VERIFICACIÓN DE LA HIPÓTESIS. EL EJEMPLO PENIBÉTICO

A lo largo de las cordilleras béticas más meridionales podemos comprobar bastante bien las anteriores afirmaciones. Para ello nos basaremos en la experiencia acumulada en los sectores de Sierra Nevada y Serranía de Ronda.

Por lo que se refiere a *Sierra Nevada* son suficientemente conocidos sus caracteres principales, derivados esencialmente de ser casi la única área natural andaluza de alta montaña (Bosque Maurel, 1971; Rodríguez Martínez, 1978). Esto configura un escalonamiento altitudinal de la utilización del suelo, la cual no ignora en cualquier caso, los caracteres mediterráneos básicos, sobre todo la sequía estival. En el sistema tradicional, los latifundios, que ocupan la ubicación más alta, tienen una dedicación básicamente ganadera y de «recogida». Dado que la apropiación pública es dominante, los «latifundios de sierra», dedicados preponderantemente a pastos, han sido considerados, un tanto exageradamente, como «mera prolongación indivisa de la pequeña propiedad» (Bosque, 1969) y su utilización revierte «en beneficio de las comunidades campesinas» (Mignon, 1982). Esta interpretación, sin embargo, ignora el régimen de arriendo a que han estado o están sometidas muchas de estas fincas, por lo que el beneficio si revierte lo hace en forma indirecta a través del gasto municipal independientemente de que sean los licitadores o, en otras ocasiones, la hacienda estatal los mayores beneficiados.

En todo caso, el sistema tradicional ya no es el actual. La situación actual es la que aproximadamente se refleja en la Figura 7, donde observamos cómo la gran propiedad domina más del 60% de la superficie municipal en los municipios altos que terminan en la línea de cumbres, tanto al Norte (Zenete) como al Sur del macizo (Alpujarra alta). En cambio, el latifundio es apenas relevante en el resto de la Alpujarra (salvo en Orjiva). Observando el cuadro correspondiente a la Alpujarra, se aprecia cómo se trata esencialmente de latifundios sujetos al régimen comunal o de propios, con una dedicación a pastos predominante. Esto, al menos, por lo que se refiere a la Alpujarra alta, donde no faltan algunas grandes fincas privadas por lo general próximas a los municipios, lo que las hace especialmente codiciables desde el punto de vista especulativo. En la Alpujarra baja (Torvizcón-Murtas) el latifundio es mucho menos extenso y significativo si bien suele ser mayoritariamente privado. Al Norte de la línea de cumbres (Zenete) existe, por otra parte, un mayor equilibrio entre grandes fincas municipales y privadas, aunque las primeras dominan y son más netamente montañesas, al ubicarse en las partes altas de los municipios.

Analizando más en profundidad la situación se aprecia la presencia en varios municipios de sociedades privadas, como «Sierra Nevada Sur, S.A.» (Cáñar, Pórtugos) que representan apenas la punta del iceberg especulativo de mayores proporciones, objeto de controvertidos planes urbanísticos. Esta presión urbana es notable ya, sin embargo, en toda la Alpujarra alta, con signos de degradación evidentes, tanto en los núcleos como en la zona rural de los latifundios, donde los proyectos urbanos asocian el atractivo del paisaje «entre la nieve y el mar», sin reparar en construir a 1.600 o 2.000 m. (Cáñar), en las inmediaciones de un robledal o destruyendo el piornal.

Pero los municipios y algunos particulares son ahora titulares ficticios de sus dominios. Aparentemente, el ICONA (ver Figura 8) controla sólo una pequeña parte (unas 2.500 ha), si nos atenemos a los bienes de los que es titular en propiedad. Pero la realidad es que el 80% del monte depende directamente de su dirección, principalmente debido a consorcios con los ayuntamientos, pero también merced a montes públicos y consorcios con particulares. En todo caso, la responsabilidad actual de este organismo se refiere no sólo al tema ecológico o medioambiental, sino también al aspecto socioeconómico, ya que el potencial agropecuario, turístico y recreativo de las fincas bajo su control no es desdeñable, a pesar del freno que las repoblaciones han supuesto al desarrollo ganadero, especialmente en algunas zonas (Zenete, Poqueira) (Arias, 1981).

En la *Serranía de Ronda* la situación presenta algunas diferencias, que se refieren de un lado al contexto de la media montaña occidental más húmeda con un policultivo tradicional eminentemente de secano y, de otro, a la diferente evolución de la apropiación del monte *(vid.* Rodríguez Martínez, 1977). En definitiva, factores físicos e históricos configuran diferencias notables no sólo con Sierra Nevada, sino también muy acusados entre la meseta de Ronda y el alto Genal, por ejemplo. En conjunto, en un bloque de dieciséis municipios, los montes declarados de utilidad pública superan las 30.000 ha, alcanzando además una gran importancia las dehesas o montes huecos de encinas y alcornoques, más o menos homologables a algunos sectores de la Sierra Morena. Pero la significación económica y las posibilidades de estas dehesas difieren mucho. En toda la Serranía, por otra parte, es muy significativo el alto porcentaje de propiedad privada, absentista, residente incluso en otras provincias (Cádiz, Sevilla), sobre todo al suroeste, en cuyo sector también están presentes algunas sociedades (la mayor es la Unión Resinera Española). Sin embargo, el ICONA controla el 53% de los aprovechamientos forestales.

3. HACIA UNA TIPOLOGÍA DE LOS «LATIFUNDIOS DE SIERRA»

Tras este rápido repaso, parece claro que el concepto «latifundio de sierra» envuelve realidades más complejas de lo que parece a primera vista, lo que lo hace susceptible de una reformulación, sobre todo teniendo en cuenta los factores tensionales actuales y el papel predominante que el ICONA alcanza en lo relativo a su control y gestión, la cual, como hemos dicho, debe ir más allá de lo que va actualmente en el terreno socioeconómlco.

Pero por otra parte caben diversas combinatorias de los elementos que caracterizan el concepto, tanto en el orden físico como en los órdenes demográfico, económico y de presión urbana. En este esbozo hemos aludido al latifundio de sierra penibético y se han insinuado las diferencias entre la alta y la media montaña en el sector nevadense, así como algunas diferencias de otro tipo en el sector rondeño. Este latifundio de sierra meridional, a pesar de sus matices, parece en conjunto diferenciable del de Sierra Morena, como ya suponía Bosque (1968), si bien tanto por razones descriptivas como funcionales. Lo que no impide que también en el latifundio septentrional pueda haber diferencias apreciables, por ejemplo, entre el sector jienense y el sector cordobés o el sector sevillano-onubense.

Figura 7. *Sierra Nevada. Distribución de la gran propiedad*

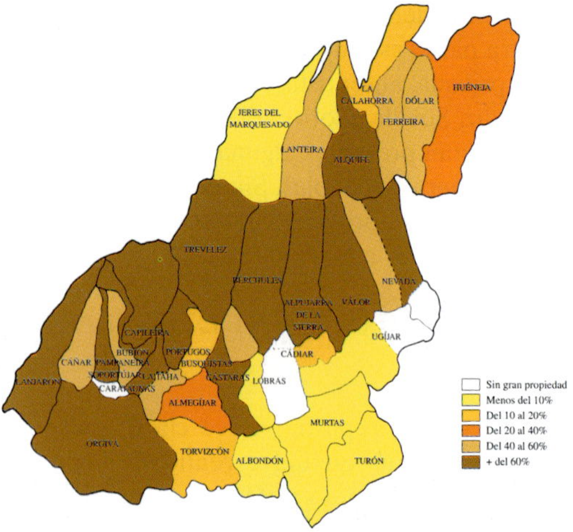

Figura 8. *Montes relacionados con ICONA*

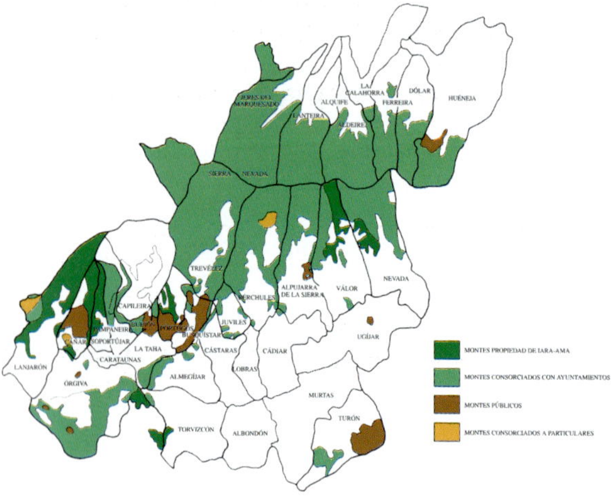

CAPÍTULO 7
EL PAPEL DE LA ESTRUCTURA AGRARIA EN LA CRISIS DE LA MONTAÑA MEDITERRANEA ANDALUZA*

La crisis de los tradicionales modos de vida de la montaña es un hecho tan generalmente evidente y admitido como poco estudiado en sus causas profundas y, sobre todo, en sus aspectos más actuales y problemáticos. Esta deficiencia que ha podido reconocerse en relación con diversas montañas centroeuropeas (Lichtenberger, 1979), podría predicarse con mayor fundamento de algunas montañas españolas y, en concreto, de las andaluzas, de las que tenemos todavía un conocimiento científico muy fragmentario.

En este trabajo se va a tratar de exponer la relación entre la crisis mencionada y la «estructura agraria», entendiendo como tal el estudio de la propiedad y las explotaciones (Bonnamour, J, 1973). Esto último no significa, lógicamente, que nos contentemos con un simple análisis descriptivo de estos elementos del conjunto agrario. Por el contrario, entendemos que dicho análisis es inseparable de un examen de las complejas relaciones sociales y económicas que aparecen en torno a la tierra y de los problemas que se plantean a los hombres que las sostienen. Sólo así puede entenderse que consideremos a las estructuras citadas como un factor esencial no sólo para la definición de la crisis sino también para una eventual salida de la misma.

* En *La propiedad de la tierra en España*. Alicante, Instituto de Geografía, 1989.

1. ALGUNOS ASPECTOS DE LA CRISIS ACTUAL DE LA MONTAÑA MEDITERRÁNEA. NECESIDAD DE LAS REFORMAS ESTRUCTURALES

La crisis actual de la mayoría de las montañas mediterráneas no puede ser caracterizada ya, a mi juicio, en base a los mismos elementos de siempre. No se trata de una etapa más en una evolución, sino que estamos, probablemente, asistiendo al final de los modos de vida tradicionales. Esto significa que se está operando un cambio fundamental, una mutación esencial en las bases de la organización del espacio rural montañés que conduce bien a un abandono del mismo, bien a una nueva articulación sobre la base de viejas funciones remodeladas o de otras de reciente introducción y que suponen, por otra parte, una nueva concepción y valoración de este espacio.

La inadecuación de los esquemas clásicos se justifica, por tanto, en que no se trata ya de una de las muchas oscilaciones o reflujos que han sufrido las montañas que rodean al Mediterráneo, un mar entre montañas más que entre tierras, a decir de P. Deffontaines (1964). Incluso en la época comprendida entre finales del siglo XIX y mediados del XX, la montaña ha sido un reducto que ha cumplido su papel de siempre, que se ha beneficiado continuamente de la vecindad de las llanuras y que ha vivido fases de prosperidad alternativas con fases de retroceso principalmente demográfico. Durante buena parte del siglo XIX y del XX tanto sierras andaluzas como el Maestrazgo, el Abruzzo o la Kabilia, aumentan incluso de población. Son casi siempre años de repliegue, de autarquía, de guerras internas pero, en definitiva, los modos de vida agrarios tradicionales se mantienen más o menos intactos hasta 1950 en las montañas del Mediterráneo. El retraso de la llegada de la «Revolución económica y tecnológica» ha hecho que desde la fecha antes citada los ritmos se aceleren y que, en algunos casos, en sólo treinta años, las montañas mediterráneas, hayan conocido aspectos de varias fases que duran casi doscientos años en la montaña europea, es decir, por ejemplo, el éxodo rural con altibajos de la etapa preindustrial, la fuerte emigración y envejecimiento demográfico del despegue y la desaparición de la población agrícola en amplios sectores. No obstante es curioso comprobar cómo las curvas de evolución demográfica, por ejemplo, repiten el mismo esquema, las mismas sismosidades.

Naturalmente estos cambios demográficos representan también cambios acusados en toda la organización espacial. En principio, se produce, lógicamente, un abandono de las tierras periféricas y de los habitat temporales y una cierta extensificación de los cultivos. Posteriormente, al envejecimiento acompaña la descapitalización y el abandono de muchos terrazgos. Finalmente, se produce una mayor concentración de la población y la aparición selectiva de nuevas funciones de acogida, turísticas, residencias secundarias, cambios de uso del suelo, etc.

En definitiva, todo ello revela la profundidad y complejidad de un fenómeno para cuya caracterización no puede acudirse únicamente a los estereotipados clichés tradicionales, excesivamente circunscritos a la explicación en base a factores de tipo físico o histórico-antropológico que polarizan toda la atención en la explicación de un paisaje bastante infuncional ya y, desde luego, muy poco representativo de la naturaleza actual de la crisis.

En este sentido, pienso que habrá que trabajar en dos direcciones principales. Ante todo, habrá que profundizar en la investigación de las peculiaridades del espacio montañés con la orientación pragmática que iniciaron ya hace años, en Grenoble, Germaine y Paul Veyret-Verner. En segundo lugar y simultáneamente habrá que relacionar cada problema y cada espacio concreto con una teoría o modelo general de montaña con objeto de concretar las diferencias observadas y sus causas y la dialéctica existente entre los diversos procesos físicos y socioeconómicos. Esto es perfectamente posible ya que al menos en el espacio rural montañés de un mismo dominio bioclimático pueden reconocerse tanto aspectos diferentes y originales como una base común, de raíz ecológica, en las formas diversas de ocupación humana (Bertrand, 1975, Lichtenberger, 1979). Lo que hará posible también, desde otro punto de vista, la utilización de estas investigaciones en una ordenación integral de estos espacios, que deberá tener en cuenta tanto la dinámica global como las peculiaridades de cada lugar (Veyret-Verner. G., 1970).

En resumen, podría decirse que la montaña mediterránea soporta una crisis que en su aspecto actual presenta dos vertientes principales: a) el abandono de amplios sectores del espacio y b) la introducción de nuevas actividades más acordes con las demandas de la economía y la sociedad actual eminentemente urbanas y estructuradas en función del mercado urbano. Estas dos vertientes no siempre se plantean como una disyuntiva pero sí son las dos vías principales en que puede desembocar la situación actual.

El abandono del campo, la desaparición total de la agricultura montañesa tiene, por su parte, costes económicos importantes y plantea de inmediato una mayor pobreza. Pero hay también que valorar que este abandono supone una ruptura del equilibrio ecológico y, por tanto, existen unos costes medioambientales. Todo lo cual implica, en todo caso, que el abandono no debería hacerse indiscriminadamente, de modo espontaneísta, sino que requiere una mínima regulación, una planificación que ha de estar conectada, a su vez, con la introducción de nuevas funciones y un replanteamiento de las antiguas que puedan mantenerse en función de la población actual y previsible.

En todo caso, las actividades rurales montañesas y, especialmente la agricultura, serán siempre marginales comparadas con las del mismo tipo en las llanuras periféricas. La agricultura montañesa no podrá competir con la de los llanos ni en rendimientos, ni en volumen productivo. Sin embargo, hay que mantener la agricultura especialmente en donde todavía es la actividad dominante, en la media montaña. ¿Cómo resolver esta contradicción? ¿Cómo puede mantenerse una actividad marginal? Evidentemente hay que plantear las cosas, en principio, en un contexto amplio, de ordenación integral de recursos, que permita complementar rentas de diverso origen cuando sea posible (simbiosis agricultura-turismo, artesanía, pequeñas industrias, etc.) y que permita resolver el falso dilema conservación-explotación. La montaña no puede ser sólo una zona esquiable o una reserva ecológica que a veces es más bien un paraíso de cazadores. Los planteamientos conservacionistas a ultranza son, de hecho, en muchos casos la mejor forma de fomentar la especulación por canales ocultos y de condenar a la desesperanza a la población. Pero la marginalidad de las actividades rurales puede corregirse en buena parte desde una reforma de esas actividades, reforma que pasa por una transformación interna de parte de lo que García Fernández (1975), llama la «infraestructura geográfica» del espacio rural, es decir, de la propiedad y las explotaciones. Se necesitan, en efecto, en lo posible, explotaciones de dimensiones adecuadas para afrontar una mínima recapitalización de las empresas agrícolas y ganaderas, capaces de producir en forma y volumen mínimamente llevaderos. Esta reforma puede y debe hacerse tanto en orden a la propiedad (que a veces se detenta ya nominalmente y que supone un neoabsentismo buscando la plusvalía especulativa) como en orden a la concentración de explotantes y de parcelas.

En definitiva, es posible una transformación agropecuaria desde dentro y fuera de la montaña, pero exige de cualquier forma, la intervención del Estado para encauzar las inversiones propias y foráneas, para limitar la especulación y para vencer las resistencias y el individualismo tradicional de los agricultores a emprender esas reformas estructurales que serian la base de una política agraria especifica de la montaña, entendida dentro de un marco amplio de ordenación integral. Está claro que sin los medios financieros y de todo tipo del Estado, no se logrará nada aquí, como no se ha logrado nada en otras partes hasta que se haya hecho lo que decimos. Aquí estamos todavía al nivel en que la ordenación y planificación de la montaña son un auténtico mito o pura demagogia.

2. LOS CONDICIONAMIENTOS ESTRUCTURALES EN LA ORGANIZACIÓN DEL ESPACIO RURAL PENIBÉTICO

Si nos atenemos a los caracteres demográficos y económicos esenciales, el esquema que acabamos de esbozar, podría aplicarse en general a la mayoría de las montañas andaluzas, donde, no obstante, la crisis reviste caracteres específicos en Sierra Morena (Roux.. 1975, Valle Buenestado, 1978) la Sierra Subbética (Ortega Alba, 1978) y la Penibética (Bosque, 1969 *y* Rodriguez Mártinez. 1977, 1978, 1979). En este trabajo y con el objeto ya dicho de mostrar la trascendencia de la estructura de la propiedad y las explotaciones nos vamos a centrar en la que geográficamente se ha llamado siempre Penibética, dentro de la cual nos ocuparemos esencialmente de Sierra Nevada, como principal macizo oriental y único verdaderamente representativo de la alta montaña de toda la cordillera, y de la Serranía de Ronda, como conjunto más representativo de las sierras occidentales.

En conjunto, la Cordillera Penibética, dentro de su pertenencia básica al dominio mediterráneo y al sistema alpino, presenta interesantes posibilidades de estudio en la dirección que nos ocupa. En efecto. esta montaña a pesar de su relativa falta de continuidad, de su atomización en macizos diversos, constituye la más extensa en longitud y la más meridional de las cordilleras béticas, al lado mismo del Mediterráneo y presentando las más elevadas cumbres de la Península Ibérica. Los contrastes de potencial ecológico son considerables y no se limitan al característico escalonamiento altitudinal o a la clásica oposición, entre solanas y umbrías, sino que aparecen toda una serie de hechos

Lámina 8. *Parcelas abandonadas del antiguo policultivo de regadío*

Lámina 9. *Ejemplo de la heterogeneidad de las parcelas de secano de las cumbres de la Contraviesa donde se combinan almendros, higueras y antiguas viñas.*

topográficos, litológicos, estructurales, climáticos y biogeográficos que contribuyen a diferenciar y a multiplicar los contrastes de todo tipo, por ejemplo, entre los diversos sectores orientales y occidentales de la cordillera como también a lo largo de algunos valles transversales (Andarax, lecrin, Guadalhorce) y de las dos depresiones longitudinales intramontañosas (Alpujarra, Valle del Genal), que separan los conjuntos esenciales (Sierra Nevada, Serranía de Ronda) de una franja de sierras costeras (Contraviesa, Lújar y Palmitera-Bermeja) que caen directamente sobre el Mediterráneo.

Sobre esta diversa base ecológica era lógico que desde antiguo, la acción humana, como ocurre en otras zonas mediterráneas (Isnard, 1973), incorporara unos modos de vida basados en el aprovechamiento complementario de los recursos del medio, incluida una explotación agroganadera donde la trashumancia cumplía mejor que ninguna otra actividad un papel de enlace entre subregiones (Sorre, 1931; Lizewski, 1977). Durante la Edad Media, se estableció una sólida organización del espacio rural, según estudios recientes van confirmando, perfectamente adaptada a las posibilidades del medio, lo que incluía un regadío limitado en altura y un régimen ganadero basado en la trashumancia y los intercambios con las llanuras y depresiones del entorno. A partir de la Reconquista y tras las ulteriores repoblaciones, la situación sin duda se alteró en gran medida, pero fundamentalmente en el sentido de incrementar la dedicación agrícola y ganadera (a base de ganado menor sobre todo) del espacio montañés, elevando el limite superior de los cultivos y ampliando las superficies, sobre todo de secano, dedicadas a cereales (Sermet, 1942). Todo ello, aunque en principio supusiera un reforzamiento de estas economías autárquicas montañesas, determinó también, a medio plazo, una serie prolongada de crisis cíclicas y, a la larga, una tremenda degradación ecológica del medio y una concentración del hábitat aún mayor de la que representó la repoblación. Sierra Nevada, la Serranía de Ronda y, en general, toda la Penibética dejaron realmente de ser el «jardín morisco» para convertirse en una «cordillera de campesinos», inmersa en las mismas crisis de todas las economías agrarias preindustriales (Bosque, 1961).

Desde el punto de vista que más nos interesa ahora, lo importante es que todo ese proceso, a pesar de su trascendencia, no significó la desaparición total de los anteriores modos de vida y por lo menos se conservaron muchos aspectos de la organización agraria anterior aunque no se utilizaran lo mismo ni el mismo contexto. Por mucho que los repobladores alteraron dicha organización, por más que arruinaron progresivamente algunas producciones como la seda, las limitaciones del medio físico y la infraestructura heredada no podían alterarse totalmente sin una ruina definitiva de la economía que, lógicamente, se trató de evitar en lo posible. Así se mantuvo la extremada división de la propiedad y de la explotación, conservándose en los repartimientos y apeos hasta la vieja costumbre de separar el dominio del suelo y el vuelo. Todo ello es el origen del extremado minifundio actual de la propiedad y de la atomización excesiva de las explotaciones y parcelas, que es, por otra parte, un hecho común a toda la Andalucía mediterránea. Los siglos XVIII, XIX y primera mitad del XX no hicieron más que reforzar esta situación en base a los siguientes hechos básicos:

- Nuevas roturaciones a expensas del bosque climácico hasta llevar el límite de los cultivos temporales al contacto mismo de la tundra. Estas roturaciones estuvieron incentivadas, primero, por el aumento demográfico ya que tanto la Serranía de Ronda como las Alpujarras, alcanzan sus máximos de población conocidos en 1780, 1870 y 1930. A ello hay que agregar una cierta expansión de la minería y esporádicamente de la metalurgia, la generalización de la práctica del carboneo y, por último la necesidad de una ampliación del área de pastos extensivos.

- Desamortización de los bienes eclesiásticos y, parcialmente, de los de propios, unida a la desaparición de los señoríos y del régimen señorial. En la Serranía de Ronda la iglesia y la casa ducal de Arcos poseían en el siglo XVIII más de un tercio de la tierra en los municipios del Valle del Genal, siendo también muy importantes estos dominios en Sierra Nevada, principalmente grandes dehesas (Luque Baena, 1976).
- Consolidación del aislamiento de la mayoría de los macizos penibéticos, al tratarse al margen de ellos la red de carreteras y ferrocarriles. Así mientras ello favorecía la transformación agraria de la periferia montañosa, estos macizos quedaban prácticamente condenados a una autarquía que limitó y desarticuló incluso los intercambios tradicionales con las zonas exteriores.

En suma, por tanto, todos estos hechos unidos al retraso con que Andalucía, y en especial sus áreas montañosas, han conocido los efectos de la «revolución económica y tecnológica» explican la supervivencia básica de unos modos de vida agrarios de origen medieval, aunque profundamente modificados por estos procesos. No obstante, hacia 1950, todavía se encontraban prácticamente intactos y, a pesar del éxodo que jalona algunos de los cénits demográficos (como la emigración al Norte de África de comienzos de siglo), todavía existía una considerable población en toda la montaña. Así, por ejemplo, en esas fechas, que centra la etapa de autarquía de la postguerra civil, la Serranía de Ronda, como el resto de la Penibética, experimentó incluso un ligero aumento demográfico y llegó a alcanzar un índice 121 sobre una base 100 en 1860, lo que representaba una densidad todavía alta de 51 habitantes por kilómetro cuadrado. En cambio, veinte años después, en 1970, el índice había bajado a 103 y la densidad a 43, siendo en la actualidad (1978) de 94 y 36, respectivamente. Otro tanto ocurre en Sierra Nevada. En la vertiente N y NO de la

Figura 9. *Serranía de Ronda. Evolución demográfica*

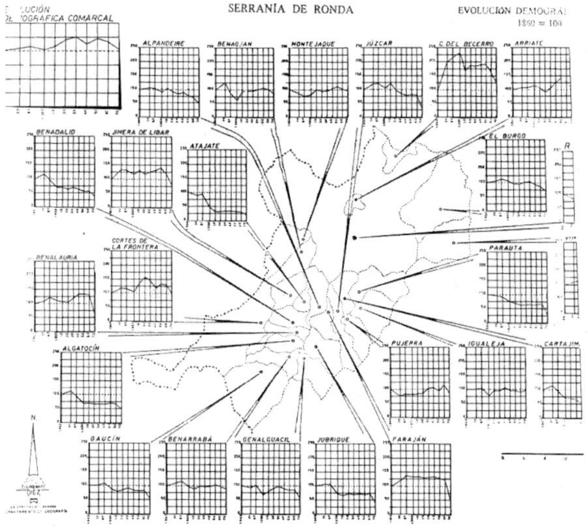

misma (provincia de Granada), según Bosque (1971) se registra un espectacular descenso entre 1950 y 1965, quedando después estabilizada, en términos absolutos, la población de algunos municipios, más que nada en función de la vega de sus bases y no tanto por su extensión hasta las cumbres nevadas, donde las funciones de reciente introducción principalmente en relación con los deportes de invierno, han aparecido de un modo absolutamente colonial y sin tener en cuenta para nada a los habitantes de los municipios que, tampoco se han beneficiado mucho de la aparición de colonias de residencias secundarias o del incremento de las actividades mineras del sector de Alquife. De cualquier modo, mucho peor, en líneas generales, es la situación de la Alpujarra, donde las pérdidas de la emigración son más cuantiosas que en la Serranía de Ronda, ya que tan sólo entre 1950 y 1960, cuadruplicó las pérdidas de población de la década anterior, lo que se mantiene posteriormente hasta 1970, y apenas se ha estabilizado en los últimos años.

Se aprecia, pues, en general, una caída en picado de las curvas de efectivos, en un proceso emigratorio mucho mayor que en otras comarcas granadinas o malagueñas (Carvajal, 1979), lo que significa, de hecho, que muchos sectores de las montañas penibéticas han perdido casi todo su potencial de recuperación espontánea, al faltar los jóvenes y quedar sólo viejos, al haberse descompuesto por completo muchas estructuras demográficas. La actual concentración administrativa no ha hecho más que reconocer una parte de la realidad.

Esta es, en resumen rápido, la tesitura actual que permite hablar de una crisis sin precedentes y que nos llevaba a un dilema que ya no es ni siquiera real en algunos sectores. Dilema entre el abandono de los terrazgos y la recuperación parcial en base a las nuevas funciones que aparecen, hasta ahora, desgraciadamente al margen de los intereses de las poblaciones, pontáneamente y especulativamente, sin planificación integral verdadera ya que de poco han servido las acciones aisladas llevadas a cabo en el marco de la acción especial o de la ordenación rural.

En este punto de nuestra argumentación es donde aparece, a nuestro juicio, la estructura agraria como un freno indiscutible a la readaptación de amplios sectores del espacio rural en el cual la marginalidad puede ser reducida en gran proporción y donde ciertos cultivos especiales, algunas hortalizas y frutas sobre todo, así como la simbiosis agricultura-turismo, pueden ser una primera base de acciones concertadas de desarrollo, como lo han sido en otras partes. Ahora bien, la capitalización mínima necesaria, las ayudas de todo tipo para la recuperación agrícola no son posibles, sobre una estructura como la que pasamos a estudiar a continuación.

3. LA ESTRUCTURA DE LA PROPIEDAD Y DE LAS EXPLOTACIONES. UN FRENO A LA RENOVACIÓN DE LA VIDA RURAL

Como escribe Bosque (1969), la Andalucía minifundista se extiende por toda la Cordillera Penibética, principalmente en la solana entre ésta y el Mediterráneo, alcanzando a las sierras litorales y la misma costa. No nos vamos a referir lógicamente a la costa que el profesor García Manrique ha estudiado recientemente (1989), ni tampoco nos vamos a ocupar del sector penibético de Filabres, así que nos quedamos, y no es poco, como base de nuestras observaciones, de nuevo y, principalmente, con Sierra Nevada y la Serranía de Ronda.

En todas estas montañas y valles intramontañosos conviene resaltar que no sólo existe un importante y básico minifundio de propiedad y de explotación, sino que éste va acompañado de la presencia del «latifundio de sierra» que ocupa, principalmente, pero no exclusivamente, las tierras altas del cinturón penibético y que, en contra de lo que ha podido suceder en el pasado, representa actualmente un elemento tan distorsionante o más de las relaciones socioeconómicas en torno a la tierra y esto tanto si es público, como, sobre todo, si es privado, al ser en todo caso objeto principal de las mayores operaciones especulativas. Por otra parte, aunque dentro de unas líneas comunes, es muy difícil generalizar sobre la estructura agraria de la Penibética, debido a la complejidad y variedad de su base ecológica y su no menos rica y compleja historia. Así es obligado tener en cuenta las diferencias que en el sector occidental (Serranía de Ronda) se dan entre los valles intramontañosos (Genal, Guadiaro) y los municipios que, como la propia Ronda se extienden entre las montañas y los valles contiguos al NE y NO; lo mismo, en el sector Oriental (Sierra Nevada) las diferencias entre la umbría que mira hacia Guadix y Granada, con municipios también de estructura mixta entre lo típicamente serrano y la vega o el llano y, por otra parte, la solana alpujarreña, donde por añadidura cada valle transversal presenta notorias variantes al esquema general o existen marcados contrastes entre el significado de la alta, media y baja Alpujarra.

En la Serranía de Ronda (véase Cuadro n.º 16 y Figuras 9 y 10) cabe destacar en principio, el extraordinario desequilibrio entre propietarios y tierras y entre propietarios y riqueza. Efectivamente, el 2,4% de los propietarios (los mayores de 100 ha) controla el 64,5 de la tierra y el 49,9% de la riqueza; en cambio, los pequeños propietarios menores de 20 ha, que son e191,3% del total sólo tienen acceso al 15, 7% de la tierra y al 29,2% de la riqueza. Existe con todo, sobre todo fuera de los valles intramontanos, un grupo de medianos cuya situación es francamente mejor al detentar el 19,5% de las tierras y el 20,6% de la riqueza.

La dicotomía básica, mayor en cuanto a la tierra que en cuanto a la riqueza, se plantea, pues, entre grandes y pequeños. Los «latifundios de sierra», representan aproxima-

Figura 10. *Serranía de Ronda. Estructura de la propiedad de la tierra*

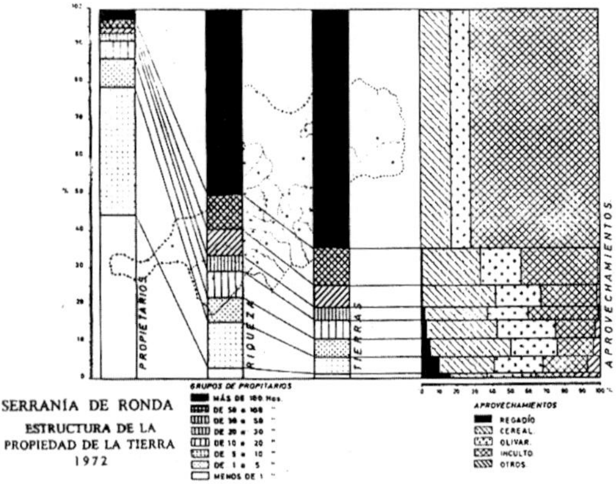

Cuadro 17. *Estructura actual de la propiedad*

Extensiones	*Propietarios*		*Superficie*		*Regadío*		*Cereal*		*Olivar*		*Inculto*		*Otros*		*Riq. imponible*	
has	*n.º*	*%*	*n.º*	*%*	*n.º*	*%*	*n.º*	*%*	*n.º*	*%*	*n.º*	*%*	*n.º*	*%*	*n.º*	*%*
Menos de 1	2.718	44,7	1.299,7	1,3	208,2	16,0	268,1	20,6	369,8	28,4	263,4	20,2	1.090,2	14,6	954	2,9
De 1 a 5	2.078	34,2	5.063,3	5,2	492,2	9,7	1.571,3	31,0	1.376,2	27,1	1261,4	24,9	362,2	7,1	4.056,6	12,5
De 5 a 10	475	7,8	4.246,3	4,3	198,8	4,7	1.948,5	45,8	1.056,4	24,8	865,7	20,3	176,9	4,1	2.189,5	6,7
De 10 a 20	285	4,6	4.795,8	4,9	141,6	2,9	1.900,0	39,6	1.550,9	32,3	1.065,6	22,2	137,7	2,8	2.311,8	7,1
De 20 a 30	138	2,3	3.539,6	3,6	63	1,7	1.260,9	35,6	815,1	23,0	1.361,2	38,4	39,4	1,1	1.397,4	4,3
De 30 a 50	124	2	5.827,4	6	57,8	0,9	2.390,9	41,0	1.454,1	24,9	1.810,7	31,0	113,9	1,9	2.317,1	7,1
De 50 a 100	110	1,8	9.594,6	9,9	52,5	0,5	3.180,8	33,1	2.202,1	22,9	4.053,9	42,2	105,3	1,0	2.000,2	9,2
Más de 100	146	2,4	62.547,1	64,5	146,2	0,2	10.715,7	17,1	6.931,8	11,0	44.517,7	71,1	235,7	0,4	16.185	49,9
Totales	6.074	100,0	96.913,8	100,0	–	–	–	–	–	–	–	–	–	–	32.411,6	100,0

damente el 45% del total de los propietarios de más de 100 hectáreas. Se constituyeron como propiedades privadas, sobre todo a raíz de la desamortización eclesiástica y la disolución del régimen señorial y representan actualmente un considerable riesgo especulativo sobre todo en las zonas contiguas a la «Reserva nacional de caza» de la Sierra de las Nieves. Excluidos éstos, entre los que los de utilidad pública representan ya el 20% de la superficie productiva catastral, los restantes grandes propietarios pertenecen a los términos semiserranos de la altiplanicie de Ronda, donde encontramos grandes dehesas de encinar y cultivos de cereal asociado a un olivar completamente marginal. Es casi obvio, como hemos dicho muchas veces, el papel motor que estas empresas pueden tener en el desarrollo agroganadero de toda la comarca.

El hecho de que haya un mayor desequilibrio en términos de tierra que de riqueza, entre pequeñas y grandes, indicarla en principio, una mayor rentabilidad de la tierras pequeñas, pero creemos que la riqueza fiscal en este punto y, a nivel global, es absolutamente insignificativa para apreciar esto. Lo que si es manifiesto es la mayor proporción de tierras no cultivadas de los grandes propietarios (71% frente al 22% de los pequeños), pese a lo cual tienen una notable participación en la riqueza, lo que, por lo menos, indica una productividad aceptable de estas tierras, muchas de ellas cotos de caza, por lo menos con relación a otras áreas penibéticas más orientales.

La mayor parte de la tierra de las pequeñas es labrada, por el contrario (78%), constituyendo el típico policultivo de secano, a base de cereal, olivos, almendros y viñas y con un regadío escasamente importante (8%), desde luego mucho menos que en la vertiente alpujarreña de Sierra Nevada. Este policultivo se halla abandonado actualmente *de facto,* en muchos casos. No obstante, como después veremos no ha habido concentraciones significativas de propiedad ni de explotación, a pesar del casi el definitivo desarraigo de muchos titulares. En cualquier caso, era un sistema bastante más llevadero hace años cuando era la base de una serie de prácticas autárquicas que completaban la renta familiar. Este policultivo es característico, sin embargo, sobre todo de los valles del Genal y Guadiaro y menos de los municipios del N (depresión) o del este (que miran a la Hoya de Málaga).

Centrando ahora nuestra atención sobre las explotaciones, en base a los datos de los Censos agrarios, podemos hacer algunas observaciones adicionales, también importantes en relación con lo que venimos tratando. Aunque tenemos muchas reservas sobre el valor comparativo entre los dos censos efectuados hasta la fecha, parece que en base a ellos, puede deducirse, ante todo, una cierta concentración de las explotaciones. Si prescindimos, por ejemplo, del número de las censadas (7.130 en 1962 y 6.117 en 1972) y nos atenemos a los porcentajes de cada grupo resulta que la posible concentración ha afectado principalmente a las pequeñas explotaciones de menos de 5 ha, que han pasado del 66,3% al 62,9%, en tanto que las de más de 100 ha han variado de 2,9% en 1962 a 3,3% en 1972. La superficie controlada por cada grupo se ha mantenido en los mismos niveles de variación y confirma lo observado a propósito de la propiedad.

En cuanto a los regimenes de tenencia, la Serranía mantiene el dominio de la explotación directa, si bien en un porcentaje inferior a otras áreas penibéticas (71,6 por 100 frente a 81,8% de la provincia de Málaga). De esto se infiere, la importancia ligeramente creciente de los arrendamientos (23,7%) siendo ya apenas significativos otros regímenes (aparcería sólo el4,5% superior al resto de la Penibética).

Por lo que respecta a Sierra Nevada, resulta bastante diferente la situación y problemática de las distintas subzonas posibles, Simplificando mucho, la vertiente meridional o alpujarreña presenta, ante todo en la alta montaña, una excepcional importancia de la gran explotación, con un índice medio, según Bosque (1969 y 1971) que rebasa el 73% en casi todos los municipios que alcanzan o se aproximan a la línea de cumbres, como Válor (91%), Trevélez (86%), Bérchules (77%), Mecina Fondales (87%), Cáñar (85%). Esta gran explotación está formada por los bienes estatales o de utilidad pública y unos pocos, pero muy importantes y bien distribuidos por toda la Sierra, de propiedad privada y que son fundamentalmente los que son objeto de las más fuertes maniobras especulativas. En torno a estas grandes explotaciones giraban los cultivos temporales y las transterminancias veraniegas, de hecho definitivamente extinguidas ya, por lo que la regulación y vigilancia de las mismas debería pasar al Estado, no sólo para emprender repoblaciones y acotar zonas de caza, como para facilitar la ordenación integral de la alta montaña que no tiene tampoco por qué desembocar en un conservacionismo a ultranza, que choca además con los deseos de los habitantes conscientes de la alta valoración que estas zonas van alcanzando, comparando sobre todo, con sus terrajos de labor. Junto a ello el regadío en ínfimas parcelas o explotaciones de menos de 10 ha a diferencia de lo que sucede más al oeste o más al sur, donde el secano es dominante, constituye la base de la vida rural de la Alpujarra alta y media que debe reorientar su producción para hacerla más especializada y compatible con una recapitalización y con las nuevas actividades de tipo artesanal, industrial y turístico.

Una situación parecida se plantea en los municipios del borde de la Vega de Granada en algunos de cuyos términos (Monachil), la alta montaña ha sido transfigurada por un mal planteamiento de la estación de esquí, en terrenos del Ayuntamiento, experiencia que es de desear no se repita en otros casos como Guejar-Sierra. La montaña funciona aquí ya de hecho al margen del valle y de la vega donde están los pueblos, dominando arriba la gran propiedad pública y privada con ventaja para esta última (70%). Mas al NE, la situación cambia algo, en los municipios altos del Marquesado del Cenete, donde según Arias Abellán (1986), se encuentra actualmente un régimen de minifundio agro-

Lámina 10. *Melojares y pinares de repoblación entre Cáñar y Soportújar*

Lámina 11. *Robledal de la dehesa del Camarate (en invierno)*

ganadero casi exclusivo. En Jerez del Marquesado, por ejemplo, el 97,4% de los propietarios tienen menos de 5 ha y controlan sólo el 14% de la tierra, en tanto que los de más de 100 no llegan al 1% (casi todos montes públicos), con el 78% de la tierra. Otro ejemplo, en el límite de Almería, Hueneja, donde los propietarios de menos de 5 ha son el 84,8% con el 16,3% de la tierra, en tanto que hay 19 propietarios de más de 100 ha (1,4) que controlan el 56, 1% de la superficie.

En conclusión, por tanto, queda bien claro que cualquier salida coherente y armónica de la definitiva crisis actual pasa por una modificación, al menos parcial de la estructura de la propiedad y las explotaciones lo que no puede lograrse, sin intervención decidida del I.R.Y.D.A., que ha reducido su actuación hasta ahora a la periferia de la montaña. Con una concentración parcelaria o al menos de explotantes, habría muchos espacios que se salvarían (dentro de la marginalidad) del abandono y que podían constituir sistemas agrarios de apoyo a otras actividades o apoyados en ellas a su vez. Conseguir una superficie suficiente es inevitable si se quieren obtener resultados mínimos tanto en agricultura como en ganadería, si se quiere renovar adecuadamente el policultivo tradicional como si se trata de introducir o mejorar la cabaña ganadera. Todo ello habría que lograrlo, repetimos una vez más, en el marco de acciones integrales en cada macizo que tuviera en cuenta las peculiaridades ecológicas y las mejores condiciones de cada área, evitando que la concentración del minifundio en unos casos, quede frenada por las divisiones hereditarias o por la expectativa especulativa, y en otros, la rémora social que supone la falta de dinámica o la dinámica excesiva de la gran propiedad.

CAPÍTULO 8
ABANDONO AGRÍCOLA Y DESARROLLO SOSTENIBLE EN SIERRA NEVADA*

En la línea de algunos trabajos anteriores (Rodríguez Martínez, F. y Y. Jiménez, 1994), pretendemos, ante todo, hacer una llamada de atención sobre los impactos ambientales y económicos que se están derivando en los últimos años de la intensificación de los procesos de abandono agrario iniciados hace cuarenta años a lo largo y ancho del macizo de Sierra Nevada. La acumulación en el último quinquenio de declaraciones como la de Reserva de la Biosfera, Parque Natural, propuesta de Parque Nacional, etc., que sin duda traducen una nueva sensibilidad social y política por la conservación y el uso racional de los recursos, contrasta con las escasas providencias en orden a la contención o reconducción de los procesos indicados, cuyo impacto es tal que, pensamos, no podrá haber ningún desarrollo sostenible viable sin afrontarlos decididamente. La preservación de unos ciertos niveles de cultura y práctica agrarias nos parecen, en efecto, condición sine qua non para la sostenibilidad de un desarrollo basado en el paisaje y los recursos primarios.

El desarrollo en este área de un proyecto de investigación sobre regadíos tradicionales (CICYT, PB-94-0779), nos está permitiendo sistematizar y evaluar la magnitud y el

* En *Sierra Nevada. Conservación y Desarrollo Sostenible.* Granada, 1996 en colaboración con Y. Jiménez Olivencia.

carácter a veces muy reciente. de algunos impactos que vamos a presentar a continuación. De su análisis se deriva la necesidad urgente de desarrollar las previsiones contenidas al respecto en la planificación del Parque Natural (PORN y PRUG). así como de un verdadero Plan de Desarrollo Integral (P.D.L.). Esta figura prevista en las Leyes 4/89 de Conservación de la Flora y Fauna y 2/89 de Espacios Protegidos, podría, cuando menos, tratar de resolver las contradicciones entre, por un lado, un desarrollo basado en el turismo rural como el que están fomentando los Programas Leader y, de otra parte, el recrudecimiento del abandono agrario, que es posible deducir, tanto de la observación directa y la cartografía de usos, como de Los catastros recién revisados y de las propias estadísticas (Rodríguez Martínez, F., 1994). En cualquier caso la preservación de la agricultura tradicional en áreas de montaña tan valiosas y sensibles como Sierra Nevada, no puede evaluarse sobre los mismos parámetros que sobre el resto del medio rural, ni tan siquiera sobre los mismos que se aplican con generalidad a todas las áreas de montaña.

Aunque la situación, como después demostraremos, no es idéntica en todas las localidades del área ya que presenta aspectos y ritmos distintos, puede hablarse de una degradación general de los sistemas ecoagrológicos que se relaciona a su vez con el abandono o la sustitución de las prácticas agroganaderas tradicionales, las que durante siglos han sustentado y articulado la vida económica y social de esta montaña. Una agricultura, sobre todo, constituida por regadíos miniparcelados y escalonados en altura, sostenidos por una tupida y compleja red de acequias de más de 600 km de longitud total si contamos sólo los conductos primarios y secundarios existentes por encima de la cota de los 1.000 m en la vertiente meridional del macizo (Alpujarra). Unas acequias que extienden el efecto vivificante sobre unas laderas cuyo equilibrio se ha alcanzado y mantenido merced al ingente esfuerzo humano que representa la construcción de terrazas escalonadas. El favorable efecto combinado de las técnicas hidráulicas y agrícolas tradicionales sobre un medio donde la aridez es un hecho siempre notorio, puede apreciarse especialmente en las áreas en que alternan zonas de bancales con umbrales rocosos donde la desnudez del suelo es casi total.

En definitiva, sin perjuicio de los matices existentes, de los que luego podremos señalar algunos, lo que encontramos a lo largo y lo ancho de las vertientes nevadenses son claros ejemplos de desertificación con todas las connotaciones requeridas desde 1977 (Conferencia de Nairobi). Es decir «deterioros del suelo, del agua y de otros recursos naturales, en condiciones de tensión ecológica» que, por añadidura, se producen en relación con la expansión constante de la mayor área árida existente al Norte del Mediterráneo (Sureste de la península Ibérica).

Como es lógico, para alcanzar el objetivo general antes expuesto, no podemos abordar simultáneamente todos y cada uno de los aspectos degradativos presentes en el área, por lo que vamos a considerar aquí sólo los procesos de más relevancia paisajística en relación con la red de riegos y el sistema de aterrazamientos que la acompaña, cuyo análisis centraremos finalmente en tres subcuencas-tipo, seleccionadas por sus diferentes caracteres y su situación. Previo a ello haremos una serie de consideraciones sobre estas cuestiones en el conjunto de la zona estudiada.

1. LAS CONDICIONES BIOCLIMATICAS GENERALES

Sierra Nevada puede considerarse una parte de la región climática del Sureste de la península Ibérica, la región más árida de Europa, y por esta razón, entre otras, la más parecida a Africa. Las causas de esta aridez son conocidas, relacionándose básicamente con la existencia de un abrigo pluviométrico en relación con la circulación de origen atlántico de componente Oeste. Así, si se exceptúan la alta montaña y el extremo occidental de la zona, en algunos de cuyos sectores domina incluso, no ya la componente zonal típica sino la más híbrida del Suroeste, según Castillo Requena (1991), en el resto del macizo el predominio de la circulación de Levante o del Este es notorio. Ello explicaría no sólo la escasa cuantía anual de la precipitación, sino también la enorme irregularidad anual, con sequías estivales entre tres y cuatro meses, e interanual, así como su carácter predominantemente nival y torrencial (Figura 11).

Se comprende por consiguiente, que careciendo de cursos de agua exógenos a la región, como ocurre más al Este en Murcia, la dependencia de la nieve acumulada en las cumbres, las más elevadas de la Península, sea un hecho capital. Aunque también un hecho muy matizable y diferenciado, por ejemplo, según el gradiente pluvionival y topográfico, decrecientes de Oeste a Este, o según el carácter del roquedo, por lo general esquistoso en la zona media y alta del macizo a la cual se adosan, a alturas en general más bajas, los materiales arcillosos, esquistosos y carbonatados postorogénicos y alpujárrides. Estos últimos no constituyen, dentro del área estudiada, acuíferos de cierta importancia, como ocurre más al Sur, en las sierras prelitorales de Lújar y Gádor. De aquí que lo esencial del suministro hídrico provenga de unas escorrentías diferidas en el tiempo no tanto por el régimen térmico como por la acción antrópica que, durante siglos, ha contrarrestado el efecto de las fuertes pendientes de los barrancos que partiendo de las cumbres conducen rápidamente las aguas hacia los colectores principales: Guadalfeo, Adra, Andarax y Guadiana Menor.

El valor de Sierra Nevada, que cuenta con altitudes por encima de 3.400 m es, por tanto, muy grande no sólo como nudo hidrógráfico rodeado por doquier de depresiones áridas, sino sobre todo como inmenso depósito o arca de agua invernal o embalse regulador natural del agua que largas acequias distribuyen por las laderas. Así se vivifica la tierra, especialmente durante el semestre veraniego durante el cual la solana alpujarreña como también los valles bajos irrigados de la umbría representan un violento contraste con la aridez más o menos intensa y duradera del entorno. Pensemos que considerando sólo las acequias alto-alpujarreñas estamos hablando de un centenar de canales de abastecimiento no sólo para los regadíos sino también para las poblaciones que se nutren de resurgencias o careos, una red que supera con creces los 600 km y que afecta a unas 6.800 Has de cultivos considerando sólo la ladera meridional de Sierra Nevada en Granada y Almería. Se comprende así el gradual tránsito que conduce de la montaña al «desierto» como se denomina localmente a los secarrales almerienses de Gérgal-Tabernas, anticipados de hecho por las no menos áridas cuencas de Ugíjar, Canjáyar, Alboloduy-Nacimiento y Guadix. Como ha escrito P. George (1985), la montaña daría paso al desierto de no ser por esta orla de ingenieria tradicional que es la red hidráulica. Por otra parte, sería un tipo de transición bioclimática bastante parecida a la que J. Dresch (1991) ha reconocido en el Norte de Africa.

Figura 11. *Diagramas ombrotérmicos*

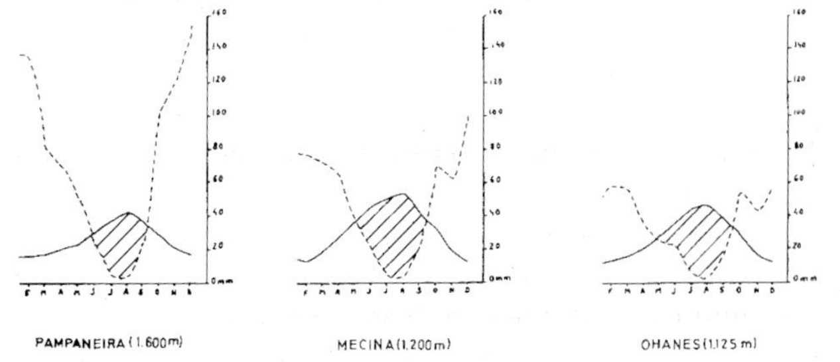

2. EL ABANDONO AGRICOLA. LA QUIEBRA DEL SISTEMA HIDRAULICO

El abandono agrícola de Sierra Nevada se inició hace medio siglo con la desaparición de los cultivos temporales de verano en alturas superiores a 1800 m en la solana, hecho ligado también al sistema de transterminancia ganadera y la explotación de los «campos» o secanos. La emigración, especialmente entre los años 1960-1975, facilitó a continuación el abandono de los regadíos más alejados de riego eventual o limitado a los años más húmedos. Por último se ha producido el abandono de las zonas regadas abancaladas en terrazas y de las vegas próximas a los pueblos.

Este proceso se ha visto, sin duda favorecido por otros factores, más o menos estimulantes según los casos, como son la falta de competitividad en los mercados externos de la producción que se salía del marco tradicional del policultivo alimentario, la falta de activos, la especulación urbanística, el impacto de un turismo rural mal planteado, etc. La mayoría de estos factores eran ya una realidad plena a principios de los ochenta (Rodríguez Martínez, F., 1989), si bien el turismo era todavía un fenómeno muy localizado o limitado en unas pocas concentraciones (García Martínez, P., 1985). Nuestra reciente investigación y mediciones permiten asegurar un recrudecimiento (final?) de los procesos de abandono que relacionamos con el impacto de los «planes de desarrollo» recientes, en especial de los planes turísticos, asociados a los programas comunitarios Leader (1991- 1994 y 1994-97) que han favorecido la extensión del fenómeno si bien sobre pautas, en general, poco eficientes desde el punto de vista del desarrollo sostenible. En numerosos trabajos hemos desarrollado la tesis de que no basta sólo con dispersar geográficamente, si la actividad turística no se atiene a las pautas del verdadero turismo rural. Este turismo no puede ser en ningún caso un factor que favorezca el abandono agrario. Las actividades agrarias deben gestionarse, cuando menos, como un factor de la oferta turística en la medida que conservan el paisaje y aseguran una oferta diferenciada de restauración y actividades complementarias. En cualquier caso nuestros recientes trabajos corroboran una reactivación del abandono entre 1989 y 1995, cuyo efecto cuantitativo puede apreciarse globalmente en la figura 12. En algunos casos se trata de abandonos valorables como definitivos (más de diez años sin cultivo). Afectan a zonas agrícolas del entorno de los municipios alto alpujarreños esencialmente o con particular intensidad en la Alpujarra granadina, pero también en el N.O. del macizo, desde Monachil y Guejar Sierra hasta La Peza y en el N.E. y Este (cuenca del Nacimiento).

La trascendencia económica de este abandono no puede apreciarse correctamente sin una evaluación de los costes ambientales que hemos comenzado a realizar dentro del proyecto antes citado. La mayoría de. estos costes se relacionan con la destrucción y/o deficiente conservación del sistema hidráulico tradicional, especialmente desarrollado y complejo en la Alpujarra, pero no menos trascendente en otras áreas nevadenses como el Marquesado del Cenete o el Río Nacimiento.

El sistema hidráulico tradicional, que se remonta a la Edad Media pero que «fue modificado y puntualmente ampliado sobre todo en altura en los s. XVII y XVIII, comprende diversos tipos de conducciones artificiales de agua. En primer lugar las «acequias madres» o canales primarios de tierra divididas en canales secundarios del mismo rango o «ramales» y estos, a su vez, en otros, terciarios de menos envergadura o «melgas». Mediante esta red principal se asegura el riego directo de las amplias zonas abancaladas de la Alpujarra alta y taambién de las vegas bajas de la Alpujarra media, así como los piedemontes y glaciscònos de la vertiente Norte del macizo, notoriamente en el Marquesado del Cenete. En segundo lugar, existen las acequias de transvase que llevan el agua de los valles más húmedos o excedentarios a los más secos o deficitarios. Por

Figura 12. *Sierra Nevada. Uso agrícola*

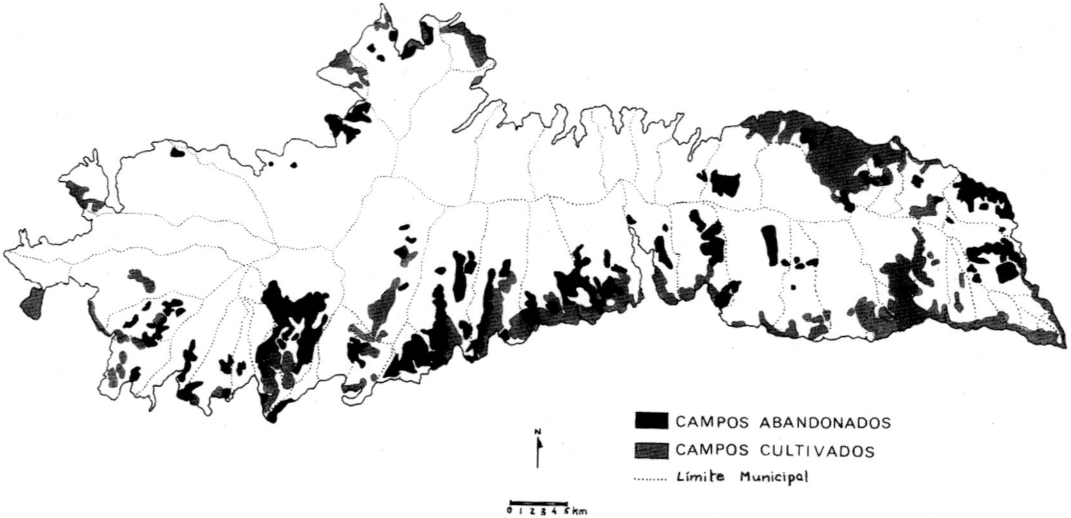

ejemplo del río Mulhacén a Pitres; de la cabecera del río Trevélez a Almegíjar-Cástaras; o de la cabecera, del valle de los Bérchules a Mecina Bombarón; etc. Estos sistemas terminan integrándose en las zonas bajas con los anteriores. En tercer lugar, las acequias «de sierra» o «matas», situadas en altitudes de más de 1.800 m, muchas de ellas construidas en el s. XVIII, que irrigaban pequeños campos dispersos en la zona de pastos hoy abandonados o que servían para enriquecer el caudal de algunas fuentes bajas o «careos» a donde llega el agua infiltrada desde ciertos puntos altos. Muchas de estas acequias son ya casi un resto arqueológico, cuando no han sido borradas por completo por los trabajos de repoblación, canalizaciones, etc. Por último habría que mencionar las conducciones de los saltos eléctricos de los que sólo se mantienen los de Poqueira. Este sistema de distribuci6n del agua implica un cuerpo legal complejo, formado lentamente durante siglos e integrado en una estructura sociocultural tradicional que era la garantía de un perfecto funcionamiento. El desmoronamiento hoy casi definitivo de esta estructura y el abandono de los cultivos, que especialmente en los últimos diez años ha afectado ampliamente a los bancales próximos a los pueblos: el surgimiento, a la vez, de nuevas necesidades de redes modernas de abastecimiento de agua y saneamiento suponen cambios radicales y traumatizantes que enfrentan al entramado tradicional del uso del agua con conflictos para los que no está preparado.

Es evidente, que incluso en los años secos Sierra Nevada suministra un volumen de agua suficiente para el riego y abastecimiento de la demanda comarcal, pero actualmente algunos municipios pasan por situaciones difíciles por no ponerse de acuerdo sobre sus respectivos derechos históricos. Por su parte incluso los pueblos del valle del Poqueira, de Trevélez y de los Bérchules, tienen ocasionalmente dificultades en sus suministros urbanos por no encontrar aguas libres ni siquiera en la cabecera de los valles que arrancan en el Mulhacén, por estar concedidas a sus propios regadíos o a los de Pitres, Busquístar, Atalbéitar y Ferreira, cuyo abandono y falta de cuidados en los últimos años deja pasar el agua sin utilización productiva o simplemente perderse por las laderas con el problema suplementario de la contaminación de los sistemas de regadío y abastecimientos urbanos y de las aguas subálveas, alimentadas por el sistema de vertidos fecales de los pueblos más altos.

Por otra parte, hay que tener en cuenta que el sistema de acequias, al cual los antiquísimos trasvases internos dan carácter comarcal, responde a un concepto de conducción hidráulica distinto del normal; no se trata solamente de transportar el agua, sino también de impregnar, de humedecer las laderas a su paso, afectando a la vegetación natural y haciendo surgir bajo la cota de cada acequia todo un sistema de manantiales («careos», «remanientes») que se alimentan de sus filtraciones. En ello reside la causa de la oposición de algunos regantes a la reconversión del sistema con canalizaciones impermeables, que al limitarse a la función de transporte empobrecen uno de los elementos esenciales de la estructura agua-cultívos-vegetación natural-freno de las pérdidas de suelo.

En el mismo orden de consideración hay que situar la utilización tradicional de algunos barrancos como cauces para algunos tramos de acequia, o el procedimiento de algunas acequias de trasvase que consiste en alimentar el sistema de barrancos del valle más seco, más que ir directamente al sistema de acequias de dicho valle.

El abandono agrícola y la pérdida consiguiente de la cultura agraria están determinando, como hemos dicho, la quiebra definitiva de este sistema tradicional del uso del agua y del paisaje que es uno de los recursos más valiosos con que cuenta, en el orden turístico además de en el cultural, Sierra Nevada. Un sistema que habría que ver hasta que punto puede o conviene que se sustituya total y drásticamente como ha ocurrido ya en algunos sectores. A priori inventar una distribución totalmente nueva, racionalizando las dotaciones de riego y abastecimiento, aún teniendo en cuenta las menores necesidades qué comporta una agricultura disminuida por el éxodo rural y la descapitalización, parece cada vez más evidente que lleva a una situación indeseable no sólo para la zona sino para las áreas más bajas o costeras ya que la aridez y la erosión avanzan por las laderas, y los ríos y barrancos ahondan cada vez más sus cauces determinando agrietamientos paralelos y derrumbamientos de las paredes de las gargantas (cómo ya está sucediendo en algunas áreas que estamos estudiando en detalle y que presentaremos a continuación).

3. ALGUNOS EJEMPLOS

Nuestro proyecto actual, consiste, entre otras cosas, en un análisis comparado de la situación de la red hidráulica y el paisaje con ella asociado a escala de subcuenca, aunque como hemos dicho, hay una interrelación comarcal de la red de acequias y una evidente reiteración de las pautas paisajísticas esenciales. Pero sólo a este nivel de escala se puede apreciar, en toda su riqueza, la diversidad de factores concurrentes que explica todo un mosaico de situaciones, ritmos, etc, tanto de orden biofísico como económico.

A continuaci6n ofrecemos algunas observaciones referidas a las subcuencas de los ríos Poqueira, Cádiar y Ohanes, situados respectivamente en el Oeste, Centro y Este de la solana altoalpujarreña de Sierra Nevada (Figura 13). Tres áreas que comprenden por tanto, gradientes altitudinales muy diversos, así como exposiciones y substratos muy matizados, lo que refleja en la configuración de la red hidráulica natural y antrópica y en la mayor o menor potencialidad del regadío en terrazas escalonadas que es común a las tres. Las propias terrazas difieren de una a otra área por estos factores, tanto en los elementos y técnicas constructivas de los muros, como en dimensiones, tipos de suelos, etc.

En relación con esto se producen también matices muy diversos en la organización y las técnicas de regadío. Y

Figura 13. *Mapa de situación*

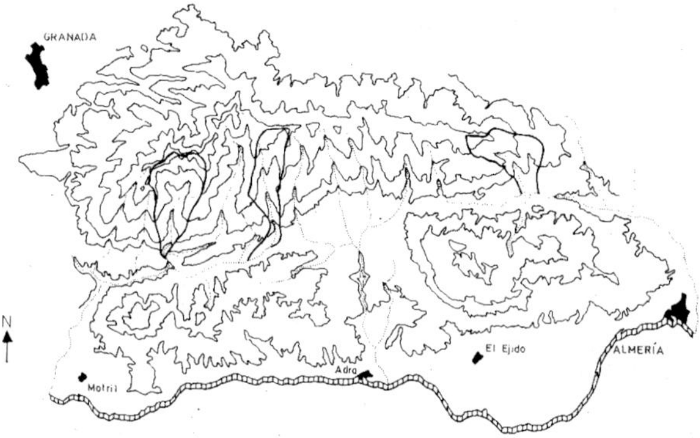

todo ello determina, entre otros hechos, una desigual capacidad productiva y económica, la cual, sin duda, se ve afectada también por otras circunstancias, la distancia, la organización de mercados, etc. En consecuencia no menos diversos son los impactos y las consecuencias que el abandono agrícola y la implantación reciente del turismo están teniendo en el paisaje.

Por razones de espacio sólo reflejaremos algunos de estos problemas, ayudándonos en todo caso de los gráficos elaborados para las tres subcuencas (Figura 14).

a) *El barranco de Poqueira*

El análisis de este subsistema paisajístico cuenta con importantes estudios de referencia entre los que hay que destacar los de P. Savovic, (1973), P. García Martínez (1989) y Y. Jiménez Olivencia (1991). En la figura citada, pueden apreciarse ante todo, los diversos tipos de conducciones de agua a diferentes alturas y en una y otra vertiente del ba-

Lámina 12. *Cercanías del Puerto de la Ragua. Pinares de repoblación junto a una antigua acequia de tierra («Mata»)*

rranco, cuya cabecera se sitúa, entre las cumbres del Veleta y el Mulhacen, a más de 3.000 m. El control y organización de esta red, a lo largo de casi un milenio ha hecho de ella el elemento estructuralmente esencial del paisaje rural. Pueden apreciarse tres tipos de conducciones diferentes de carácter primario. En primer lugar las acequias de sierra, cuya servidumbre tradicional estaba en relación con las zonas de pastos altos y regadíos temporales de verano. Este sistema, aunque pervive en lo esencial, no se mantiene y está en vías de extinción. En segundo lugar, las acequias «madres»: la «Acequia de los Lugares» que carga en el rio Mulhacén y las acequias Nueva, Castillejo y Ramal del Naute que se originan de los ríos Veleta y Horcajo. En tercer lugar el subsistema de acequias derivadas del bajo valle, que recoge las aguas sobrantes del Poqueira y que se interrelaciona más abajo con las redes originadas en los ríos Chico, Trevélez y Guadalfeo.

Se trata en todo caso de cauces de tierra a cielo abierto, cuyo trazado salva habilidosamente una serie considerable de dificultades que obligan a un mantenimiento periódico. Este mantenimiento incluye también la limpieza de ramas y restos de vegetación arrastrados o acumulados a partir de los ecosistemas de ribera que se desarrollan junto a los cauces.

En el gráfico de usos puede apreciarse a grandes rasgos, la correlación existente entre el paisaje agrario y la red hidráulica antes descrita. La morfología actual del área del pastizal y piornal sería incomprensible sin la existencia de 'unos usos tradicionales asociados a las estancias veraniegas en los «cortijillos», hoy desaparecidos, qué eran los núcleos «de una intensa vida agroganadera en verano. Los riegos de altura en verano acentuaban la importancia del piornal como regulador hídrico de las partes superiores de la vertiente, que hoy son mucho más xéricas y presentan mayores riesgos potenciales de incendios incontrolables los cuales pueden trasmitirse como ha sucedido ya en algunos años, a las masas de arbolado de repoblación que bordean el piornal.

Figura 14. *Red de acequias y usos del suelo*

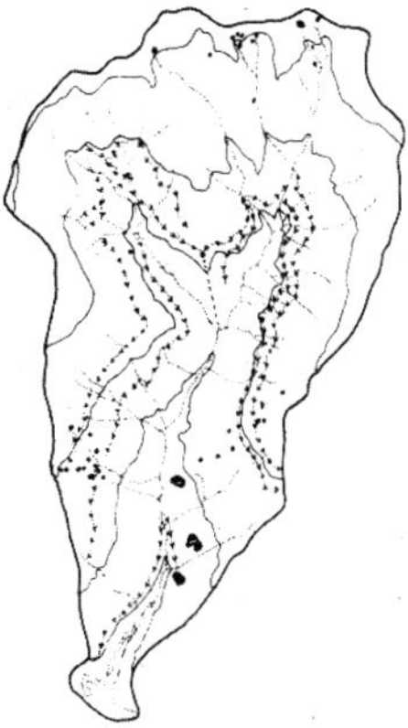

Figura 14 A
Red de acequias (Río Poqueira)

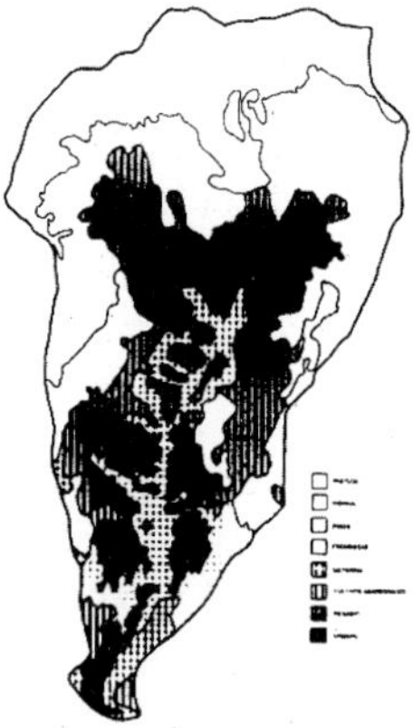

Figura 14 B
Usos del suelo (Río Poqueira)

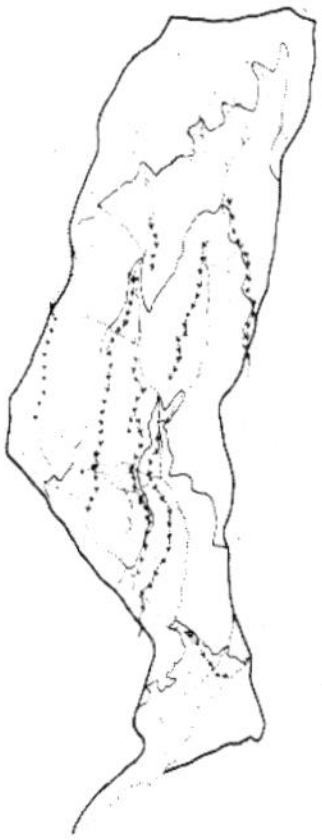

Figura 14 C
Red de acequías (Río Cádiar)

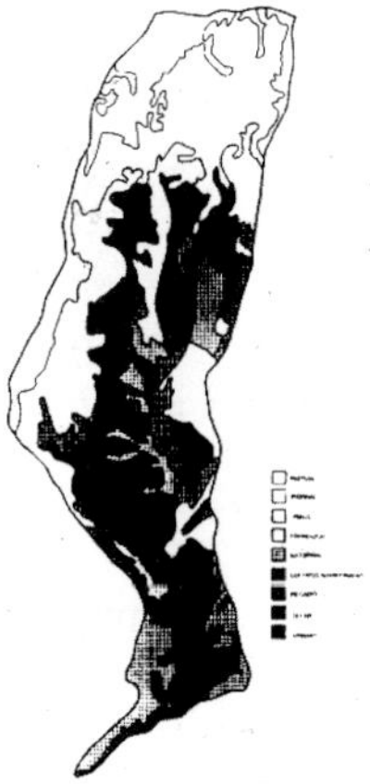

Figura 14 D
Usos del suelo (Río Cádiar)

Figura 14. *Red de acequias y usos del suelo (continuación)*

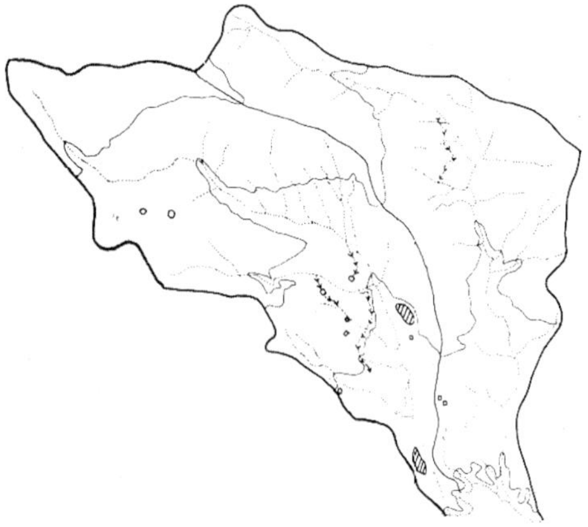

Figura 14 E
Red de acequias (Ríos Ohanes y Tices)

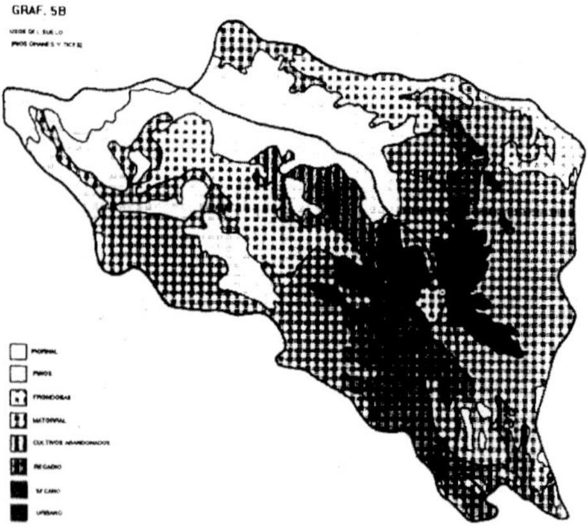

Figura 14 F
Usos del suelo (Ríos Ohanes y Tices)

El espectacular abandono agrario que se aprecia en el mapa, afecta especialmente a los bancales alejados de los núcleos. La falta de un riego sostenido en ellos determina también una falta de humedad en este ámbito y en el situado en sus inmediaciones, parte del cual está ocupado por frondosas (encinas, robles y castaños) habituadas al aprovechamiento de las escorrentías de los regadíos. La quiebra del sistema agropecuario repercute, por tanto, en la de todo el sistema agroecológico y paisajístico del valle, uno de los paisajes estéticamente más atractivos de España. Este atractivo ha sido, por otra parte, la base para el desarrollo de un turismo que ha terminado siendo un auténtico monocultivo que esquilma y presiona sobre los recursos de la. zona sin contribuir a renovarlos o mantenerlos lo más mínimo.

En otro orden de cosas se sitúan los procesos de detalle en los que incide la falta de regadío. El principal de ellos es el que produce la destrucción total o parcial de las terrazas. En este valle hemos inventariado numerosos puntos de deslizamientos y rotura de muros, alteración de la pendiente, cárcavas, etc. Todos estos procesos se relacionan con el riego incontrolado y la falta de mantenimiento que conllevaba el cultivo y que reducía hasta anularlos los efectos del riego y los aguaceros torrenciales. La consecuencia es la erosión mecánica y la pérdida de materia orgánica, a pesar del aumento de la biomasa que se observa en buena parte de este sector, lo que, por otro lado, contribuye a la estabilidad del suelo,

En conjunto, a juzgar por los inventarios efectuados, cabe hablar, en términos fitosociológicos, de una incierta evolución ya que algunas especies parecen indicar una recuperación a medio plazo de la cubierta vegetal serial, al menos por encima de los 1.200 m.

b) *El sistema de río Cádiar*

Ubicado más al Este del anterior en un área mucho más xérica ya cotas más bajas afecta a aguas de la propia subcuenca ya otras de las inmediaciones, principalmente provenientes de Trévélez y los Bérchules. La longitud media de las acequias es la mayor de toda la Alpujarra, siendo del orden de 6,5 km.

Estas circunstancias explican tanto la distribución de las acequias como de las masas arbóreas y de cultivo (Gráficos) que se distribuyen en bandas alternativas en sentido Oeste-Este, quedando muy reducida, en cambio, el área del pastizal de altura-acequias de sierra. Los pinares de repoblación han ocupado en su mayor parte las terrazas antiguas de riego más problemático o inseguro que fueron las primeras en abandonarse. La destrucción de las viejas terrazas ha repercutido en un mayor número de deslizamientos mecánicos. Por esta razón no está claro que la repoblación forestal indiscriminada sea el único futuro para las amplias zonas de cultivos abandonados existentes. En ellos, además de una extensión del secano arbóreo que se ha empezado a producirs espontáneamente, es posible intentar la ampliación de la repoblación con frondosas autóctonas, manteniendo en lo esencial las viejas terrazas y limitando el uso de la moderna maquinaria.

c) *El sistema Ohanes-Tices*

Situado en el extremo oriental del macizo reúne la máxima xericidad y la mayor integral térmica de la solana alpujarreña, lo que ha permitido una actividad agrícola casi continua a lo largo del año. Se trata en realidad de dos subsistemas netamente diferenciados que sólo llegan a integrarse en su tramo más inferior y más seco. El primero capta aguas de las cumbres orientales en torno a 2.000 m de altura (Polarda, Almirez) que debidamente reguladas con presas tradicionales y albercas («balsas») aseguran una buena dotación todo el año. El segundo combina algunas captaciones de altura en la cara Norte del macizo con riegos de escorrentía (Rambla de Tices). El sistema hidráulico más desarrollado es el primero (Ohanes) en torno al cual se ha construido una extensa superficie de riegos de pequeñas terrazas orientadas al SE, donde el parral llegó a ser un monocultivo cuya crisis actual es la base de todos los problemas y de una dedicación creciente a los frutales y las hortalizas (Gráficos). El desarrollo parcial de estas terrazas sobre materiales carbonatados alpujárrides, determina diferencias importantes tanto en las técnicas como en los materiales empleados en los muros, sillares calizos mucho más sólidos y consistentes que las lajas esquistosas. Esto explica la mayor resistencia a la erosión, si bien una vez producida la rotura, el proceso puede ser mucho más rápido y destructivo debido a la intensidad de los aguaceros que producen enormes arroyadas concentradas.

La repoblación con pinares ha incidido menos que en otras partes en la estabilidad de las vertientes, pero mucho más en la xericidad de las mismas, que afecta esencialmente a las masas de encinas existentes a cotas inferiores, amenazadas además por la densificación del matorral xérico-espinoso, altamente ignífilo, que ha sucedido al abandono tanto del regadío como del secano y de la explotación controlada de aromáticas.

4. CONCLUSIÓN

Ante problemas como los descritos, el manejo o tratamiento agropecuario de las viejas superficies agrícolas, ganaderas y forestales es una tarea ineludible e imprescindible. Pero, una adecuada gestión exige asegurar que la intervención pública sea más eficaz y selectiva, concentrándose en las zonas que no cuentan ya con estructuras locales sólidas o que han perdido la sensibilidad y el interés por los proyectos de desarrollo basados en el mantenimiento de la cultura material tradicional.

En este sentido la intervención pública debería fomentar un turismo rural en casi todo diferente del actual, es decir no concentrado y no disociado absolutamente del medio rural que lo sostiene. Sin una agricultura y una ganadería, en términos razonables, no hay futuro ecológico ni económico para estas zonas, El desarrollo sostenible no puede hacerse aquí sin agricultura.

A un nivel más concreto, la racionalidad en el uso del agua, no puede basarse en la construcción de grandes presas y trasvases que exportan el recurso a zonas costeras de agricultura de vanguardia, a cambio de desertificar las cabeceras.

La acción prioritaria debe ir encaminada a mantener la red hídrica tradicional y a partir de ella los estilos agrarios más viables. Esto permitirá no sólo mantener los ecosistemas y el paisaje, sino evitar o minimizar los incendios, frenar la erosión y, en definitiva, mantener en términos aceptables a medio plazo, los recursos que sostienen el turismo.

En definitiva, propugnamos una política del paisaje que asegure un manejo mínimo del mismo. Esto representa apostar por pequeñas y numerosas actuaciones en lugar de por grandes, pocas y concentradas. Esto significa detener el modelo Poqueira, que consideramos inexportable a otras áreas alpujarreñas y significa que estamos abiertos a una reconsideraci6n de los elementos y factores a tener en cuenta en tal política. El paisaje no es una foto-fija, no es inmóvil, pero tampoco puede dejarse su evolución sin control, especialmente en áreas de manejo milenario como esta. De no actuar, pronto tendremos sin duda, otro paisaje, el derivado de la desertificación inducida por la falta de manejo o por un manejo inadecuado y tan grandilocuente como ineficaz.

CAPÍTULO 9
TURISMO Y DESARROLLO SOSTENIBLE EN SIERRA NEVADA*

Se pretende efectuar en este trabajo una reflexión sobre las recientes implantaciones turísticas en la Alpujarra (Granada y Almería), impulsadas por la iniciativa comunitaria Leader. Una revisión crítica a la luz de las teorías actuales sobre el Desarrollo Rural, paradójicamente invocadas tanto desde Bruselas como por los gestores regionales y locales de la experiencia. Nuestro análisis puede insertarse en la línea abierta por J. Calatrava y, reconsidera, por el contrario, algunas de las apreciaciones de Barke-Newton y de Ruiz Avilés-Ulecia García, menos críticas con la experiencia turística, bien sea por la escala de su análisis, bien por no haber podido disponer, como es nuestro caso, de los últimos datos una vez cerrado el Leader I.

Para un adecuado entendimiento de nuestra posición deben tenerse en cuenta no sólo los elementos teóricos que se resumen en el epígrafe siguiente, sino también la realidad geográfica de la Alpujarra, un vasto espacio interprovincial que integra varias comarcas, extendido longitudinalmente unos 100 km aproximadamente y latitudinalmente entre las cumbres de Sierra Nevada y el. Mar Mediterráneo. Comprende, por tanto, una gama de espacios agrarios a altitudes muy diversas y notablemente compartimen-

* En *Sierra Nevada. Conservación y desarrollo sostenible.* Granada, 1996.

tados, ubicados en la vertiente de solana de Sierra Nevada, los surcos o depresiones intermedias, tributarias de los ríos Andaráx, Adra y Guadalfeo, y, por último, las sierras prelitorales de Gádor, Contraviesa y Lújar donde los sistemas agrarios tradicionales entran en contacto con las nuevas agriculturas desarrolladas junto al Mediterráneo.

1. EL NUEVO CONTEXTO DEL DESARROLLO RURAL

La consideración más común del desarrollo rural es la que lo pone en relación con la «crisis» del modelo tradicional de desarrollo en los países más avanzados. Frente al tradicional desarrollo polarizado, ligado principalmente a factores externos que determinan la concentración del crecimiento, habría ido surgiendo desde mediados de los 70 este otro tipo de desarrolla más atento a las posibilidades de inserción en el mercado de algunos potenciales endógenos marginados hasta el momento y de cuya movilización o revitalización dependen algunos equilibrios territoriales básicos. No se trata, pues, de negar las ventajas que para el crecimiento tienen las economías de aglomeración, sino de afirmar las posibilidades que, especialmente en el contexto evolutivo actual, tiene este otro tipo de desarrollo difuso y apoyado en los recursos propios de cada zona. Probablemente la propia realidad nos ha llevado a constatar que las deseconomías de aglomeración conducen a partir de determinado momento a favorecer un cierto tipo o grado de desarrollo difuso y que esto sucede especialmente desde los años 70 en que la crisis económica y la conciencia generalizada de los desequilibrios ambientales y territoriales determinan la inviabilidad, expresada incluso en términos de mercado, del modelo seguido con anterioridad y en el que, por tanto, se han de introducir algo más que correcciones. En cualquier caso, aunque el desarrollo rural dista mucho de ser una teoría o modelo instrumental cerrado o universal, se trata de un esquema general lo suficientemente concreto y aceptado como para tener unos objetivos generales perfectamente definibles. Como ponen de manifiesto diversos autores (Vázquez Barquero, 1988 y 1993; Calatrava, J, 1988; Etxezarreta, 1988, Pérez Yruela, 1994, Stohr, 1976; Piore, 1990), dichos objetivos inciden en la transformación del sistema productivo, la mejora del nivel de vida y de empleo y el logro de un crecimiento sostenible sobre una base económica diversificada.

Por otra parte, el desarrollo rural no se plantea dichos objetivos en abstracto o partiendo de cero sino que se refiere en general a regiones que han sufrido o están inmersas en un proceso de crisis económica y demográfica. Por tanto, habida cuenta las diferentes condiciones físicas y económicas de partida, parece que lo esencial no consiste en aplicar recetas universales, inexistentes por lo demás, sino en articular estrategias particulares dentro de los objetivos generales citados. Cada caso ha de plantearse, y estudiarse, de manera diferenciada de acuerdo con el nivel de desarrollo de cada zona, de su estructura productiva y de los caracteres de la cultura local (MAPA, 1992; Beltrán, 1994). La acumulación y contraste de experiencias sólo ha servido, hasta el momento, para confirmar que cada caso requiere soluciones específicas, incluso si los problemas son similares. La experiencia andaluza del programa LEADER I, objeto de intercambio y contraste a través de la red A.L.A. sería un buen ejemplo de ello y de la necesidad de intercambios intra y extraregionales.

Esta nueva base conceptual más abierta es la que sustenta, sin duda, la reforma de la política regional comunitaria desde 1988. En síntesis, hay que resaltar, en primer lugar, que dicha reforma hubiera sido impensable sin la conciencia generalizada en los suscribientes del Acta única del incremento de disparidades regionales que fue el detonante para la reforma de los Fondos Estructurales Comunitarios (FEDER, F.S.E. y F.E.O.G.A.-Orientación) que aumentaron sus recursos y modificaron sustancialmente sus procedimientos de gestión y aplicación. En segundo lugar, la limitación del acceso al nuevo e importante Fondo de Cohesión a países, esencialmente mediterráneos, con regiones de Objetivo 1 (menos desarrollados). En tercer lugar incluyendo entre las orientaciones básicas de la Comisión diversas líneas que refuerzan el desarrollo rural. Por último, haciendo posible la adopción de iniciativas en orden al desarrollo rural integrado por parte de la propia Comisión; En esta línea se inscribe a partir de 1991 la iniciativa Comunitaria LEADER (cuyas siglas equivalen en español a Enlace de Acciones para el Desarrollo de la Economía Rural) (Hubert, en MAPA, 1993).

2. LAS ESTRATEGIAS TURÍSTICAS EN EL DESARROLLO RURAL

Las reformas de las políticas regional y agraria de la C.E.E. y la adopción, en su última fase, de iniciativas demostrativas no son, por tanto, según lo que acabamos de exponer, un nuevo producto continuista de las políticas de desarrollo local surgidas de los años 70 sino un intento más profundo de dar respuesta a las nuevas condiciones existentes en el mundo rural. En efecto, en el diagnóstico que precede a su adopción se percibe la agravación de la situación del sector agrícola a partir de los años 80, con nuevas pérdidas de empleo y renta que se, añaden al declive demográfico ya la degradación de —servicios producida en décadas anteriores. En claro contraste con esta negativa evolución de la agricultura, el turismo se ha desarrollado cada vez más hasta llegar a ser la actividad más próspera o de crecimiento más sostenido en la. mayoría de los países avanzados. De este crecimiento ha participado también, en forma creciente, el turismo en el medio rural. Este hecho no ha dejado de influir en los numerosos debates suscitados acerca de la especificidad de este turismo y sus implicaciones en los procesos de desarrollo rural. En general se ha tratado de determinar, por una parte, en qué medida es susceptible el turismo rural de crear empleo e inducir flujos de capital en las zonas rurales, analizando los factores de bloqueo que pueden darse. Por otro lado, se ha incidido en los inconvenientes o impactos que su introducción puede plantear en las áreas rurales y comunidades locales (Calatrava, 1993).

Los debates a los que acabamos de hacer referencia, auspiciados muchas veces los organismos públicos responsables del desarrollo rural, han sido muy diversos y, desde luego, a nivel supranacional no sólo han sido promovidos a instancias de la Unión Europea. También la OCDE, a través de su Comité de Turismo, ha desarrollado numerosas sesiones al respecto en los últimos años. Fruto de ello es el clarificador informe realizado por B. Lane, de Bristol, en el que se condensan los argumentos esenciales a favor y en contra del turismo como factor de desarrollo rural (OCDE, 1994). En este trabajo se relaciona la situación creada en el campo de los países desarrollados, la pérdida hasta límites increíbles de peso específico de la agricultura, con la necesidad de responder a los nuevos desafíos que para el espacio rural suponen, entre otros hechos, la conservación de la naturaleza y del paisaje, la preservación del patrimonio histórico, el desarrollo del fenómeno del neoruralismo y el aumento, en paralelo a todo ello, de la competitividad internacional que se refleja en las discusiones del G.A.T.T. y las constantes reformas y adaptaciones de la P.A.C.

En esta nueva situación se inscribe el turismo, un fenómeno del cual hay ya una larga experiencia de la que aprender. Pero algunos de los factores generales que han determinado el crecimiento del turismo, (vacaciones pagadas, aumento de la R.F.D., mejora de los niveles de instrucción medios, ampliación y mejora de las redes de transporte y comunicaciones...) han cambiado también a la vez que aparecen nuevas motivaciones. Todo lo cual ha hecho del turismo un fenómeno muy cambiante que ha ido variando su papel o aportación al desarrollo regional y local. En este sentido, la transferencia de capitales, rentas y empleos que se supone realiza el turismo en beneficio de las regiones rurales y más atrasadas requeriría un reexamen en cada marco geográfico concreto y sopesar muy bien costes y beneficios antes de hacer un pronunciamiento definitivo.

Sin embargo, aún en el supuesto de que el turismo fuese un factor incuestionable de desarrollo rural, habría numerosas cuestiones a plantear sobre las condiciones de ese desarrollo. He aquí algunas que hemos seleccionado entre las mencionadas en un informe de la OCDE (1994):

a) ¿De qué forma puede contribuir el turismo al desarrollo?
b) ¿Son todas las áreas rurales susceptibles de un desarrollo rural con componente turística?
c) ¿Cómo valorar los riesgos o inconvenientes que el turismo rural puede tener sobre las áreas rurales?
d) ¿Cual es el papel de los poderes públicos en el desarrollo turístico local?
e) ¿Qué distingue al turismo rural de otras formas de actividad turística?
f) ¿Son extrapolables las experiencias de éxito existentes?

Responder adecuadamente a estas preguntas parece un requisito previo a cualquier nueva experiencia. Pero las respuestas no son fáciles ni probablemente igualmente concluyentes en todos los casos. Ante todo conviene tener presente la variabilidad del fenómeno en el espacio y en el tiempo. En efecto, aunque el turismo en el medio rural es una actividad' que puede ligarse al origen del desarrollo contemporáneo del turismo, a los viajes por ferrocarril, etc, en las últimas décadas es muy diferente del tradicional. Han aparecido nuevas motivaciones en relación con los que antes» llamábamos nuevos desafíos; afecta a un mayor número de personas; tiene mayor capacidad de penetración; es un mercado diverso y creciente, etc. Todo ello hace que no sea fácil definir este nuevo turismo rural. No es simplemente el turismo que se desarrolla en el campo, no resulta fácil reunir en una fórmula breve todas las tipologías existentes, etc. Los problemas de definición remiten en último término a la revisión actual de lo rural, del propio concepto de ruralidad que ha hecho crisis en nuestro mundo, determinando una gama de formas que se pretende adecuar en la expresión de «continuo rururbano».

Con todo, no son congruentes con la filosofía actual del desarrollo rural, las experiencias de desarrollo turístico-rural excesivamente concentradas que producen deterioros irreversibles en los recursos naturales e histórico-patrimoniales. Lo que es particularmente cierto en áreas excepcionales y frágiles de montaña. En éstas el turismo rural debiera de ser, por definición, disperso, además de vinculado a un cierto grado de actividad agraria, sin la cual es impensable o muy difícil mantener los recursos citados y el paisaje. La integración del turismo en el desarrollo rural exige que este sea una experiencia lo más autónoma posible que se crea y se desarrolla dentro de la colectividad rural, que procure la complementariedad de rentas, etc. Son, en suma, una serie de condiciones que reafirman la experiencia del turismo rural s. e. como una experiencia de desarrollo sostenible desde el punto de vista económico, social y ambiental. Las condiciones, en suma, que se resumen en algunos trabajos recientes y que, por lo general, admiten con carácter previo tanto los programas oficiales como los expertos. Pero que paradójicamente pocas veces se dan en la realidad y menos todas de una vez. La experiencia reciente de la Alpujarra, que vamos a examinar a continuación, es un buen ejemplo de ello.

3. LA EXPERIENCIA RECIENTE DE LA ALPUJARRA. ¿DESARROLLO SOSTENIBLE?

3.1. *Antecedentes y planteamiento*

El desarrollo turístico en la Alpujarra hasta 1990 se ha caracterizado por la excesiva concentración de la oferta en unas pocas zonas (Lanjarón, Poqueira, Trevélez...) quedando casi todo el territorio restante al margen, salvo pequeñas y puntuales iniciativas. Esta concentración no ha favorecido la integración del turismo, y las actividades tradicionales. Más bien lo contrario, el desarrollo del turismo ha llegado a desvincularse por completo de las actividades, en especial de la agricultura. Ha llegado a ser, en consecuencia, un monocultivo que se sostiene, paradójicamente, en unos paisajes crecientemente esclerotizados por falta del mínimo mantenimiento necesario que proporcionaba la agricultura tradicional de regadío. Cuando la corriente estaba en sus comienzos, hace algunas décadas, la situación era bien distinta. Unos alojamientos reducidos y múltiples, una oferta gastronómica autóctona que favorecía la pluriactividad y la generación de rentas complementarias en el marco incluso del policultivo alimentario, una comunidad local activa, bastante más dueña que ahora de su propio destino y orgullosa de su pasado... Todavía a principios de los 70 existía algo de esto y, sobre todo, había elementos jóvenes en la población dispuestos a liderar iniciativas múltiples basadas en los recursos endógenos y no sólo en el turismo. Por una serie de razones todo ello se ha frustrado y, en vez de un proceso de desarrollo rural integrado, se ha generado un proceso de concentración urbano-turístico, enormemente especulativo, que unas equivocadas políticas urbanísticas y turísticas han contribuido, sin pretenderlo sin duda, a fomentar. Un modelo concentrado que, por añadidura, la construcción de una Villa Turística por la Junta de Andalucía ha contribuido a hipertrofiar aún más y a favorecer su difusión en otras zonas alpujarreñas. Una situa6n, en suma, muchas veces descrita y analizada, aunque diversamente valorada.

La existencia de recursos naturales, paisajísticos e histórico-patrimoniales de excepcional valor contrastaba con la grave depresión económica en que se encontraba la mayor parte de la Alpujarra a finales de los ochenta. En realidad se estaba en un estadio cuasi final de un proceso relacionado con la emigración de décadas anteriores que acentuó la incapacidad ante el mercado de las actividades tradicionales. En este momento (1989) tras el fracaso de las políticas relativas a la montaña, es cuando el Instituto de Fomento de Andalucía decide intervenir con el Plan de Actuación de la Alpujarra que no llega a desarrollarse como estaba previsto porque la fase preparatoria del mismo concluye cuando llega la oportunidad del Leader I que fue considerado como la mejor vía para actuar. El análisis y diagnóstico, la movilización de agente e instituciones realizadas para el citado Plan fueron, no obstante, una excelente plataforma para el Leader, cuya filosofía consiste, entre otras cosas, en lograr un desarrollo endógeno y autosostenido, mediante la articulación de agentes institucionales, económicos y sociales, coordinando las iniciativas existentes y tratando de generar otras nuevas.

Para valorar adecuadamente esta experiencia hay que contar, de antemano, con que esta iniciativa comunitaria, por razones explicables en el contexto examinado en el epígrafe II, concibe el desarrollo rural sobre la prioridad de la utilización de recursos no agrarios. Esto explica algunos hechos repetidamente señalados (Burke, Ruiz Avilés, etc.) pero que es preciso tener presentes. Así, tanto en Europa como en España, el Leader I ha incidido sobre regiones de escaso relieve agrícola actual pero con importantes recursos forestales, paisajísticos, parques naturales, etc. De ello se deriva, asimismo, la enorme dependencia del turismo a que se han dedicado la mayoría de los proyectos y de los recursos. Según P. Ruiz Avilés y M. Ulecia el 71% de los proyectos y el 50% del presupues:to del Leader I en España se han encauzado o.al turismo que es la actividad en la que se encuadran 30 de los 52 Grupos de Acción Local españoles (G.A.L.). En contraste con ello es escasa- mente relevante el volumen de proyectos orientados a la valorización de la agricultura (14,3%) ya la promoción de recursos humanos (5,7%). A ello se añaden numerosos factores de bloqueo, señalados también, entre otros, por los autores que acabamos de citar: escasa movilización de las capacidades autóc- tonas, elevada implicación institucional pública (sólo 3 GAL son totalmente privados), escasa participación de actores sociales, etc. En este sentido un hecho significativo es que la fórmula jurídica adoptada para construir los G.A.L. o CEDER (Centros de Desarrollo Rural} ha sido predominantemente la sociedad anónima, lo que dificulta la integración de colectivos y agentes interesantes para el progreso de la experiencia de desarrollo como asociaciones ecologistas y culturales, cooperativas e, incluso, ayuntamientos, etc. Además tas ayudas Leader I se ejercen básicamente por medio de subvenciones de capital que tienen unos umbrales máximos entre 20-50 millones. En estas condiciones, aunque en la mayoría de los casos el Leader I se ha constituido en una componente esencial del desarrollo económico de las áreas donde se ha implantado, resulta discutible casi siempre su aportación a un desarrollo rural integrado, en el cual el turismo queda vertebrado social y económica mente con las actividades agrarias de protección y conservación ambiental, etc. En este sentido es en el que resulta incierta, asimismo, la sostenibilidad de la experiencia tanto a nivel nacional como regional» o comarcal, nivel este último en que nos situaremos enseguida.

3.2. *Objetivos, estrategias y resultados globales del LEADER en la Alpujarra*

El Plan de Actuación de la Alpujarra y la Iniciativa Comunitaria LEADER para la misma zona, que afecta a más de una treintena de municipios en las provincias de Granada y Almería, tuvieron como objetivo general: «Impulsar las iniciativas empresariales de carácter endógeno y atraer inversiones de carácter exógeno que traten de conseguir un desarrollo económico sostenido y real que contribuyan a mejorar el grado de bienestar de los habitantes de la zona, preservando los valores naturales, culturales, paisajísticos y ecológicos de todo el territorio de actuación». Este objetivo general debía de perseguirse con la ayuda de unas estrategias de actuación, en principio, totalmente coherente con el mismo. Fueron los siguientes de acuerdo con las mismas fuentes recogidas» en la nota precedente:

1. Sostenimiento de la pluriactividad en el marco familiar.
2. Elevación de la calidad de las tierras y servicios producidos en el área
3. Diversificación de la producción de los distintos sectores.
4. Apoyo especial a los empresarios emprendedores.
5. Reequilibrio de la distribución territorial de las actividades económicas.

Es evidente. como veremos a continuación. que se ha incidido. con distinto, matices e intensidades. en las líneas 2 a 5. Los datos disponibles y las encuestas realizadas a los empresarios no permiten, por el contrario, corroborar el desarrollo de la pluriactividad en el marco familiar que es muy difícil de impulsar en la Alpujarra por razones demográficas y culturales; aunque algunos proyectos se originan en apariencia en este marco; la realidad viene demostrando que su verdadera inspiración era la búsqueda de una mayor solvencia económica en la especialización y, sobre todo, mediante una desvinculación progresiva o total de las actividades agrarias, consideradas en general onerosas y poco atractivas. A ello se añade que numerosos proyectos han sido promovidos por empresarios foráneos, cn teoría con el compromiso de radicarse lo antes posible en la zona, lo que resulta tan difícil de comprobar como de exigir a medio plazo. Por tanto, en nuestra opinión, el reforzamiento de la familia como unidad empresarial básica, sigue siendo una asignatura pendiente y, en defintiva, uno de los hechos que «ponen más en cuestión la sostenibilidad de la experiencia y su carácter integrador. En relación con esto último, hay que señalar también la descoordinación y falta de integración de la experiencia Leader y la planificación del Parque Natural de Sierra Nevada. Es evidente, en este sentido, que la administración ambiental y el I.F.A. han ido durante estos años más en paralelo que juntos. De ahí el retraso en el desarrollo de la Gerencia de Promoción y la carencia del Plan de Desarrollo integral (PDI) prevista en la Ley 2/1989 de Inventario de espacios protegidos que hubiera exigido de facto la reconsideración del Leader en muchos aspectos. Este hecho deja, por otra parte, sin contenido, mucha de las previsiones del P.O.R.N. (Plan de Ordenación de Recursos) y P.R.U.G. (Plan Rector de Uso y Gestión) de Sierra Nevada y pone en cuestión toda la filosofía del uso-conservación que inspiran estos planes.

Otras líneas estratégicas, como ya hemos advertido, han sido mejor instrumentadas pero son, en todo caso, también matizables. La mayoría de los 168 proyectos apoyados en el Leader, han contribuido a elevar la calidad de bienes y servicios, mejorar el patrimonio arquitectónico siguiendo pautas tradicionales y, sobre todo, a diversificar las actividades y mejorar su distribución territorial (Cuadro n.º 18, Figuras 15, 16, 17 y 18). Como puede verse; los proyectos no turísticos aunque son la menor parte (28,5% al cierre del Leader I, 48 en total) afectan a la práctica totalidad de municipios, distribuyéndose principalmente entre la agricultura (sobre todo nuevos cultivos), industria y artesanía tradicional y algunas pequeñas infraestructuras. También se ha incidido de modo notable en la redistribución del turismo, como después veremos. No obstante, resulta una vez más chocante la falta de proyectos con incidencia ambiental, lo que confirma algunas observaciones antes hechas.

A partir de los datos contenidos en el informe de cierre, realizado por «Iniciativas Leader Alpujarra S.A.» se pueden valorar otros aspectos globales y específicos (cuadros 19 y 20). Debe resaltarse la considerable inyección económica que la experiencia ha supuesto para unos muni-

Cuadro 18. *Programa LEADER-ALPUJARRA.(Almería-Granada). Proyectos según RAMAS*

Municipios	*Proyectos no turísticos*	*PROYECTOS TURÍSTICOS*				
		1	*2*	*3*	*4*	*5*
Alcolea	2	1			1	1
Alhabia	3	3		1	2	2
Alhama	2	2	1		1	1
Alicún	1	1			1	1
Alpujarra Sierra	9	9	7			2
Bayárcal	4	4			2	2
Bérchules	3	3	1		2	
Berja	3	3		2	1	
Bubión	5	4	1	1	2	
Busquístar	2	2	1			1
Cádiar	10	7	1		4	2
Canjáyar	3	2	1		1	
Cañar	3	3	1		1	1
Capileira	3	2			2	
Carataunas	1	1			1	
Cástaras	1					
Dalias	12	5		1	3	1
Fondón	4	4	1		3	
Huécija	2	1			1	
Lanjarón	4	3	1		2	

Cuadro 18. *Programa LEADER-ALPUJARRA.(Almería-Granada). Proyectos según RAMAS. (Cont.)*

Municipios	*Proyectos no turísticos*	*PROYECTOS TURÍSTICOS*				
		1	*2*	*3*	*4*	*5*
La Tahá	10	10	4		3	2
Laujar	11	7	3		3	1
Murtas	3	2		1	1	
Nevada	15	13	8	1	5	1
Ohanes	2	2		1	1	
Órgiva	6	5	2	1	1	1
Padules	1	1		1		
Pampaneira	1	1			1	
Pórtugos	4	4	2		2	
Soportújar	3	3	2		1	
Torvizcón	2	2	1			
Trevélez	3	3	1	2		
Ugíjar	6	3	1		2	
Valor	4	3	2		1	
TOTAL	**48**	**120**	**42**	**13**	**51**	**14**

1. Proyectos totales turísticos. 2. Proyectos de alojamiento. 3. Proyectos de restauración y gastronomía. 4. Proyectos de oferta complementaria. 5. Proyectos de alojamiento y restauración.
Fuente: I.E.E. Elaboración propia.

Lámina 13. *Laujar (antigua Taha de Andarax). Casa del Vicario*

Cuadro 19. *Resumen de la financiación*

Fuente	*Inicial Aprobado C.E.E. (*)*	*Comprom. 30/04/94 (*)*	*% Compromet./ Previsto (*)*
SUB. C.E.E.	440,70	487,79	110,69
SUB. ADM. PUBL. NAC.	91,00	169,06	185,78
INICIATIVA PRIVADA	746,20	1.191,41	159,66
TOTAL	1.277,90	1.848,26	144,53

(*) Cantidades en millones de pesetas.
Fuente: Iniciativas Leader Alpujarra, S.A.

Cuadro 20. *Resumen por proyectos*

Calificación	*N.º Proyectos*		*Cuantía Inversión*	
	Cuantía	*% S/Total*	*Cuantía(*)*	*% S/Total*
Aprobados	167	71,06	1848,27	42,68
Denegados (1)	15	6,38	195,86	4,52
Desistidos (2)	44	18,72	2.163,06	49,95
Fondo Reserva (3)	9	3,84	123,42	2,85
Total	235	100,00	4.330,61	100,00

(*) Cuantía en millones de pesetas.
Fuente: Iniciativas Leader Alpujarra, S. A.

cipios, salvo excepciones, sumidos en la depresión económica y sin expectativas cuando se inició la experiencia. El esfuerzo de la iniciativa pública ha sido notable en este sentido, liderando a través del IFA el proyecto y asegurando la participación esencial de las entidades financieras. Esta es asimismo la parte positiva de la adopción de la fórmula de la Sociedad Anónima.

Merced a una inversión total comprometida que se acerca a los 2.000 millones, Se han creado o mantenido 275 puestos de trabajo. La inversión media por proyecto (11 millones) es, asimismo, indicativa de la magnitud, aceptable para una zona de montaña, de estos proyectos. No obstante, el predominio de la inversión en determinados proyectos turísticos, que comentaremos después, matiza mucho la valoración de estas inversiones desde el punto de vista del desarrollo rural integrado. y otro tanto cabe decir de la escasa superficie afectada por proyectos agrarios (apenas 12,3 has.). Por el contrario, es más positiva la relación entre el número y la superficie (1.776 m^2) de proyectos artesanales. Es escaso el volumen de acciones y recursos dedicados a la formación (acciones 21, 23 y 25 del Programa): en total unos 25 millones de pesetas, poco para un área de tanta extensión y complejidad geográfica y cultural.

3.3. *Los proyectos turísticos*

En principio se ha de resaltar la importancia cuantitativa de los proyectos turísticos acogidos al Leader Alpujarra. Al cierre los 120 proyectos turísticos representan el 71,4% del total de los existentes y unas inversiones directas que se aproximan a 1650 millones (89%). Estas cifras, en especial la de inversiones, definen claramente la orientación dominante de las acciones de desarrollo llevadas a cabo en el cuatrienio 1991-1994. Es evidente que el turismo es la actividad-eje a la que se vincula masivamente la experiencia y, por tanto, en relación con la que cabe evaluar mayormente su éxito o fracaso. La distribución geográfica de las inversiones turísticas en esta etapa ha contribuido a ampliar considerablemente la oferta existente con anterioridad, que había saturado algunas zonas como Lanjarón y el Barranco de Poqueira. Los gráficos 3 y 4 permiten hacerse una rápida idea del nuevo esquema de distribución de la oferta en sus modalidades básicas. El desarrollo de los alojamientos (1.014 nuevas plazas) ha afectado ahora menos a la Alpujarra alta occidental, desplazándose hacia el centro y este en Granada (Alpujarra de la Sierra, Nevada, Murtas) y, con carácter más disperso, en Almería. La Restauración se ha extendido aún más (2.310 nuevas plazas) y de forma más equilibrada territorialmente y otro tanto cabe decir de la oferta complementaria, bien distribuida geográficamente pero quizá excesivamente centrada en los camping. En conjunto (Figura 15) los proyectos aprobados se refieren esencialmente a alojamientos (34%), oferta complementaria (42%), restauración (11%) y alojamientos más restauración (13%). Del análisis más detallado de las inversiones por proyecto en cada municipio y sobre todo de la prospección directa de las nuevas infraestructuras recién creadas se pueden inferir algunas matizaciones. Por ejemplo parece, en general, bastante desacertada la cuantiosa inversión dedicada a la construcción de apartamentos y complejos residenciales ex novo, sin tradición en la zona, que repiten la desafortunada experiencia de la Villa Turística de Bubión, que aún respetando algunos caracteres formales, nos parece que inducen a la consolidación de un criterio de urbanización turística no integrada, que reitera los aspectos más negativos del modelo Poqueira. Muchos de los promotores de este tipo de infraestructuras turísticas carecen de raíces en la zona. En otros casos bajo la explotación familiar se traduce un afán especulativo, excesivamente preocupado por la rentabilidad inmediata del proyecto, al margen de cualquier otra consideración. Por otra parte, la oferta de restauración no está diferenciando suficientemente lo autóctono, ni el tipo de gastronomía, ni las modalidades de servicio, etc. La oferta complementaria, por último, además de excesivamente orientada al camping, debe plantearse más en relación con rutas y experiencias en torno a los recursos naturales, parque natural, etc.

Por último conviene insistir en la necesidad de ampliar la base participativa de la experiencia. Muchos segmentos importantes de la población, incluso durante mucho tiempo los ayuntamientos, han permanecido ajenos a la experiencia que debe enriquecerse socialmente más.

4. FINAL

De lo expuesto se derivan algunas interrogantes sobre la valiuez de la experiencia alpujarreña del último cuatrienio. sin duda el Leader ofrece un balance altamente positivo como factor de impulsión económica de una comarca atrasada, con grandes potenciales endógenos y que había acumulado diversas frustraciones en años anteriores que incrementaron el pesimismo inherente al vaciamiento demográfico de los años 5O-70. Sin embargo, desde la perspectiva de la sostenibilidad el proceso emprendido debiera, en nuestra opinión, reconducirse en los varios sentidos que se han ido señalando. En primer lugar, el turismo, actividad dominante y principal impulsora del proceso, debe reconducirse de modo que rompa con la idea especulativa de la rentabilidad inmediata propia de los modelos de sol y playa. Deben evitarse: no sólo las concentraciones sino los modelos constructivos y de explotación turística extraños a la montaña. Un turismo rural s. e., sin merma de la calidad, debe plasmarse en una oferta diferenciada conectada con actividades, paisaje y recursos propios de la zona. Oferta en su triple dimensión de alojamiento, restauración y complementos. Estos últimos esenciales para el éxito económico y para la integración.

Por otra parte, debe mejorar la consideración y colaboración en el desarrollo de todas las instancias públicas y privadas presentes en la zona. La Gerencia de Promoción, hasta ahora mero decorado, tiene mucho que decir al respecto, especialmente cuando se ha ultimado la planificación del Parque Natural, cuando se trata de aprobar un Parque Nacional y cuando se va a empezar una nueva experiencia de desarrollo rural: el Leader II. Este va a poner su acento por un lado, en la adquisición de capacidades dc que tan necesitada está la Alpujarra, especialmente en el sector agropecuario y turístico. Por otro lado, en los procesos de innovación rural, en lo que también cabe aprovechar ciertas ventajas relativas. La sostenibilidad exige, no sólo la continuidad del crecimiento sino que éste sea integrado y respetuoso con el medio ambiente.

Lámina 14. *Escalonamiento de las viviendas con los típicos balcones en la solana de Válor*

Figura 15. *Proyectos turísticos y no turísticos por municipios. Programa LEADER-Alpujarra*

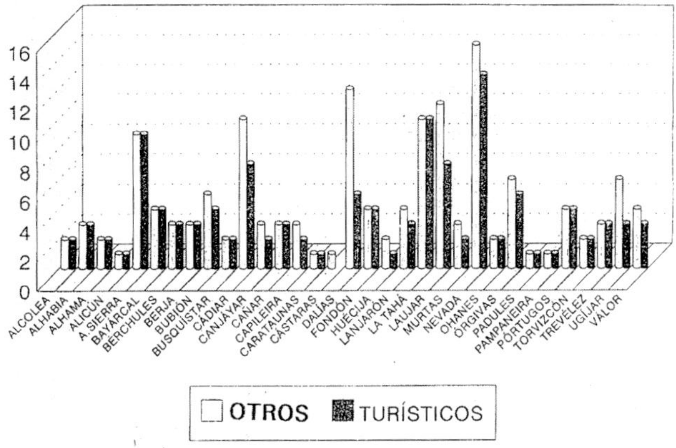

Fuente: I. E. E. Elaboración propia.

Figura 16. *Proyectos en los distintos municipios según ramas de actividad. Programa LEADER-Alpujarra*

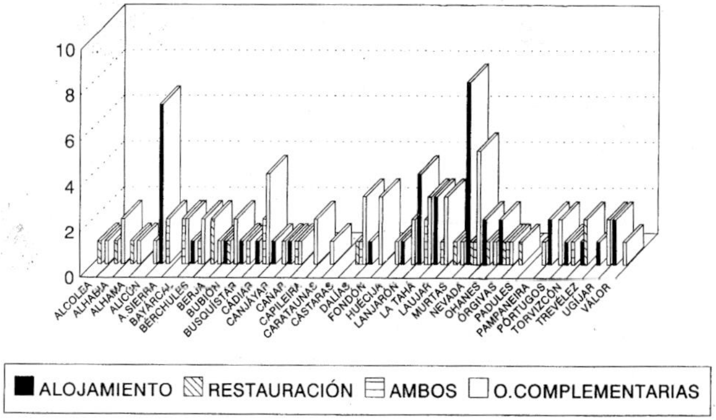

Fuente: I. E. E. Elaboración propia.

Figura 17. *Distribución geográfica de los proyectos*

TURÍSTICOS

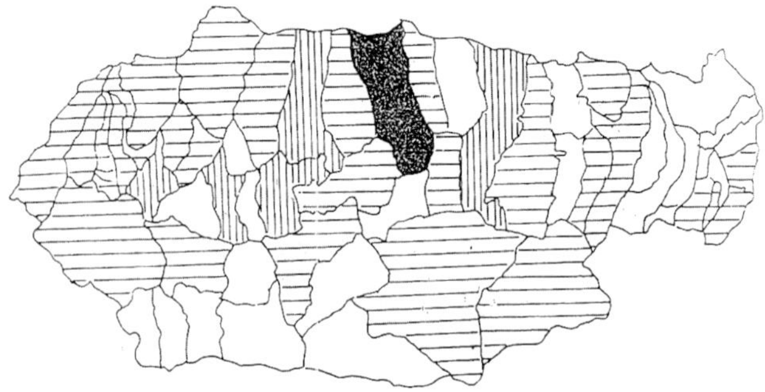

OTROS

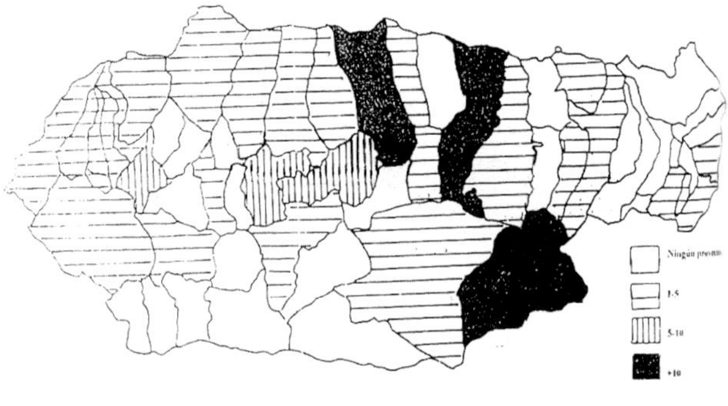

Figura 17. *Distribución geográfica de los proyectos (continuación)*

RESTAURACIÓN

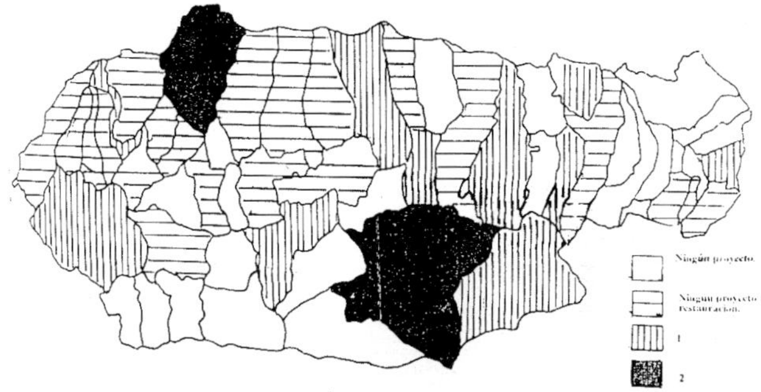

ALOJAMIENTOS

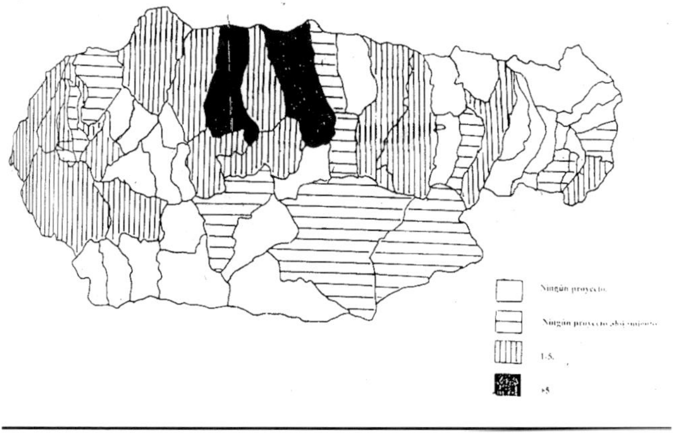

Figura 18. *Proyectos según tipos de Turismo. Programa LEADER-Alpujarra*

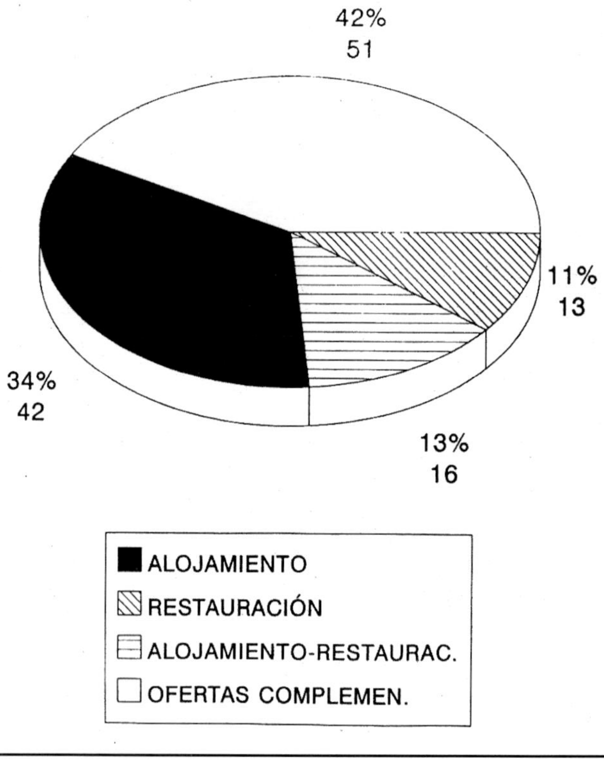

Fuente: I. E. E. Elaboración propia.

TERCERA PARTE:

ORDENACIÓN Y DESARROLLO TERRITORIAL

CAPÍTULO 10
LA PROTECCIÓN AMBIENTAL Y EL DESARROLLO DE LA MONTAÑA EN ANDALUCÍA*

La montaña, en sus diversas acepciones —sierra, serranía, monte, no es ninguna rareza en Andalucía. Nada más inexacto —sobre todo cuando se habla de temas agrarios—, que el tópico que identifica al solar andaluz con la llanura bética. A pesar de la riqueza y de la pujanza actual de ésta, las tierras llanas, planicies o depresiones de menos de 600 m representan sólo un 62% del territorio andaluz, lo que si bien constituye un porcentaje muy superior a la media española —42%— no deja de evidenciar que las tierras de altitud media y alta, eventualmente serranas si atendiéramos tan sólo a este parámetro, son, correlativamente, muy significativas desde el punto de vista cuantitativo. También lo son en términos cualitativos; sobre todo, por su compleja distribución y porque muchos de los supuestos llanos corresponden en realidad a depresiones intramontanas plagadas de profundos contrastes fisiográficos, amén de que las llanuras litorales apenas existen en la mayor parte del arco bético en el que la montaña conecta casi siempre con el mar.

De hecho ninguna provincia andaluza se sustrae de la presencia de la montaña que, en efecto, aparece un poco por todas partes, cerrando, ante todo, la depresión del Guadalquivir —salvo al SO— y haciéndose omnipresente al S y al SE de la región donde domina esa gran fortaleza natu-

* En *El Campo. Boletín de Información Agraria* del BBV, n.º 123 (1992).

ral que son las cordilleras béticas. Se justifica así que el 84% de las tierras serranas andaluzas se concentre en las cuatro provincias orientales —Almería, Granada, Jaén y Málaga— que constituyen la Andalucía montañosa por excelencia. No obstante, es notorio que las béticas afectan también, en menor proporción, a algunas provincias occidentales, lo mismo que la Sierra Morena impone su presencia tanto en Jaén como más al oeste.

1. UNAS MONTAÑAS DE LABRADORES

Una larga e intensa humanización ha contribuido decisivamente a configurar la personalidad de estas sierras, en su gran mayoría de mediana altura pero con fuertes contrastes ecológicos, lo que evidencia más todavía la importancia de la acción antrópica. Una personalidad, en síntesis, marcada por el dominio tradicional de la actividad agrícola y paralelamente por el escaso relieve de la ganadería que, en ocasiones, más que como una actividad equiparable e integrada en el complejo rural ha sido vista como una dedicación de mucho menor rango económico y social. Y esto tanto más donde el regadío era más seguro e importante en la conformación del espacio y la sociedad, lo que ocurre especialmente en Sierra Nevada.

A partir de las estimaciones efectuadas para la aplicación de la Ley de Agricultura de Montaña de 1982 que, por otra parte, apenas ha sido desarrollada en Andalucía, podemos introducirnos en esta realidad agraria con objeto de apreciar mejor el grado de adecuación de unas intervenciones ambientales que, aunque surgidas de otra inspiración, debieran juzgarse en este contexto como auténticas políticas agrarias. Tras las diversas delimitaciones realizadas —entre 1985 y 1987— las zonas de agricultura de montaña (ZAM) afectan en Andalucía a un total de 327 municipios, si bien algunos, por ejemplo, Málaga, Motril o Huétor Vega, entre otros incluidos en la postrer delimitación, presentan un dudoso carácter montano,

Figura 19. *Estrategias en áreas de montaña*

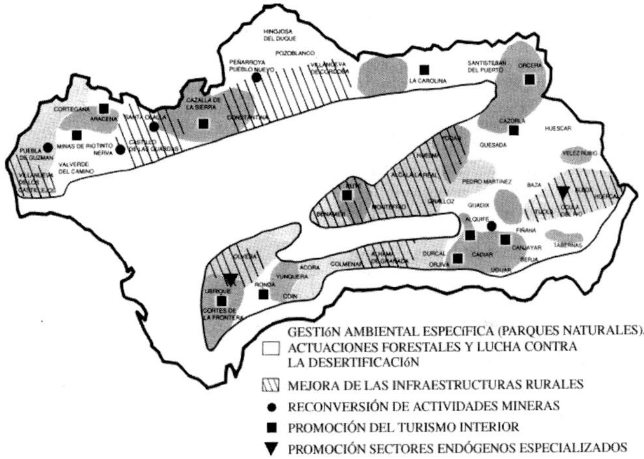

FUENTE: Bases para la ordenación del territorio, 1990.

debido no tanto a su configuración topográfica como a sus caracteres socioeconómicos. De todos modos, aún con reparos, las citadas estimaciones ofrecen una idea bastante aproximada sobre la significación agraria actual de la montaña andaluza que merece un breve comentario.

Ante todo resalta que el 43% de los municipios andaluces son considerados serranos, lo que comprende más de 3 millones de hectáreas (38% de la superficie regional y 17% del área montana española, según los criterios oficiales). Datos tanto más significativos, a escala española, si tenemos en cuenta la diferencia de estructuras económicas interregionales y, en relación con ellos, la población que gravita sobre estas zonas. En este sentido, Andalucía no cuenta con unas montañas tan despobladas como otras regiones, presentando una situación de tipo intermedio perceptible en las densidades por superficie labrada, sólo superada por las comunidades atlánticas.

Lámina 15. *Paisaje natural de los arenales dolomíticos del Trevenque (Sierra Nevada)*

Lámina 16. *El Mulhacén y el Veleta desde la loma de Soportújar*

Andalucía aporta, por otra parte, junto a Castilla-León, la mayor superficie agraria útil (más de 1,3 millones de hectáreas en ambos casos). Pero Andalucía duplica la superficie labrada castellano-leonesa, en tanto que tiene menos de la mitad de los pastizales y de las unidades ganaderas de la región citada. Esto confirma, una vez más, el carácter eminentemente campesino de las sierras andaluzas que no tiene parangón en ninguna otra comunidad autónoma.

2. UNAS MONTAÑAS INTERVENIDAS

Se ha discutido mucho si la adopción de politicas estructurales en los espacios serranos está justificada especialmente en el actual contexto histórico. Al margen de que estas políticas, sobre todo las de contenido ambiental, puedan ser más o menos aceptables de acuerdo con los criterios más o menos productivistas *y/o* sectoriales de las mismas, hay que contar con el contexto general que justifica, en último término, dichas intervenciones. Este no es otro que la crisis de los modos de vida tradicionales que ha derivado finalmente en la incapacidad de la montaña para autogestionarse y autoprotegerse. En definitiva, de una u otra forma, en unas montañas ecológicamente tan diferenciadas como las que componen el dominio mediterráneo, las diversas culturas y técnicas acumuladas durante siglos han sido capaces de superar o adaptarse a las condiciones ambientales más o menos limitantes. Esto explica el equilibrio existente, que alcanza en ocasiones hasta al paisaje formal. Mediante los tradicionales modos de vida mediterráneos, las sierras andaluzas habían logrado desarrollar una actividad económica susceptible de sustentar una población relativamente alta, hasta el punto de ser exportadoras de hombres en algunos momentos, actuando como reservas demográficas. Esta situación no puede ser más opuesta a la actual.

El proceso de abandono de las actividades y la emigración que culmina tan sólo hace tres o cuatro décadas es el signo más evidente de una quiebra total de los citados modos de vida, que no han podido resistir el definitivo empuje de la economía de mercado y de la nueva sociedad urbana. No se trata ya de una de las tradicionales *expulsiones* de serranos, más o menos consustanciales con los sistemas tradicionales de explotación y los regímenes demográficos antiguos. Como es notorio, es un proceso universal de abandono que demuestra la incapacidad de la montaña en general para asimilar un conjunto de cambios socioeconómicos rápidos que afectan a la esencia misma de unos sistemas de raíz autárquica.

Una explicación exacta de este proceso de abandono, universal, pero con desfases y matices regionales muy importantes, precisaría hacer referencia a las diferentes condiciones ecológicas de cada macizo, además de tener en cuenta una serie de factores históricos, socioeconómicos y políticos. No podemos entrar en ellos ahora, pero sí señalar que contamos ya con bastantes estudios, la mayoría tesis universitarias, que permiten una definición bastante exacta de los modelos subregionales andaluces. En tales trabajos se comprueba, ante todo, la relación profunda existente entre las modalidades particulares de la crisis con la mayor o menor resistencia al cambio de los sistemas agrarios que componen la tipología básica de la montaña andaluza. Se podrían citar al respecto, como modelos netamente diferenciados, el sistema silvo-pastoril de Sierra Morena, los terrazgos olivareros asociados a las serranías subbéticas, los policultivos esencialmente de secano de las montañas medias béticas, todos ellos conectados con la ganadería extensiva y los diversos usos del monte. Y, en fin, los policultivos alternantes de regadío y secano, distríbuidos principalmente por la periferia de Sierra Nevada, que conjugan las ventajas e inconvenientes de la media y alta montaña.

Sin entrar en el análisis de estos modelos subregionales, podemos extraer algunas ideas sobre el sentido general de los procesos de abandono y sus etapas.

Cuando sc analiza la evolución demográfica de las montañas andaluzas en el último siglo y medio, llama la atención el alto nivel poblacional de todas ellas hasta mediados del siglo XX. Hay dos etapas perfectamente diferenciadas. Hasta finales del siglo XIX, el crecimiento es sostenido pero tiene básicamente las características del *ciclo antiguo*, es decir, una altísima natalidad correlativa con una mortalidad relativamente alta pero que decrece continuamente a pesar de algunas epidemias que todavía se producen. Un hecho significativo, al respecto, es la *resistencia* de ciertas montañas en las que, a diferencia de algunas vegas y campiñas, las últimas grandes epidemias apenas sí se acusan. Todo ello garantiza un crecimiento continuo de la población serrana, que hasta 1860- 1870 presenta densidades superiores a la media española y andaluza. Las crisis de tipo antiguo, caracterizadas por la expulsión de los excedentes demográficos que se compensan inmediatamente con el crecimiento vegetativo, no dejan de producirse, especialmente entre 1870-1920. Las emigraciones a América del Sur y a Africa son un hecho notorio en esta época. Por otra parte, en las salidas coinciden no sólo con la alta tensión demográfica, sino con la quiebra de las primeras economías comerciales implantadas en estas zonas (viñedo y minería del plomo-hierro en las béticas merídionales, economía maderera del NE segureño, ciclos olivareros, etc.).

Este contexto histórico revela un grado impresionante de adaptación y aprovechamiento al máximo de los recursos naturales y agrarios en la Andalucia montañosa, en claro contraste con la Andalucía baja, donde el *despilfarro* era evidente a juzgar por los datos demográficos. El censo de 1860 revela que, por entonces, todavía las provincias orientales acumulaban más población que las occidentales. Es decir, exactamente lo contrario que actualmente, lo que indica claramente el dinamismo de las economías de montaña, sobre todo teniendo en cuenta que en aquel momento no había sobrevenido el auge del litoral surmediterráneo.

En cualquier caso, la situación demográfica actual es todo un síntoma del grave desequilibrio económico y territorial en que se encuentran las áreas montanas, donde es evidente que la falta de efectivos puede ser el principal obstáculo a la hora de implementar políticas a partir de los recursos humanos internos. El agotamiento de algunas comarcas serranas, en las que a la emigración, que culminó hace quince o veinte años, ha sucedido un decrecimiento natural, es evidente. Es el caso particular de la mayoría de Sierra Morena, pero la situación no difiere demasiado de la que presentan los macizos prebéticos de Segura-Cazorla, las subbéticas (que cuentan con algunas reservas puntuales) y, sobre todo, los sectores más interiores de las béticas {Ronda, Alpujarras, Filabres...).

Si se analizan con detalle las diferentes curvas demográficas, se aprecia claramente cómo en el decenio 1960-1970 se acumularon fases que en otras montañas duraron décadas, con los efectos negativos correspondientes y la dificultad de paliarlos con políticas adecuadas. Desde el estado inicial de abandono de los terrazgos más marginales o periféricos, que culmina tras el canto de cisne de la autarquía de la postguerra, al llamado *mountain blight* o ruptura de la montaña, que conlleva la emigración exorbitada, el envejecimiento de la estructura demográfica y el declive institucional, apenas ha mediado aquí intervalo alguno. Esta ha podido ser una de las razones, entre otras, del fracaso de las políticas forestales, agrícolas, etc., alumbradas por los consejos sindicales del franquismo, como después las que determinaron diversas acciones especiales en una montaña asistida y valorada primero con criterios exclusivamente económicos y progresivamente más en términos ecológicos.

En definitiva, el resultado de todo ello ha sido la desarticulación económica, social y administrativa de estos espacios que se podrían considerar desestructurados en la misma medida que crecientemente intervenidos desde el exterior. Uno de los efectos más destacables, sino el que más, del proceso de desestructuración del espacio que culmina

Lámina 17. *Dehesa del Camarate*

Lámina 18. *Aterrazamientos tradicionales al fondo. En primer término encinares y robles*

en los años sesenta, ha sido la pérdida de identidad y la desmoralización de los habitantes subsistentes. Esto conlleva también una incapacidad, como apuntábamos más arriba, para controlar el propio territorio o para influir decisivamente en su gestión, lo que es tanto más paradójico por cuanto, a diferencia de lo ocurrido en otros Estados europeos, esto ha venido a coincidir en gran medida con un reforzamiento del autogobierno regional y municipal.

La hora de la montaña desestructurada es también la hora de la montaña más intervenida que nunca desde el exterior; lo que equivale a decir dirigida por los residentes o por los que aprecian la montaña en función de una percepción externa que hace de ella un objeto un tanto museístico. El origen de la mayoria de las políticas de intervención europeas fue conservar el patrimonio natural, agrario, arquitectónico, paisajístico, etc. Más tarde se evidenciará que la necesidad de conservar la vida de la montaña y de sus moradores es una exigencia prioritaria y un medio para conseguir su conservación. Sin embargo, esto ha requerido contar con una percepción global que es dificil de obtener ya de los propios montañeses, una vez emigrados o perdida su identidad. Por eso se ha importado una nueva ideología de intervención que en Andalucía amenaza quedarse en sólo eso, en mera ideología o, peor aún, en mera etiqueta, a no ser que se apliquen los recursos necesarios y se ejerza no sólo una planificación, sino una gestión eficaz contando con los recursos persistentes en la montaña. Es la idea del ecodesarrollo que subyace en algunas de las más espectaculares intervenciones actuales que pasamos a comentar.

3. LAS GRANDES POLITICAS AMBIENTALES ACTUALES

Aunque no se han configurado específicamente para los. espacios serranos, algunas de las intervenciones más

Cuadro 21. *Distribución provincial de las superficies sujetas a protección*

Provincia	*Parajes naturales*	*Reservas naturales*	*Parques naturales*	*Parques nacionales*
Almería	24.460,0	85,0	44.962	–
Cádiz	1.756,0	540,7	233.737	–
Córdoba	1.972,0	123,9	139.982	–
Granada	–	–	213.860	–
Huelva	27.133,0	1.092,5	240.930	39.259
Jaén	1.403,0	71,5	300.700	–
Málaga	5.362,5	1.473,0	21.326	–
Sevilla	1.336,0	217,1	164.840	11.461
Total	63.422,5	4.368,7	1.360.337	50.720

Provincia	*Zona protección reserv. natural.*	*Total*	*Porcentaje sup. provincial*
Almería	152	70.424,0	8
Cádiz	2.625	238.658,7	32
Córdoba	1.047	143.124,9	10
Granada	–	213.860,0	17
Huelva	1.300	321.175,5	32
Jaén	259	302.433,5	22
Málaga	9.878	38.039,5	4
Sevilla	3.086	169.479,1	12
Total	18.347	1.497.195,2	17

Fuente: Consejería de Medio Ambiente.

destacadas de la Administración autónoma andaluza tienen como objeto esencial a dichos espacios, concretamente el Plan Forestal Andaluz y la subsiguiente Ley Forestal de un lado, y la Ley Autonómica 4/89 de Inventario de Espacios Naturales Protegidos de otro. La última disposición citada afecta por sí sola a 1.500.000 ha en las sierras andaluzas, frente a 170.000 en el litoral y 7.000 en campiñas y vegas. Mediante el Plan Forestal se podrá actuar tanto en los espacios protegidos como en el resto de las áreas forestales andaluzas, lo que supone la intervención directa sobre una superficie cercana al 50% del total regional, que comprende espacios tanto de titularidad pública como privada.

El Plan Forestal es probablemente el instrumento de política estructural agraria con un contenido más explícito de carácter ambiental. Su propósito teórico es abandonar lo más posible la óptica productivista e incidir decisivamente en el plano de la conservación activa, mediante la lucha contra la erosión, la preservación de ecosistemas de gran valor paisajístico, la restauración y repoblación forestal orientadas a la recuperación del bosque mediterráneo, la eliminación de áreas de agricultura marginal, etc. Es un plan a largo plazo pero cuya incidencia anual podría ser notoria no sólo en las condiciones ambientales de nuestros espacios serranos, sino también en la base económica y territorial de los mismos. A partir de él se ha seguido ampliando la propiedad forestal de dominio público administrada por el IARA —Instituto Andaluz de Reforma Agraria—, y se va dificultando la gestión privada de signo especulativo. A ello contribuyen no sólo la Ley Forestal, sino las normativas sobre subvenciones a repoblaciones privadas, impacto ambiental, incendios, etc.

La Ley Forestal de Andalucía, aprobada en noviembre de 1991, ha venido a sustituir en Andalucía a la vieja Ley Estatal de Montes de 1957 e incide, como es lógico, en los mismos objetivos de conservación y gestión de los recursos del Plan Forestal. Si la Ley de Montes citada introdujo cambios sustanciales en la gestión de los montes andaluces, discutibles y discutidos tanto en el plano puramente ambiental como en el plano agrario, no cabe esperar menos de la legislación actual que, con criterio más moderno, pretende una ordenación de la superficie forestal con la planificación global de toda la superficie rústica. Para ello utiliza el mismo instrumento estratégico que luego comentaremos a propósito de la Ley de Espacios Protegidos, es decir, los Planes de Ordenación de Recursos Naturales (PORN), que han de definir los terrenos con vocación forestal y el destino más apropiado para los mismos. Por otra parte, consagra la obligación de cualquier titular de una propiedad forestal de elaborar planes técnicos de aprovechamiento adecuados a los objetivos generales y la obligación de repoblar en caso de actuaciones contrarias a la ley.

Estos objetivos de protección-conservación de los espacios forestales se expresan, por lo demás, en términos teóricos de mejora de la calidad de vida, de integración de usos sociales productivos y recreativos y, en función del mejoramiento de las condiciones sociales y económicas de las comunidades rurales. Este último aspecto no alcanza, sin embargo, en la política forestal gestionada por el IARA, el mismo grado de concreción que los puramente ambientales, a diferencia de lo que ocurre con la Ley 4/89 de Inventario de Espacios Naturales Protegidos, gestionada por la AMA (Agencia del Medio Ambiente), que adopta desde un principio una posición mucho más integradora.

La adecuada comprensión y valoración de la protección ambiental desarrollada por esta ley requiere una mínima consideración diacrónica. En efecto, hay que recordar que las políticas de protección de los espacios naturales en general cuentan ya con una amplia tradición, a lo largo de la cual han ido modificándose profundamente los supuestos y los contenidos de las mismas. A pesar de la Ley de 1916 y de la Ley de Montes de 1957, hasta la Ley de Espacios Protegidos de 1975 apenas hubo otra posibilidad de entender la protección global que la que dimanaba del parque nacional. Así, resultaba que casi no se declaraban parques, en tanto se multiplicaban las limitaciones sectoriales de usos. Andalucía tuvo que esperar hasta 1969 para contar con el Parque Nacional de Doñana, el único de momento, en tanto que Sierra Nevada, por ejemplo, no ha contado hasta fechas recientes con otra protección que la derivada de su condición de Reserva Nacional de Caza. Y ello a pesar de que la Ley de 1975 incorporaba otras figuras protectoras, aunque incongruentes con los criterios de la UICN —Unión Internacional para la Conservación de la Naturaleza—.

La autonomía andaluza significó, evidentemente, un sustancial cambio en la concepción del territorio y en el ritmo de las declaraciones. No obstante, mientras duró la Ley de 1975 se hicieron pocos progresos y ninguno practicamente que afectase seriamente a los espacios serranos. Sólo en 1986 se declararon parques naturales la Sierra de Grazalema (Cádiz) y Segura-Cazorla-Las Villas Oaén).

El avance mayor en términos cuantitativos y cualitativos, sobre todo por lo que a la sierra se refiere, se va a producir en el bienio 1988-1989. El marco estatal cambia en primer lugar, apareciendo una ley conceptualmente más avanzada que la de 1975, la denominada de Conservación de Espacios Naturales y de la Flora y Fauna Silvestres. A ésta siguió inmediatamente la Ley regional 4/89 que estamos analizando.

Para enmarcar debidamente esta ley andaluza hay que destacar todavía unos hechos importantes. Aparte de los precedentes apuntados hay que mencionar rápidamente otros, unas veces meros estudios técnicos sin alcance normativo, como el inventario abierto de espacios naturaJes de protección especial (ICONA-MOPU 1977-1980, 71 espacios serranos en Andalucía con 590.129 ha) o el inventario de espacios naturales desarrollado por la Agencia Regional del Medio Ambiente (AMA 1987); otras veces incluso con carácter de norma legal operativa, como ocurre con los planes especiales de protección del medio fisico y catálogos de espacios y bienes protegidos (1985), de ámbito provincial, que aunque con base en la Ley del Suelo de 1976, incorporaron una concepción global del territorio y un gran esfuerzo de inventariación que alcanza superficies similares o incluso mayores que los de la ley que nos ocupa.

Por otra parte, esta ley regional no puede ni debe entenderse al margen de otros instrumentos de política territorial desarrollados por la propia Administración autónoma y que representan un conjunto de fuertes posibilidades de planificación y gestión de la intervención pública en los espacios serranos.

Dichos instrumentos permiten fijar la ordenación de los recursos naturales, la adecuación de los usos del suelo y, en definitiva, hasta «el tipo de desarrollo económico» En este sentido, conviene aludir sobre todo a la creación del Comité Regional de Acciones Integradas para el Ecodesarrollo, cúya gestión se encomienda al Instituto de Fomento de Andalucía (IFA) y, principalmente, a la política forestal antes citada gestionada por el IARA. De la colaboración de estos organismos, cuyas actuaciones se solapan en el territorio, va a depender el futuro desarrollo de más de la mitad de la comunidad autónoma. Otro tanto cabe decir de la colaboración de la Administración Central, competente todavía en materia de aguas, agricultura de montaña, caza, etc., y sobre todo la Administración municipal, a la que después de esta ley le quedan aún menos posibilidades legales de incidir en su propio territorio.

La Ley 4/89 tiene, por otra parte, una serie de contenidos amplios de concepción muy positiva. Nos permitimos llamar la atención sobre algunos. En primer lugar, se comienza por identificar las «áreas andaluzas de valor relevante» y sujetas, en consecuencia, a un régimen de protección específico, de acuerdo con las figuras dimanantes de la ley, que pueden hacer variar el grado de intervención desde la simple restricción de usos a la gestión más positiva, susceptible de impulsar el uso-conservación. Estas figuras excluyen sólo los parques nacionales, en relación con los cuales las comunidades autónomas, y no sólo la andaluza, han mostrado sus lógicas reservas por estar fuera de sus competencias y, sobre todo, por temor a que por esta vía se sustraigan a la soberanía regional algunos importantes espacios, objetivo clave, por lo demás, de la planificación te-

Lámina 19. *Tinao o cobertizo de la Alpujarra*

rritorial de su competencia. Pudiera entenderse así la ley regional como un desarrollo de la estatal, pero que deja apenas sin posibilidades a esta última. Se definen, en efecto, un total de 81 espacios que afectan a más del 18% de la superficie regional. Lógicamente la mayor extensión, más del 85%, corresponde a parques naturales de montaña. Con la figura del parque, se pretende romper definitivamente con el molde anterior de los espacios museos, segregados totalmente, como enclaves y objeto de una política ambiental desintegrada. Se han seguido, por tanto, las directrices emanadas de los organismos internacionales más prestigiosos y de la CE.

La gestión de los espacios serranos pretende, por tanto, poner fin a la etapa desarrollista, propiciando la gestión coordinada del medio ambiente, al que se subordinan incluso las normativas urbanísticas cuya prevalencia hasta el momento era un hecho decisivo. Esta gestión se apoya en dos instrumentos básicos que habían de desarrollarse en el plazo máximo de un año, lo que se ha incumplido. Se trata de los Planes Rectores de Uso y Gestión (PRUG) y los Planes de Ordenación de Recursos Naturales (PORN), por medio de los cuales se desarrollan una serie de principios técnicos y políticos que van desde la planificación a la representación de los usuarios.

Los PRUG son un instrumento básico de la ordenación del territorio de los espacios serranos. Se elaboran a instancias de la AMA y la junta rectora en la que están representadas todas las instancias lógicas, aunque en proporciones muy discutidas, sobre todo en lo que a la representación municipal y de los colectivos ecologistas se refiere. Entre sus contenidos básicos se encuentran la zonificación de usos y actividades, la elaboración de normas generales de gestión-administración y la definición de directrices (Programa básico de actuación). Estas afectan a todos los usos públicos y privados y señalan las bases del Plan Anual de Promoción a presentar por las Gerencias de Promoción, dependientes del IFA.

Los PORN se elaboran a instancias de la AMA y los aprueba el Consejo de Gobierno. Su contenido es de carácter eminentemente estratégico, incluyendo el análisis, diagnóstico y prospectiva de los recursos naturales, ecosistemas, paisaje, etc. Han de fijar también el régimen de usos y actividades e indicar los que necesitan de previa evaluación del impacto ambiental. Naturalmente estos instrumentos deben coordinarse con los Planes Integrales del Comité de Acciones Integradas para el Ecodesarrollo y los Planes de Fomento del IFA antes aludido.

Se podrían considerar pretenciosos y utópicos los objetivos de semejante ley. En todo caso la gestión y el tiempo están empezando a contradecir las intenciones iniciales. En definitiva, se podrían señalar algunos problemas observados en el tiempo transcurrido, en el cual deberíaI1 haberse aprobado los planes antes indicados. En ese tiempo destaca lo siguiente:

- La poca operatividad de las juntas rectoras y de algunos otros organismos competentes, como los consejos provinciales de medio ambiente.
- La desviación de recursos inicialmente previstos para la conservación, lo que es más lamentable en las sierras con graves carencias de infraestructuras y donde la percepción de la intervención pública tropieza con reticencias.
- La descoordinación de las actuaciones sectoriales, a pesar del voluntarismo de muchos técnicos.
- La incapacidad demostrada por el IF A, hasta el momento, para asumir en toda su extensión los mandatos legales, para desarrollar las gerencias de promoción y para engarzar los planes paralelos desarrollados en la planificación de los parques.
- La retirada del IARA de algunas áreas no se ha llenado suficientemente, lo que se percibe como un retroceso.

Lámina 20 *Bosque mixto con predominio del encinar*

- Los municipios y entidades representativas de la montaña no se han in!egrado en la gestión, salvo excepciones.

En resumen, hasta el momento se han interrumpido u obstaculizado, por imperativo legal o por otras causas, algunas actuaciones tradicionalmente percibidas como positivas y se ha aumentado la percepción de las restricciones. Por tanto, la protección de los parques de montaña ha quedado hasta ahora exclusivamente centrada, en lo que a la promoción económica se refiere, en el efecto de una nueva marca turistica. A esto, que no es malo en principio, contribuye la creación de puntos de información y la difusión de libros, folletos, emblemas, etc., que consumen el exiguo presupuesto disponible. Alimentar una corriente turistica, espoleando la demanda, sin un gran esfuerzo de ordenación previa de la oferta, es contrario, sin embargo, a todo criterio proteccionista y de ecodesarrollo. La demanda de turismo específico que pueden atender los espacios serranos es amplia, pero debe ser desconcentrada y bien planificada para no crear más problemas ambientales y espejismos de desarrollo. La experiencia de los parques montanos anteriores a la ley no es desdeñable en este sentido, lo mismo que las implantaciones masivas, tipo villas turisticas que no se justifican casi desde ningún punto de vista. En fin, el porvenir de los espacios serranos parece que cuenta hoy con elementos dinamizadores que requieren su adecuada incardinación en el marco de las políticas económicas y territoriales a diversas escalas. A nivel regional, la carencia de una ley marco de ordenación del territorio es una dificultad añadida para un adecuado planteamiento de los equilibrios intraregionales.

CAPÍTULO 11
LOS PARQUES NATURALES DE GRANADA. HACIA EL PARQUE NACIONAL DE SIERRA NEVADA *

El escaso poblamiento actual de la provincia de Granada, con una densidad inferior a la media de Andalucía (64,7 por 80,6 habs./km², respectivamente), la concentración de la población en torno a la capital y algunos municipios costeros, traducen, en gran medida, unas peculiares y, en general, desfavorables condiciones orográficas, climáticas y edáficas. Paradojicamente, la superficie que aún se dedica al cultivo es elevada (48%) y la que tiene dedicación forestal es escasa (23%), lo que no puede explicarse sin apelar a un proceso histórico en el que la agricultura extensiva, de baja productividad, ha ido ocupando, cada vez más, terrenos poco aptos. A pesar de las repoblaciones llevadas a cabo, especialmente en la segunda mitad del siglo, en paralelo a un progresivo pero lento abandono de algunas tierras de cultivo, la realidad es que en torno a 300.000 ha (23% de la provincia) se ocupan todavía en una agricultura ineficiente en términos de mercado, marginal y, en definitiva, con poco o ningún futuro, a no ser que una buena parte de ella pueda ser mantenida (subvenciones aparte) en el marco de las políticas ambientales (reforestación, lucha antierosiva, etc.) y en un nuevo contexto de «jardinería de la naturaleza», perfectamente congruente con la demanda

* En *Cuadernos Económicos*. Caja Granada, 1998.

creciente de ocio y recreación de las sociedades urbanas avanzadas.

Las posibilidades de la provincia de Granada en este sentido son muy grandes. Probablemente ninguna otra provincia andaluza o española reúne tantos y tan ricos ambientes y paisajes (de montaña, de llanura, de litoral) en los que, por añadidura, naturaleza y sociedad se han entrelazado durante siglos, enriqueciéndose mutuamente muchas veces. De ahí las posibilidades que se han abierto, especialmente desde hace una década, con la configuración de la red de espacios naturales protegidos de Andalucía que dotó a Granada de cuatro Parques Naturales. Una dotación que debería enriquecerse, tanto cuantitativa como cualitativamente. Por un lado, extendiéndose a otros espacios de los catalogados por ejemplo, en el Plan de Protección del Medio Físico de 1985, como Almijara-Tejeda, Alhama-Loja, La Sagra... Por otro mejorando la gestión para hacer más fecundo el binomio conservación-explotación, lo que exige dedicar mas medios tanto a lo uno como a lo otro. Es decir, no ir, como hasta ahora, a remolque de la demanda, taponando los problemas que va creando una presión espoleada por el efecto de marca turística («Andalucía, Natural»; «Granada, Sobrenatural»). En este sentido, en este trabajo se pone de manifiesto que el esfuerzo desplegado en torno a las infraestructuras de uso público debe proseguir y adecuarse cada vez más a la capacidad de acogida turística y recreacional, en todos los Parques Provinciales y, en especial en Sierra Nevada, el «espacio estrella», que ha absorbido la inmensa mayoría de las actuaciones públicas. La declaración de Parque Nacional de éste espacio (esperemos que, definitivamente, próxima)[1] debería posibilitar esta mejora cualitativa en la planificación y gestión del uso —conservación que la legislación Estatal y Autonómica propugnan y que los enfrentamientos políticos no deberían abortar.

1 Creado finalmente por Ley de enero de 1999.

1. LOS PARQUES NATURALES EN LA PROVINCIA DE GRANADA

Con la aprobación de la Ley 2/1989, de 18 de Julio de la Comunidad Autónoma de Andalucía de «Inventario de Espacios Naturales Protegidos en Andalucía» se declaran cuatro espacios serranos como Parques Naturales en la provincia de Granada: Sierra de Baza, Sierra de Castril, Sierra de Huétor y Sierra Nevada, los tres primeros de ámbito estrictamente granadino y afectando. las provincias de Almería y Granada el último[2].

En conjunto suman una superficie de 2.501,9 km de la cual 1.975,5 km^2 afectan a la provincia de Granada y 526,4 km son los correspondientes al Parque Natural de Sierra Nevada en la provincia de Almería. Estas cifras significan que el 15,7 por ciento de la superficie provincial granadina fue declarada protegida con la figura de Parque Natural, porcentaje similar al declarado con esta figura para el conjunto andaluz, e1 16,2 por ciento. De los cuatro Parques Naturales el de Sierra Nevada es el de mayor superficie con 171.427 ha, de las cuales 118.780 ha corresponden a Granada; el Parque Natural de la Sierra de Baza es el segundo, con 53.839 ha, siendo los de Castril y Huétor, con una superficie similar, los de menor tamaño. Se trata de espacios serranos poco poblados con una baja densidad, una alta tasa de paro y una baja renta (cuadro n.º 22). Es decir, espacios bastante deprimidos en los que la figura de protección asignada pretende no solo cumplir una función de conservación de valores naturalísticos y paisajísticos sino también de posible motor de un muy necesario proceso de desarrollo.

En la mencionada Ley Inventario se recogen la caracterizaciónn y límites de los Parques Naturales y se establece que para la consecución de los fines por los que se

2 A esto se agrega la reciente creación del Parque Natural de la Sierra de Almijara, Tejeda y Alhama (Granada-Málaga).

Cuadro 22. *Granada. Parques Naturales – Indicadores*

	Sierra Nevada	*Sierra Baza*	*Sierra Huétor*	*Sierra Castril*
Superficie (ha)	171,427	53,839	12,438	12,492
Poblac.	86,388	28,976	10,243	3,516
Hab/km^2	26,5	25,6	41,1	14,5
Tasa activ.	44,9	44,0	46,8	46,8
Tasa paro	30,2	31,6	27,3	48,9
Renta P/C	525,109	559,709	575,945	543,000
Equip. Turís.	45	6	9	1

Fuente: Plan de Medio Ambiente para Andalucía 1995-2000

declaran espacios protegidos se habrán de elaborar dos planes, el Plan de Ordenación de Recursos Naturales (PORN) y el Plan Rector de Uso y Gestión (PRUG). En el primero se contemplarán, entre otros extremos, la caracterización de los valores, tanto naturales como culturales, del Parque, la significación interna del mismo, la definición de actividades permitidas y prohibidas en ellos, así como las directrices generales para la ordenación de los recursos, todo ello con la finalidad de hacer posible una correcta protección y conservación de estos espacios. En el Plan Rector de Uso y Gestión se recoge la zonificación de usos y actividades, las normas e instrumentos de gestión, y las directrices para los planes y programas de actuación.

En el primer documento se contienen, por tanto, la caracterización territorial y ambiental de cada uno de los Parques; es decir, los elementos que por su especial valor naturalístico y paisajístico han dado lugar a su protección. En el cuadro n.º 23 recogemos una síntesis de esos valores así como de los problemas ambientales que con mas intensidad afectan a los Parques Naturales de la provincia de Granada.

Cuadro 23. *Valores y problemas ambientales de los parques naturales. Provincia de Granada*

Parque	*Valores Ambientales*	*Problemas Ambientales*
SIERRA DE CASTRIL	Espacio de accidentada topografía de gran interés hidrogeológico y modelado kárstico. Espectacularidad de los paisajes y masas forestales (pinares, acerales, quejigares...). Interesante fauna, en la que destacan buitre leonado, nutria, muflón.	Área deprimida económicamente, donde se ejerce una fuerte presión sobre los recursos naturales. Sobreexplotación ganadera. Fuerte erosión de los suelos.
SIERRA DE BAZA	Mantiene características físicas apropiadas para la regeneración del bosque autóctono (encinas y chaparrales) en sustitución de las masas de pino de repoblación. Fauna rica y variada con más de 100 especies. Entre los mamíferos, destacan el gato montés, la gineta, el tejón.	Roturación de terrenos para implantación de cultivos marginales. Sobrepastoreo. Repoblaciones inadecuadas.
SIERRA DE HUETOR	Interés paisajístico excepcional. Masas forestales autóctonas (sabinares, quejigares, acerales y melojares) y numerosas repoblaciones de pinos. Zona rica en endemismos y subespecies botánicas exclusivas.	Fuerte presión turístico-recreativa por su proximidad a Granada capital. Efecto barrera de la autovía Granada-Baza. Presión urbanizadora en los núcleos de población.

Cuadro 23. *Valores y problemas ambientales de los parques naturales. Provincia de Granada. (Cont.)*

Parque	*Valores Ambientales*	*Problemas Ambientales*
SIERRA NEVADA	Es el espacio serrano de mayor altitud de la Península, declarado Reserva de la Biosfera por el MAB. Es el enclave botánico más importante de la Península con alto número de endemismos vegetales. Desde el punto de vista faunístico destacan la cabra y la ratilla nival.	Explotaciones mineras y de canteras. Sobrepastoreo. Desertización por abandono de áreas de cultivo. Vertidos incontrolados de residuos sólidos. Presión turística relacionada con las actividades de esquí y deportes de invierno. Contaminación decauces y desaparición de arroyos de montaña

Fuente: Plan de Medio Ambiente de Andalucía (1995-2000)

Quizás la característica mas singular de esta caracterización medioambiental de los cuatro Parques Naturales granadinos corresponde al Parque de Sierra Nevada al ser éste el único Parque de España que representa a la alta montaña mediterránea, con la presencia de endemismos únicos tanto desde la perspectiva faunística como, y sobre todo, de la flora.

Sobre estos espacios se ejercen una serie de presiones que, en particular para los Parques de Huétor y Sierra Nevada, ponen en cierto peligro los valores que los llevaron a ser declarados espacios naturales protegidos. En concreto, la presión ejercida por la actividad turística y por ciertos aprovechamientos poco regulados (sobrepastoreo, explotación de áridos, abandono de cultivos con sus secuelas erosivas y peligro de incendios), constituyen las actividades mas necesitadas de una regulación que determine la capacidad de carga que pueden soportar estos espacios y que permitan hacer compatible la obligada y prioritaria protección y conservación de los mismos con el necesario desarrollo socioeconómico de las poblaciones que los habitan.

1.1. *Protección y uso público en los Parques Naturales*

La gestión de los Parques Naturales corresponde a la Junta de Andalucía a través de la Consejería de Medio Ambiente. Son, por tanto, los Directores conservadores de los parques los responsables de la protección y conservación de los mismo así como de la gestión del uso público. Ambas actividades constituyen el núcleo central de las actuaciones públicas y las que consumen el presupuesto de inversión correspondiente a la administración pública. El Presupuesto ha experimentado la evolución que se recoge en el cuadro n.º 24.

Dicha inversión se distribuye por programas, destacando por su participación en las inversiones totales las dirigidas a: tratamiento selvícola, prevención y lucha incendios, actuaciones antierosivas y construcción y mejora de infraestructuras de uso público. Es el Parque Natural de Sierra Nevada el que recibe una mayor inversión bruta, siendo especialmente significativas las que se realizan en los años coinci-

Cuadro 24. *Inversiones Parques Naturales Consejería Medio Ambiente (miles pts.)*

	1995	1996	1997
Sierra Baza	322.889	309.311	220.780
Sierra Castril	73.790	159.412	97.653
Sierra Huétor	85.463	152.898	85.447
Sierra Nevada	1.363.162	2.005.942	551.669

Fuente: Delegación Provincial Medio Ambiente.

Cuadro 25. *Equipamientos ambientales en los parques naturales granadinos*

	Acogida e Información	*Turísticos socio-recreativos*	*Educativos y científicos*
Baza (Sierra de)	1	6	1
Castril (Sierra de)	1	1	0
Huetor (Sierra de)	1	9	0
Sierra Nevada	5	45	2
Total	**8**	**61**	**3**

Cuadro 26. *Número de visitantes centros de recepción parques naturales*

	1995	1996	1997
Sierra Baza	1	6	1
Sierra Castril (*)	1	1	0
Sierra Huétor	1	9	0
Sierra Nevada	5	45	2

(*) Visitantes totales.
Fuente: Delegación Provincial Medio Ambiente.

dentes con la celebración del Campeonato Mundial de Esquí Alpino (programado para 1995 y celebrado en 1996).

Producto de este no desdeñable esfuerzo inversor, exclusivamente público, ha sido la creación de un todavía insuficiente equipamiento de instalaciones medio-ambientales de distinto tipo que significan los primeros pasos para poder atender las necesidades básicas del presente objetivo de uso público (cuadro n.º 25) con una tendencia muy marcada hacia los equipamientos turísticos y socio-recreativos y una débil atención a las instalaciones educativas, que no hacen sino expresar la clara preponderancia que el uso turístico está adquiriendo en los Parques Naturales. Este hecho se pone de manifiesto claramente observando la evolución del número de visitantes que han sido contabilizados en los Centros de Recepción de los respectivos Parques (cuadro n.º 26) que representa una clara tendencia positiva.

1.2. *Desarrollo socio-económico en los Parques Naturales*

Tanto en la Exposición de Motivos de la Ley Inventario de Espacios Naturales Protegidos de Andalucía como en su Art. 1 se recoge la forma expresa que son finalidades de la Ley el «fomento de la riqueza económica» y la «gestión y desarrollo socioeconómico» compatibles con la protección de estos espacios. Para dar cumplimiento a este objetivo se prevé en la Ley la elaboración del «Plan de Desarrollo Integral» (POI) y los «Planes de Fomento» (PF), encomendando esta labor al Director-Gerente de cada Parque Natural, nombrado por el Instituto de Fomento de Andalucía (IFA). Ambos planes son los instrumentos que deben enmarcar las actuaciones tendentes a la consecución de un proceso de desarrollo sostenible de las poblaciones de los Parques y sus zonas de influencia.

No obstante la importancia de estos planes, sobre todo del Plan de Desarrollo Integral, para la consecución de los objetivos planteados, no se han elaborado ni existen previsiones ciertas para su elaboración. Sea por causas involuntarias o por motivaciones de otro tipo, que no entramos a calificar, la actual gestión del desarrollo de los Parques Naturales de la provincia de Granada podemos calificarla, para no herir susceptibilidades, de insuficiente.

Sin embargo, esta realidad no debe de llevamos a concluir que hay una ausencia total de actuaciones. Tanto en el Instituto de Fomento de Andalucía como, sobre todo, las aportaciones comunitarias y las inversiones que se canalizan a través de los Programas Leader de la U.E. están siendo el paliativo de la ausencia de Planes de Desarrollo Integral.

El objetivo de los Programas Leader «impulsar las iniciativas empresariales de carácter endógeno que traten de conseguir un desarrollo económico sostenido y real... preservando los valores naturales, culturales, paisajísticos y ecológicos de todo el territorio de actuación» puede resultar hasta ciento punto coincidente con los objetivos de desarrollo sostenible de los PDI.

En apariencia se ha producido, por tanto una sustitución en los instrumentos manteniéndose objetivos similares. Así parece que lo ha entendido la Administración. Sin embargo, se ha roto uno de los principios del binomio protección-desarrollo: el equilibrio y articulación de ambos objetivos en un proceso de planificación integrado. Mientras que el PDI se inserta y surge del Plan de Ordenación de Recursos, lo que le convierte en un instrumento de política ambiental, los Programas Leader son autónomos y surgen en el seno de políticas de desarrollo. El marco territorial de dichos programas, no coincide, por otra parte, con el de los municipios de los parques.

Esta ausencia de coordinación ha dado lugar a que las inversiones producidas en el seno de los Leader hayan nacido al margen de las directrices contenidas en los Planes Rectores de Uso y Gestión de los Parques. Así, para el caso del Parque Natural de Sierra Nevada, en el Leader I, referido exclusivamente a la Alpujarra, el 82,9 por ciento de las inversiones se han dirigido al sector turístico.

Por su parte, el Instituto de Fomento de Andalucía viene produciendo actuaciones en los Parques Naturales con una disimétrica distribución. Como puede observarse en el cuadro n.º 27, mientras los Parques Naturales de Sierra Nevada y Baza han recibido una atención aceptable por parte del IFA, sin duda, derivada de su mayor capacidad de generar espectativas a la hora de presentar proyectos de iniciativa privada, los de Castril y Huétor han generado hasta ahora poca atención, lo que debería haber dado lugar a una actuación mas decidida y directa por parte del Instituto de Fomento de Andalucía.

Cuadro 27. *Actuaciones del Instituto de Fomento de Andalucía*

	N.º Proyectos	*Inversión (miles Pts)*	*Ayudas (miles Pts)*	*N.º Empleos*
Baza	31	389.909	50.836	141
Castril	2	13.104	1.871	10
Huétor	8	86.160	10.094	26
S. Nevada	60	688.858	190.714	340
Total	101	117.031	253.515	517

Fuente: Instituto Fomento Andalucía. 1995. en Norman Barea, C. Y otros «Análisis de las Inversiones Públicas Medioambientales en la provincia de Granada. Su posible contribución al desarrollo sostenible». II Congreso Internacional Desarrollo Sostenible y Medio Ambiente. Granada. 1997, págs. 55-63.

2. SIERRA NEVADA, ENTRE LA CONSERVACION Y EL DESARROLLO SOSTENIBLE

Sierra Nevada es, sin duda, uno de los espacios naturales españoles mas singulares y valiosos, por lo que resulta paradójica su tardía catalogación como conjunto protegido. El Parque Natural, declarado en 1989, comprende la mayor parte del macizo y contiene las cumbres mas elevadas de la Península. Situada al S.E. de Andalucía, Sierra Nevada se erige como una muralla casi infranqueable que divide en dos partes la provincia de Granada, en la que se ubican dos tercios del territorio nevadense, y, también, la mitad occidental de la provincia de Almería. La disposición groseramente longitudinal contribuye a orientar la red hidrográfica hacia las vertienentes atlántica y mediterránea y prefigura, asimismo, el trazado de las comunicaciones que discurren con dificultades por la periferia de la Sierra. A un considerable desarrollo longitudinal, unos 90 km entre Padul (Granada) y Alboloduy (Almería) se añade, por otra parte, una anchura cuyo máximo, en el meridiano del Mulhacén, se aproxima a 30 km. El conjunto se estrecha, considerablemente al Este, en la provincia de Almería, coincidiendo con una notable caída, en tomo al millar de metros, de la línea de cumbres. En consecuencia, los perfiles generales son claramente disimétricos, lo que justifica en cierto modo la distribución superficial. En efecto, de un total de 171.427 ha encerradas en el perímetro del Parque, 52.647 ha pertenecen a la provincia de Almería y el resto, es decir 118.780, a Granada.

Sierra Nevada constituye, por tanto, una clara unidad fisiográfica, perfectamente diferenciada de los altiplanos y depresiones que la rodean. No está, en cambio, tan definida su identidad desde el punto de vista humano, histórico y socioeconómico. Aunque no faltan similitudes y elementos comunes en la economía y la cultura material, es evidente que, como suele ser habitual en todos los grandes conjuntos montañosos, el poblamiento y organización del territorio se han hecho partiendo de las zonas contiguas en función de poblaciones con intereses y estrategias bastantes diferenciadas en el tiempo y en el espacio. Sin embargo, como escribía Braudel (1987) «la montaña enjambra como las colmenas», y de ahí su gran atractivo y la solidaridad que tradicionalmente impone a sus pobladores. De hecho casi ninguna economía montana ha podido subsistir históricamente sin intercambios económicos y culturales. Se explican así las diferencias pero también las similitudes entre las comarcas históricas nevadenses, entre las que destaca por su extensión y personalidad, la Alpujarra que domina la gran solana del macizo.

Las divisiones administrativas, especialmente desde el Siglo XIX, han contribuido a acentuar las diferencias. En primer lugar, la división provincial consagró la ruptura de las grandes unidades históricas, desde los husun, tahas y climas medievales hasta los estados y partidos modernos. Después, en 1964 se fundió la arraigada estructuril de los partidos judiciales. Y, finalmente, se acentuó el proceso de desarticulación territorial con una serie de fusiones municipales poco meditadas.

Lámina 21. *Cumbres en Sierra Nevada desde la ermita vieja de Dílar*

Lámina 22. *Calares nevadenses entre Dílar y el Trevenque*

El territorio del Parque Natural de Sierra Nevada afecta a un total de 62 municipios, 25 almerienses y 37 granadinos, cuya participación superficial en el área es muy variable. Por otra parte, aunque las comarcas no tienen actualmente una operatividad administrativa plena, la Junta de Andalucía viene adoptando en la práctica una comarcalización funcional que contradice algunas realidades históricas. El territorio del Parque participa de hasta diez comarcas. De éstas, tres corresponden a Almería: Fiñana, Canjáyar y Berja; siete a Granada: Granada, Guadix, Marquesado del Zenete, Ugíjar, Cádiar, Orgiva y Dúrcal.

2.1. *El atractivo naturalístico*

El Parque Natural de Sierra Nevada, el tercero en extensión de Andalucía de acuerdo con sus discutibles límites actuales, es sin duda, uno de los más ricos y variados en contrastes ecológicos y humanos de toda la red de espacios protegidos andaluces. En este sentido es el único parque andaluz y español que integra a la vez en su perímetro ecosistemas de alta montaña y semi áridos, de cuya relación nace una auténtica frontera ecológica, una de las más valiosas del mundo mediterráneo por el número y calidad de especies únicas y endémicas. El hecho de ser un núcleo pluviométrico e hidrográfico dentro de un medio semi árido acentúa su valor en la medida que posibilita una rica variedad de paisajes, culturas y economías del agua que se escalonan altitudinalmente de manera espectacular.

Está situado al S.E. de Andalucía entre los 36°58' y 37°15' N y los 2°35' y 3°38' O, en el ámbito interno de las Cordilleras Béticas que, junto con la Depresión del Guadalquivir y Sierra Morena, es una de las tres grandes unidades estructurales y morfológicas que constituyen el relieve andaluz. El Parque está enclavado por completo en las Zonas Internas o Zona Bética s. str., y dentro de ella en los dominios Nevadofilábride y Alpujárride; además, abarca en sus extremos occidental y suroriental así como en un pequeño sector de su parte norte, una serie de terrenos neógenos y cuaternarios.

La historia geológica de la cadena es compleja, lo que ha dado lugar a una litología, estructura y morfología muy variadas; junto a ello, la elevación de la Sierra y su cercanía a la costa mediterránea ha permitido el desarrollo de un sistema de pendientes fuertes en gran parte de su territorio.

Por otra parte, la altura de Sierra Nevada, su situación en el S.E. español y su orientación respecto de los centros de acción y masas de aire responsables de la circulación atmosférica de la zona le hacen partícipe de una serie de matices o variedades dentro del clima mediterráneo andaluz. Así, en el Parque encontramos un clima mediterráneo continental de alta montaña por encima de los 2.000 m. de altura, variedad climática cuya extensión abarca en este macizo una superficie mayor que en el resto de las montañas andaluzas en las que sólo ocupa pequeños enclaves. Entre los 1.000-2.000 m. aproximadamente se extiende un área de clima mediterráneo continental de montaña que también encontramos en otros sectores montañosos andaluces (Serranía de Ronda, Sierra de Cazorla), aunque en Sierra Nevada presenta una variedad más xérica respecto de estas sierras y menos xérica que en otras áreas montañosas más orientales (Filabres, etc.). Además, en Sierra Nevada se dan también las variedades de clima mediterráneo continental de las altiplanicies así como de clima mediterráneo con carácter semi árido, éste último en su sector suroriental situado a barlovento de los vientos húmedos, que anticipa el desarrollo de los climas semi áridos y áridos característicos del S.E. español (Rodríguez Martínez, F. y Jiménez Olivencia, Y., 1995).

En cuanto a la hidrología, Sierra Nevada y su parque natural forman parte de las dos grandes divisiones hidrológicas andaluzas: la Cuenca del Guadalquivir y el conjunto de cuencas que constituyen la llamada Cuenca Sur de España. Así, en sus cumbres tienen origen el principal afluente del Guadalquivir, el río Genil, y el río Guadix-Fardes que desemboca en el Guadiana Menor fundamentalmente y por lo que se refiere a la vertiente atlántica; mientras que en la mediterránea Sierra Nevada es el origen de ríos como el Guadalfeo, Adra y Andarax cuyas cabeceras quedan inscritas en el terreno del Parque Natural de Sierra Nevada. Desde el punto de vista de la hidrología subterránea y pese a la gran extensión de terrenos impermeables existen algunos acuíferos por fisuración así como por porosidad intergranular, si bien, en general, predominan las escorrentías superficiales.

Junto a lo anterior y en relación con la litología, clima y pendiente, el Parque de Sierra Nevada presenta una edafología muy variada, constituida en general por suelos residuales resultado de la descomposición de la roca madre sobre la que se asientan. No obstante quedan algunos pequeños sectores ocupados por suelos bien desarrollados heredados de etapas anteriores en las que ha habido una vegetación más importante que la actual; también hay algunos suelos de acumulación orgánica en áreas pantanosas o lacustres.

Desde el punto de vista de la vegetación el Parque de Sierra Nevada presenta un predominio de comunidades seriales escalonadas altitudinalmente en función de los diferentes pisos bioclimáticos derivados de un gradiente de mas de 3.000 m, siendo el crioromediterráneo casi exclusivo en Andalucía. Por esto, si en su conjunto la biomasa de Sierra Nevada no es muy abundante, si es de destacar su riqueza florística.

Sierra Nevada, en efecto, reúne la flora más rica y variada de la Región corológica Mediterránea occidental. Las 2.100 plantas que se han catalogado hasta la actualidad constituyen el 30% de la flora de la España peninsular, en sólo el 0,4 de la superficie. Ello representa, por otra parte, el 7% del total de la flora de la Región Mediterránea en una extensión inferior al 0,01 de la misma (Molero Mesa y Pérez Raya, 1987).

Sin embargo, la importancia de la flora de Sierra Nevada no radica solamente en la cantidad de vegetales existentes, sino en el elevado número de ellos que son exclusivos del macizo, endemismos que no se encuentran en ningún otro lugar del Planeta (Prieto, 1981). La calidad y el número de éstos «endemismos nevadenses» justifican la declaración de Reserva de la biosfera y justifican junto a otras singularidades geomorfológicas y paisajísticas la proyectada creación de un Parque nacional de alta montaña mediterránea. En efecto, en las zonas elevadas, entre el 30 y 40% de los vegetales inventariados son endémicos y en algunos nichos ecológicos particulares, como los cascajares o canchales y los altos tajos de las cumbres, el porcentaje de endemismos se aproxima al 80%. Sierra Nevada, en la que a lo largo de milenios, se han generado tan numerosas y valiosas especies es, en consecuencia, una de las áreas de diversidad genética más importante del área mediterránea. Se encuentran allí alrededor de ochenta taxones endémicos y, por otra parte, en ella y sus inmediaciones se hallan representados el 35% de los endemismos vegetales de las Béticas, de los que el 23% son exclusivos del macizo nevadense. Se trata, por otra parte, de elementos vegetales de diversos orígenes que tienen, a veces, una representación puntual que merece protegerse aún en el caso de que no fueran endémicos; especies alpinas, ártico-alpinas, iberonorteafricanas, eurosiberianas, etc. han buscado refugio en Sierra Nevada frente a una serie de visicitudes histórico-naturales. La presencia excepcional de especies que habitan actualmente cerca del Círculo polar ártico, junto a otras de las procedencias citadas, es posible por la enorme diversidad de potenciales ecológicos que se encuentran en Sierra Nevada; es decir, que tanto especies exclusivas como otras llegadas de orígenes diversos han encontrado aquí los nichos ecológicos apropiados para su supervivencia.

La diversidad biológica se extiende también al reino animal. Sierra Nevada cuenta con una fauna interesante tanto por los vertebrados, de los que se han registrado más de 30 especies de mamíferos, 100 aves, 15 de reptiles, etc., así como por los invertebrados, entre los que sobresalen un buen número de especies endémicas entre los arácnidos, ácaros, coleópteros, lepidópterós, etc. que deben ser objeto de una especial protección.

2.2. *El contexto demográfico*

La población es esencial para cualquier consideración y, en especial, para planificar el desarrollo sostenible. Sierra Nevada, como suele ocurrir en las áreas montañosas, es un especio relativamente poco poblado, incluso en relación con las cifras comarcales y provinciales de Granada y Almería en las que se localiza.

Según el Censo de 1991, los 62 municipios que participan del parque reunían un total de 82.956 habitantes, de los que 64.921 pertenecían a la provincia de Granada y 18.035 a la de Almería. La población total asciende hasta 87.402 según la revisión padronal de 1996. Estos efectivos globales suponen, sin embargo, tan sólo el 6,5% de la población total de ambas provincias, en tanto que la superficie afectada equivale al 20,1%. La parte almeriense de Sierra Nevada tiene sólo el 3,9% del total provincial, en tanto que la granadina equivale al 8% de la propia provincia.

Si nos atenemos al ámbito estricto del Parque Natural de Sierra Nevada, nos encontramos ante un espacio aún menos poblado en el conjunto de Sierra Nevada y donde, en contraste con la situación demográfica de conjunto, el mayor peso poblacional corresponde a la provincia de Almería. Como puede apreciarse en el cuadro n.° 28, en 1991 la población del Parque s.e. era de 18.642 habitantes (22,5% de Sierra Nevada), de los que 11.387 eran almerienses y 7.235 granadinos. De esta población, 5.197 habitantes viven én núcleos situados en el límite del Parque y sólo 13.445 habitantes viven sensu estricto dentro de los límites del Parque. Además la distribución territorial de estos efectivos acentúa el desequilibrio entre el ámbito almeriense y el granadino. Así, en el primero el 41,6% de las cabeceras municipales se localizan en el interior del Parque y un 20% en el límite, en el sector granadino sólo el 13,5% de los núcleos principales están dentro y el 7,9 en el límite.

Bajos efectivos poblacionales y muy desigualmente distribuidos. En general, atendiendo a la población total de los municipios, el mayor volumen demográfico se encuentra al Oeste del macizo, en el sector granadino, donde se localizan todos los municipios de más de 3.000 habs., cuya vida económica se apoya sólo parcialmente en la Sierra (La Zubia, 10.846 habs.; Padul y Dúrcal con algo más de 6.000; Monachil y Órgiva con más de 5.000; y Lanjarón con 4.028). El resto tiene menos de 3.000 habs. y 23 de ellos no superan los 500.

Esta población reside mayoritariamente en núcleos, de modo que la población diseminada significa actualmente tan sólo el 4,7% del total de Sierra Nevada. De ello se deriva un poblamiento preferentemente concentrado, aunque la dispersión en éste se mantiene en tomo al 28,5%. La dispersión es algo mayor en Granada (39,4%) que en Almería. La política de concentraciones de los años 70 y la reciente creación de núcleos residenciales son algunos de los factores recientes que explican estos hechos.

Cuadro 28. *Población del Parque Natural de Sierra Nevada. 1991*

	Pobl. Municipios Sierra Nevada (a)	*Pobl. Parque Natural*	*Pobl. Límite Parque Natural*	*Pobl. Total Parque Natural (b)*	*% b/a*
Sector Almería	18.035	8.038	3.349	11.387	63,1
Sector Granada	64.921	5.407	1.848	7.255	11,2
Total Parque	82.956	13.445	5.197	18.642	22,5

Fuente: Nomenclator 1991. I.N.E. Elaboración propia.

Pero la penuria de efectivos y otros caracteres demográficos de Sierra Nevada en la actualidad no pueden entenderse sino como resultado del proceso regresivo que sufre a lo largo del presente siglo. En otros trabajos (Rodríguez Martínez, F., 1981 y 1989) hemos analizado los desfases evolutivos con otras montañas europeas, españolas y andaluzas que podrían explicar lo peculiar del modelo nevadense. En resumen, como puede verse en el cuadro n.º 29, entre 1900 y 1991, Sierra Neva, ha perdido casi 30.000 habitantes, un 26,4% de los efectivos con que contaba a principios de siglo en un momento en que se había iniciado ya el declive. No obstante, durante los años 40, una fugaz recuperación permitió alcanzar efímeramente los niveles del comienzo.

Este hecho y otros con él relacionados nos indican que la evolución demográfica, incluso en el s. XX, no ha sido lineal, sino que ha reunido los altibajos propios de una población sostenida por una economía montana bastante condicionada por el autoabastecimiento. A lo largo del siglo XX, en efecto, podrían diferenciarse hasta tes fases muy claras. La primera mitad del siglo es relativamente expansiva, como demuestra el aumento de 16.557 habitantes (14,7%). La segunda mitad, por el contrario retorna la regresión iniciada a finales del s. XIX para terminar en una población casi estacionaria. Así, durante el período 1950-

Cuadro 29. *Evolución de la población de Sierra Nevada. 1900-1991*

	Población 1900	*Población 1991*	*Variación*	*%*
Sector Almería	42.521	18.035	-24.486	-57,6
Sector Granada	70.215	64.921	-5294	-7,5
Total Sierra Nevada	112.736	82.956	-29.780	-26,4

Fuente: Censos de Población 1900 y 1991. I.N.E. Elaboración propia.

1986 Sierra Nevada pierde un total de 46.766 habitantes (36,1%), pero a partir de 1986 se observa una ligera recuperación que se cifra en 5.723 habitantes más (6,9%) que rompe la tendencia de los años anteriores (Arias Abellán, J. y Cózar Valero, E, 1996).

La grave sangría humana sufrida desde 1950 ha tenido, por otra parte, diferentes ritmos. En la década de los 50 la pérdida anual (5.275 habitantes de media) fue la más intensa que se conoce en el período estadístico. Pero luego va descendiendo progresivamente: 1.519 habs./año en la década de los 70 y 291 habs./año en la primera mitad de los 80. A partir de 1986 se rompe, como hemos dicho, la tendencia y se aumenta algo en población, a razón de 85 habs./ año en el quinquenio 1986-1991 y superando los 1.000 habs./año entre 1991 y 1995. Este aumento es, en cierto grado, ficticio, sin embargo, ya que si bien se ha detenido el proceso emigratorio y hay algunos retornos, lo sustancial del mismo se debe al desarrollo de algunos municipios periféricos en el área de influencia de la capital (Monachil sobre todo). No obstante, parece que algunas políticas asistenciales y el desarrollo de ciertos proyectos de desarrollo local podrían estar contribuyendo a una relativa fijación de la población, correlativa a la contracción del mercado de trabajo externo.

Los cuadros 30 (Grupos de edad) y 31 (Movimiento natural) permiten corroborar y afinar las apreciaciones anteriores. Puede apreciarse cómo la población de 65 y más años supone el 16,1% del total, casi cinco puntos por encima de la media de las provincias nevadenses, aunque el grado de envejecimiento es mayor en el sector almeriense. Por el contrario, la población joven se sitúa entre 2 y 3 puntos por debajo de las medias provinciales, siendo similar el valor porcentual del grupo de edad intermedio. Los municipios ubicados en la vertiente Norte, en especial los del Marquesado del Cenete, son los que alcanzan el mayor grado de envejecimiento, con porcentajes en algunos casos superiores al 25%. Muy similar es, asimismo, la situación de los municipios nevadenses del alto Andarax.

Cuadro 30. *Población de Sierra Nevada por grupos de edad. 1991*

	< 15 *Años (%)*	*15-64* *Años (%)*	*< 64* *Años (%)*
Sector Almería	17,09	63,72	19,18
Sector Granada	20,40	64,35	15,24
Total Sierra Nevada	19,62	64,20	16,16
Provincia Almería	23,77	64,59	11,62
Provincia Granada	21,79	65,45	12,74

Fuente: Censo de Población 1991. I.N.R. Elaboración propia.

Cuadro 31. *Movimiento natural de la población de Sierra Nevada 1986-90 (%)*

	Tasa de Natalidad. Med. anual	*Tasa de Mortalidad. Med. anual*	*Tasa de C. Vegetativo. Med. anual*
Sector Almería	10,27	12,36	-2,09
Sector Granada	11,46	9,66	1,8
Total Sierra Nevada	11,18	10,3	0,88

Fuente: Movimiento natural de la Población 1986 a 1990, Padrón Municipal 1986 y Censo 1991. I.N.E. Elaboración propia.

Al envejecimiento se añade, no obstante, el descenso de la población joven. En los últimos quince años, mientras la participación de la población vieja en el conjunto se ha acrecentado en 3,5 puntos, la población joven ha retrocedido 8,5 puntos, lo que denota que el envejecimiento sucede tanto por la cúspide como por la base de las pirámides. Dichas pirámides acusan, además, como rasgo más significativo, la profunda huella de la emigración, determinando actualmente la falta de las cohortes entre 35 y 54 años. A ello se añade, la caída de la fecundidad que justifica el estrechamiento de la base.

De hecho, todo lo anterior hay que relacionarlo, a su vez, con el no menos significativo cambio operado en las tasas vitales (cuadro 10): caída de la natalidad, aumento de la mortalidad y escaso, nulo o, incluso negativo crecimiento vegetativo. En conjunto, el crecimiento natural de Sierra Nevada se acerca al cero. En consecuencia, la recuperación demográfica que hemos apuntado con anterioridad hay que relacionarla con el cambio de signo de los movimientos migratorios desde la segunda mitad de los 80. En efecto, si el quinquenio 1981-85 se saldó aún con cifras negativas (2.695 emigrantes), entre 1986 y 1995, los saldos migratorios han sido, en general, positivos en más de 130 personas por año. Bien es cierto que la tendencia global oculta, profundas diferencias comarcales y municipales. Los saldos positivos se observan casi exclusivamente en el sector granadino.

2.3. *Contexto socioeconómico. Abandono agrario y desarrollo turístico*

Las actividades de la población y los usos del suelo han estado, y lo están aún, muy condicionadas por las características topográficas y naturales propias de la montaña. Es obvio que dichos caracteres limitan la extensión del terrazgo agrícola sobre todo en altura. A cotas muy elevadas las condiciones climáticas limitan no sólo el desarrollo forestal sino la propia cubierta vegetal del suelo. Por otro lado, la delimitación del Parque, a partir de una determinada altura y en terrenos de propiedad pública, ha determinado el predominio de los terrenos actualmente no agrícolas, pero en los que tradicionalmente hubo junto a los aprovechamientos forestales, otros de tipo ganadero y temporalmente, incluso, cultivos de verano. Con todo, la extensión de la superficie cultivable o tradicionalmente cultivada representa todavía una importante extensión equivalente al 16% de la superficie total del Parque. El significado de esta superficie, en la que predominan los terrenos de regadío, no es sólo cuantitativo o superficial, aunque esta extensión debiera valorarse en conjunto, contando no sólo las áreas regadas o regables, abancaladas, interiores al Parque, sino las que existen en sus inmediaciones dentro de Sierra Nevada. Con todo actualmente es mucho mayor la importancia ecológica y paisajística de esta superficie que la que puede derivarse de la actividad económica que soportan directamente como terrenos agrícolas que es cada vez menor.

Considerando la base municipal total, la superficie labrada de los municipios del Parque representa casi un cuarto del total (25,5%), lo que contrasta con el 45,5 de Andalucía o el 48' 4 de la provincia de Granada, pero no es tal teniendo en cuenta las condiciones montanas antes indicadas. Por otro lado, esto supone una alta participación de la superficie no labrada (75%), muy superior a la media andaluza (54,5%).

Sobre la superficie labrada de Sierra Nevada se ha desarrollado tradicionalmente una agricultura donde el regadío era lo más importante. El 46,6% de la superficie labrada está catastrada todavía como de regadío, lo que contrasta significativamente con el 12,9 del regadío andaluz y el 18% del conjunto de las provincias de Granada y Almería. Correlativo con esto es el bajo significado del secano nevadense (53,5), muy inferior a las medias provinciales y regionales.

El regadío y los aprovechamientos del monte, incluidos en estos la ganadería, han constituido, en consecuencia, la base económica tradicional de Sierra Nevada. Pero sin duda, el centro y el peso principal estaban en la agricultura que hacían de ella una auténtica «montaña de campesinos» (Bosque Maurel, 1971), a diferencia de lo que ocurre con la mayor parte de las montañas no estrictamente mediterráneas. Hasta hace pocos años, a pesar de la enorme regresión demográfica sufrida, las actividades agrarias seguían siendo básicas, pero hoy ya no es así lamentablemente. El abandono agrícola ha llegado a ser tal que la inmensa mayoría de la superficie agrícola catastrada apenas sostiene actividad alguna, lo que es evidente tanto si recorremos la zona como si acudimos a algunos indicadores. El análisis de la población ocupada por sectores, por ejemplo, es uno de estos indicadores que nos permite deducir que el abandono se ha consumado, finalmente a largo del decenio 1981-1991 (cuadro n.º 32). La redistribución producida parece que ha acabado con el protagonismo del mundo agrario tradicional en beneficio de los servicios, con todo lo que ello significa en un área montana tan frágil.

Cuadro 32. *Sierra Nevada. Evolución de población ocupada por sectores económicos (%)*

	Agricultura		*Industria*		*Construcción*		*Servicios*	
	1981	*1991*	*1981*	*1991*	*1981*	*1991*	*1981*	*1991*
Sector Almería	79,1	42,3	3,5	7,7	2,4	12,6	18,1	38,2
Sector Granada	60,1	25,1	8,8	11,7	8,1	16,4	23,0	46,9
Total Sierra Nevada	68,1	28,8	6,1	10,8	5,2	15,6	20,5	45,0

Fuente: Censos de población 1981 y 1991. I.N.E. e I.E.A. Elaboración propia.

El abandono que a nivel superficial hemos seguido en el último quinquenio mediante fotografías aéreas e imágenes de satélite (Rodríguez Martínez, F., Jiménez Olivencia, Y., 1995 y 1996) se inició hace por lo menos medio siglo con la desaparición de los cultivos temporales de verano, que superaban los 1.800 m en la solana, y que estaban ligados a una cierta transhumancia y transterminancia ganadera y a la explotación complementaria de los «campos» o secanos altos. La emigración, especialmente entre 1960 y 1975, facilitó a continuación el abandono de los regadíos más alejados o más precarios. Por último se ha producido abandono de las zonas regadas abancaladas o en terrazas y de los huertos más próximos a los núcleos. El proceso se ha visto, sin duda favorecido por otros factores, más o menos estimulantes según los casos, como son la falta de competividad en los mercados externos de la producción que se salía del marco tradicional del policultivo alimentario, la especulación urbanística, el impacto de un turismo rural poco planificado, etc. La mayoría de estos factores eran ya una realidad plena a principios de los ochenta si bien el turismo era todavía un fenómeno muy localizado o limitado en unas pocas concentraciones (Rodríguez Martínez, F., 1996). Nuestras recientes investigaciones permiten asegurar un recrudecimiento de los procesos de abandono que relacionamos con el impacto de los «planes de desarrollo» recientes, en especial de los planes turísticos, asociados a los programas comunitarios Leader (1991-1994 y 1994-97) que están favoreciendo la extensión del fenómeno si bien sobre pautas, en general, poco eficientes desde el punto de vista del desarrollo sostenible. No basta con dispersar geográficamente, si la actividad turística no se atiene a las condiciones del verdadero turismo rural. Este turismo no puede ser en ningún caso un factor que acelere el abandono agrario. Las actividades agrarias deben gestionarse, cuando menos, como un factor de la oferta turística en la medida que conservan el paisaje y aseguran una oferta diferenciada de restauración y actividades complementarias. Pero no se nos oculta que en el marco económico actual ello es muy difícil, ya que la agricultura como conservadora del medio («jardinería de la naturaleza») es una opción social, política y económica poco explicitada hasta ahora en España y en Andalucía.

La trascendencia económica de este abandono no puede apreciarse correctamente sin una evaluación de los costes ambientales que hemos comenzado a realizar dentro de un proyecto financiado por la CICYT. La mayoría de estos costes se relacionan con la destrucción y deficiente conservación del sistema hidráulico tradicional, especialmente desarrollado y complejo el Alpujarra, pero no menos trascendente en otras áreas nevadenses como el Marquesado del Cenete o en el Río Nacimiento.

El abandono agrícola y la pérdida consiguiente de la cultura agraria están determinando, como hemos dicho, la quiebra definitiva del sistema tradicional del uso del agua y del paisaje que es uno de los recursos más valiosos con que cuenta, en el orden turístico Sierra Nevada. Un sistema que habría que ver hasta que punto puede o conviene que se sustituya total y drásticamente como ha ocurrido ya en algunos sectores.

En estas condiciones resulta casi irrelevante un análisis interno de las áreas cultivadas restantes, cuya función básica se reduce al autoabastecirniento o apoyo de rentas obtenidas de otros sectores o actividades. Exactamente lo contrario que debía ser en un área tradicional como ésta. Más significativa, sin duda, es la persistencia de la estructura agraria que ha quedado fosilizada en el paisaje, pero que condiciona todos los procesos y planes de reutilización del suelo. El predominio tradicional de la pequeña propiedad originada de la época musulmana y mantenida tras la repoblación de 1571, se traduce todavía en la preponderancia de las pequeñas explotaciones de menos de 5 ha (83,4%). No obstante, algunos municipios de la vertiente Norte (Guadix, Cenete) presentan menores porcentajes de explotaciones de este tipo, en conjunción con un mayor desarrollo de las explotaciones medianas, a raiz de la concentración parcelaria de los años 60 y 70 (Arias Abellán, 1984).

En el ámbito del Parque, sin embargo, las grandes explotaciones públicas que constituyen su base, aunque son sólo el 2,4% de las explotaciones, controlan el 82% de la superficie. El peso de la gran propiedad pública induce, lógicamente, a políticas de conservación, forestal etc. dentro del Parque, pero indirectamente afecta a la ordenación de todo el macizo y al desarrollo de la actividad agrícola y ganadera, dentro y fuera del ámbito protegido.

Por otra parte, al amparo del turismo, que ha concentrado el 82,9% de las inversiones del Programa Leader I, se han desarrollado la construcción y ciertas actividades comerciales y artesanas, más o menos entroncadas con la tradición. Entre estas actividades destaca la conservación de jamones y la chacinería, a partir en su mayoría de perniles importados de otras regiones. A ello se añaden los intentos por recuperar y ampliar las artesanías, panaderías y confiterías artesanas y, fuera del ambiente estricto del Parque, la viticultura y la industria vinícola tradicional.

3. HACIA EL PARQUE NACIONAL

3.1. *Antecedentes de la ordenación. El Parque Natural*

Hasta la segunda mitad de la década de los ochenta, Sierra Nevada no ha contado con ninguna figura de protección específica ni que contemplara el conjunto serrano en su totalidad. Ni al amparo de la Ley de Parques Nacionales de 1916, ni en el marco de la Ley de Espacios Naturales Protegidos de 1975, únicas normas de protección integral en la etapa preconstitucional, se le ha asignado a Sierra Nevada alguna de las figuras de protección contempladas en las mismas. Quizás haya sido el desinterés por estos temas o la existencia de resistencias interesadas lo que justifique este «olvido» inexplicable. No obstante, hemos de mencionar algunos intentos tendentes a conseguir la aplicación de alguna figura de protección de las previstas en las mencionadas leyes para Sierra Nevada.

En desarrollo de la Ley de Parques Nacionales de 1916 se dicta el Real Decreto de Febrero de 1917 y en el Inventario de Espacios protegibles resultante del mismo se propone Sierra Nevada como ámbito merecedor de la declaración de Parque Nacional, propuesta que no llegó a materializarse.

En el mismo sentido, en el marco de la ley de 1975, en 1977, el ICONA elabora el Inventario Nacional de Paisajes sobresalientes. En él se prevé la constitución del Parque Nacional «Circo Cabecera del Genil» con una extensión de 10.400 ha y con unos límites bien definidos. La ausencia de un consenso social e institucional básico abortaron este proyecto que llegó al Diario Oficial de las Cortes para su debate.

En el contexto de políticas sectoriales si se hace realidad la asignación de figuras que contenían un cierto grado de protección a ámbitos específicos de la Sierra. La confección del Catálogo de Montes de Utilidad Pública de 1857 es la primera oportunidad por la que amplios espacios forestales de Sierra Nevada pasan a contar con un cierto grado de protección aunque en la filosofía que inspiró su elaboración no era la protección el criterio prioritario.

Con la primera Ley de Reservas Nacionales de Caza de Mayo de 1966 se crea la Reserva Nacional de Caza de Sierra Nevada con una extensión de 35.430 ha en el ámbito de las altas cumbres occidentales del macizo, lo que significará, al menos, una ordenación de la actividad cinegética y una cierta protección para la fauna nevadense, sobre todo en especies mayores.

La Ley del Suelo de 1976 fue el marco de referencia para el primer intento importante de protección de Sierra Nevada. A su amparo se elaboraron y aprobaron, en 1986, los Planes Especiales de Protección del Medio Físico de las provincias andaluzas y en las de Granada y Almería se establecen los niveles de protección así como las normas particulares de regulación de usos y actividades que afectan a Sierra Nevada. Se fijan Areas de Protección Especial Integral definidas como Parajes Naturales Excepcionales que afectan a todo el ámbito de alta montaña; los niveles de protección y la regulación que se hace de usos y actividades los asimila a las actuales áreas de reserva del Parque Natural. Paisajes agrarios singulares, correspondiente a la Alta Alpujarra, y Complejos Serranos de Interés Ambiental que afectan al resto del conjunto nevadense, completan los niveles de protección asignados a Sierra Nevada en esta norma de carácter urbanístico.

Por último, y fuera ya del contexto de las políticas sectoriales, Sierra Nevada es contemplada como un ámbito merecedor de una protección integral por vez primera en el marco del Programa MAB (El Hombre y la Biosfera) de la UNESCO iniciado en 1971.

Las Reservas de la Biosfera, entre cuyos objetivos prioritarios está mantener la biodiversidad, se configuran, por tanto, como instrumentos de protección en los que se abandona la vieja filosofía proteccionista de tipo «museístico» y se abre una nueva visión, ya apuntada en la Conferencia de Estocolmo de 1971 y que se asentará definitivamente a partir de la publicación de la «Estrategia Mundial de la Conservación» de 1980 y del Informe Brundtland de 1987, tendente a compatibilizar protección y desarrollo.

Sierra Nevada tendrá que esperar hasta 1986 para conserguir la declaración por parte de la UNESCO de Reserva de la Biosfera, afectando a una superficie de 140.200 ha, la segunda de España en superficie tras la de Cazorla-Segura, si bien la protección efectiva del macizo no se alcanzará hasta Marzo de 1994 dado que la protección legal que se recoge en el Programa MAB se remite a la aprobación por parte de los países que los establezcan de un marco jurídico adecuado que asegure su protección, en nuestro caso la declaración de Sierra Nevada como Parque Natural.

Transcurridos algo más de tres años desde la declaración de parte de Sierra Nevada como Reserva de la Biosfera, se aprueba por parte de la Junta de Andalucía la Ley Inventario de Espacios Naturales Protegidos de Andalucía de 18 de Julio de 1989 (Ley 2/1989). En ella se declara Sierra Nevada como Parque Natural. En la citada Ley se fijan dos objetivos prioritarios para los espacios inventariados: el establecimiento de medidas de protección y conservación, y la gestión y desarrollo socioeconómico de los municipios en que se integran, en función de la caracterización de las figuras contempladas, siendo el Parque Natural la figura que mejor se adecua a esta doble finalidad. Se pretende, por tanto, en el marco de una filosofía que haga compatible la conservación y el desarrollo, integrar los espacios protegidos, Los Parques Naturales, en su entorno socioterritorial en el marco de una política de ordenación y articulación territorial.

Para hacer posible el cumplimiento de estos objetivos se crean una serie de instrumentos que permiten la consecución de una adecuada planificación ambiental (Plan de Ordenación de Recursos Naturales-P.O.R.N.), una ágil gestión (Plan Rector de Uso y Gestión-P.R.U.G.), y un ordenado proceso de desarrollo (Plan de Desarrollo Integral-P. D. I. y Planes de Fomento-P. F.). Los dos primeros PORN y PRUG, instrumentos básicos de protección, han demorado su aprobación casi cinco años desde la aprobación del Parque Natural de Sierra Nevada (Rodríguez Martínez, 1991). El tercero (P. D. I.) sigue pendiente.

Uno de los problemas de mayor importancia, tanto desde la perspectiva proteccionista como de opinión pública, ha sido encajar el área de la estación de esquí alpino en la zona de reserva que la circunda. El fuerte impacto que significan tanto las infraestructuras de todo tipo (de comunicación, urbanas, deportivas, etc.) como la masiva afuencia de deportistas y visitantes en fechas punta, obligaba a una ordenación de este espacio, sobre todo, en su relación con las áreas de alto valor naturalístico y paisajístico que lo circunda. La opción elegida fue, tras desaconsejar cualquier ampliación del área esquiable para el conjunto del macizo, crear una zona-perímetro de protección que impidiese eliminar o amortiguar al máximo los impactos negativos sobre los ecosistemas de las altas cumbres.

El PORN del Parque Natural de Sierra Nevada se nos presenta como un instrumento de planificación y ordenación adecuado. La caracterización de los valores, tanto naturales como culturales, en las distintas áreas resultantes de la zonificación, la definición de las actividades permitidas y prohibidas en las mismas, así como las directrices generales para la ordenación de recursos, pueden permitir una correcta protección y conservación de este espacio natural. Sin embargo, las directrices para el desarrollo adolecen de una cierta falta de imaginación o de compromiso. La potencialidad de desarrollo se dirige, fundamentalmente, hacia las actividades turísticas. Las expectativas creadas en tomo a esta actividad en los discursos sobre desarrollo rural sostenible se han trasladado a los espacios naturales protegidos, y en concreto a los Parques Naturales, sin detenerse las más de las veces a contemplar los fuertes impactos que generan, dadas las dificultades para poner en marcha un nuevo modelo de actividad turística que no sea masivo, concentrado y estacional. La mixtificación consistente en asimilar espacio natural protegido con medio rural puede estar en la base de esta realidad.

Por su parte, el Plan de Uso y Gestión (PRUG) del Parque Natural de Sierra Nevada fue elaborado y aprobado simultáneamente con el PORN. En él se incluyen, según lo dispuesto en el Decreto 11/1990 antes mencionado, la zonificación general de usos y actividades, las normas e instrumentos de gestión, las normas de uso y gestión de actividades y las directrices para los planes y programas de actuación.

El PRUG repite la zonificación que se contempla en el PORN si bien en el Plan Rector sólo se definen zonas y subzonas sin especificar las limitaciones de usos en cada una de ellas. Sin duda lo correcto debería de ser lo contrario. Por otro lado, entre otras determinaciones se fija un índice en el P.R.U.G. de Programas Básicos de Actuación organizados en: Programas de Uso Público (Infraestructuras, actividades y servicios); Programas de Investigación; Programas de Conservación; Programas de Aprovechamientos (Forestal, cinegético-piscícolo, agropecuario y otros no especificados) y se establecen unos ambiciosos contenidos mínimos.

En el momento actual, aún no se ha elaborado ninguno de los Planes ni de los Programas previstos en el PRUG. Se pretende no coartar la libertad de gestión de la Administración y no dar lugar a desfases entre lo previsto y lo realizado. Es por ello que las actuaciones que se realizan para dar cumplimiento a los objetivos generales de conservación y protección no están articuladas y obedecen sobre todo a disponibilidades presupuestarias y presiones locales. En este sentido, la puesta en funcionamiento de las actividades ligadas al Uso Público, en sus vertientes informativas y recreativas, constituyen el núcleo central de las actuaciones. Las líneas de acción tendentes a la restauración y conservación de la flora y fauna se rigen básicamente por las previsiones contenidas en el Plan Forestas de Andalucía y en la Ley de caza antes que por las previsiones del PORN y PRUG.

En relación con el Plan de Desarrollo Integral (P. D. I.) y los Planes de Fomento (P. F.), instrumentos que deben enmarcar las actuaciones tendentes a la consecución de un proceso de desarrollo sostenible de las poblaciones del Parque y su zona de influencia, con ellos se pretendía dar cumplida cuenta del segundo gran objetivo que se plantea en la Ley Inventario 2/1989 de 18 de Julio para los Parques Naturales, en el sentido de hacer compatible en ellos la específica protección de sus valores naturales y culturales con la dinamización de las estructuras socioeconómicas a partir del uso y potenciación de aquellos recursos que sean compatibles con la conservación.

No obstante la importancia de estos planes, sobre todo del PDI, para la consecución de los objetivos planteados, no se han elaborado ninguno de ellos ni existen previsiones al respecto. Sea por las causas que sea la actual gestión del desarrollo en el Parque Natural de Sierra Nevada podemos calificarla, para no herir susceptibilidades, de insuficiente.

Sin embargo, esta realidad no debe llevarnos a concluir que hay una ausencia de actuaciones. En puridad lo que ha sucedido obedece a que el 15 de Marzo de 1991 la Comisión de la C.E.E. aprobó la puesta en marcha del Programa Leader I Alpujarras con el objetivo de «impulsar las iniciativas empresariales de carácter endógeno y atraer inversiones de carácter exógeno que traten de conseguir un desarrollo económico sostenido y real que contribuya a mejorar el grado de bienestar de los habitantes de la zona, preservando los valores naturales, culturales, paisajísticos y ecológicos de todo el territorio de actuación». La coincidencia entre los objetivos de desarrollo que se contemplan para las poblaciones del parque en el PORN y los usos del Programa Leader, unido a que es el mismo organismo, Instituto de Fomento de Andalucía, quien gestiona e impulsa el proceso en ambos casos, ha dado lugar a este abandono o aparcamiento de la prescripción de elaborar el Plan de Desarrollo Integral y los Planes de Fomento.

En apariencia se ha producido, por tanto, una sustitución en los instrumentos manteniéndose objetivos similares. Sin embargo se ha roto uno de los principios básicos del binomio protección-desarrollo: el equilibrio y la articulación de ambos objetivos en un proceso de planificación global. Mientras que el PDI se inserta y surge del PORN, lo que lo convierte en un instrumento de política ambiental, el Programa Leader es autónomo y surge en el seno de políticas de desarrollo rural. Los órganos de gestión del Parque no participan, en ningún momento, en la definición de objetivos y gestión del Programa Leader.

Esta ausencia de coordinación y el objetivo práctico netamente económico del Programa Leader ha ocasionado que en el mismo se produzca un fuerte desequilibrio entre las posibles líneas de actuación y, por consiguiente, en los programas desarrollados. El fomento de las infraestructuras y la actividad turística ha sido la línea de desarrollo casi exclusiva (el 64,7 por 100 de los proyectos y el 82,9 por 100 de las inversiones), quedando los proyectos de desarrollo en la agricultura y en el sector industrial-artesano en una posición testimonial (1,8 por 100 y 5,2 por 100 respectivamente de las inversiones). Los efectos de esta fuerte promoción turística están siendo inmediatos. La presencia masiva y concentrada, temporalmente, de visitantes puede hacer inviables algunas de las medidas de protección de los espacios más sensibles.

3.2. *El futuro Parque Nacional*

Como hemos expuesto en páginas anteriores, a pesar de su excepcional valor naturalístico y paisajístico, Sierra Nevada ha carecido de la adecuada protección hasta fechas muy recientes. Aún hoy la larga marcha hacia el Parque nacional no ha concluido, aunque todo parece indicar que se está cerca de ello. En efecto, por acuerdo unánime de los grupos presentes en el Parlamento de Andalucía se ha aprobado la remisión de las Cortes Generales de la proposición de ley correspondiente (B.O.J.A. n.º 129, de 1 de Noviembre de 1995), que conecta además con el proyecto de incrementar la red estatal de parques nacionales con éste de alta montaña mediterránea. Por tanto, una vez planteada la iniciativa en el Senado (Abril, 1998), cabe esperar que en pocos meses las cumbres de Sierra Nevada alcancen esta categoría protectora si nuevos vaivenes políticos no lo impiden.

El texto de la proposición de ley propugna, en efecto, que la declaración de Parque Nacional se refiera, a las Zonas de Reserva y extensiones del actual Parque natural que concentra las formaciones más valiosas y características de la alta montaña mediterránea en la península ibérica, que representan «un patrimonio natural de valor científico, recreativo y educativo cuya conservación resulta de evidente interés para la Nación». A ellas se agrega parte de la cabecera del Genil (Güejar Sierra) inexplicablemente excluidas del Parque Natural actual.

El Parque natural quedaría como una aureola en torno al Parque nacional, «una idónea zona de amortiguación de impactos exteriores».

La coexistencia de dos figuras de protección —Parque Nacional y Parque Natural— puede ser una ocasión para progresar en el desarrollo de políticas de desarrollo sostenible en los espacios naturales, si bien previo a ello habrá de resolverse el conflicto de competencias recientemente surgido entre las administraciones central y autonómica relativas a la responsabilidad esencial de la gestión de los parques nacionales (conflicto de Doñana). Esta puede ser la mayor dificultad en el futuro inmediato.

El futuro de Sierra Nevada queda enmarcado, pues, en este contexto político que de resolverse favorablemente potenciaría tanto las actuaciones protectoras en un macizo que se encuentra, como hemos dicho, en un trance de transformación económica sin precedentes, como el adecuado desarrollo en términos de sostenibilidad económica y ecológica.

CAPÍTULO 12
PERSPECTIVAS DE DESARROLLO SOSTENIBLE EN LA ALPUJARRA *

En la actualidad la consideración mas común del desarrollo rural es la que lo pone en relación con la «crisis» del modelo tradicional de crecimiento en los países avanzados. Frente al desarrollo polarizado, ligado a factores externos que determinan la concentración del crecimiento, desde mediados de los 70 habría ido surgiendo otro tipo de desarrollo más atento a los potenciales endógenos, marginales hasta ahora, de cuya movilización o revitalización dependen, por añadidura, algunos equilibrios sociales y territoriales. De ahí toda esa «filosofía» actual del desarrollo endógeno, sostenible, difuso, etc.

En este sentido, la crisis económica internacional producida en 1973 sirvió de aldabonazo para la generalización de la preocupación por la capacidad de autoregulación del planeta ante el uso indiscriminado y el deterioro de los recursos y, por otro lado, para llamar la atención de los gobiernos sobre la compatibilidad del desarrollo económico y la conservación del medioambiente y la interacción existente entre los problemas locales (tales como erosión, deterioro del medio rural y urbano, contaminación hídrica, etc.) y los problemas globales (efecto invernadero, desforestación, pérdida de biodiversidad, etc.) en un contexto de incremento con-

* Ponencia de la *1.ª Conferencia Internacional sobre la Alpujarra*, Granada, 1998.

tínuo de la población. Antes de esta fecha, no obstante, al final de la etapa de expansión económica del desarrollismo, había surgido ya una preocupación notable por estos problemas, como atestiguan el Primer Informe del Club de Roma sobre los límites del crecimiento (Meadows, 1972) o la Conferencia de la O.N.U. sobre el medio ambiente humano (1972), a que hacen referencia ya los documentos del cuarto Plan de Desarrollo español. En 1975, la CEE publicaba la directriz 268/75 sobre agricultura de montaña que reconoce la necesidad de medidas específicas en atención al contexto socioeconómico y las características naturales de estos territorios. Los mayores avances se han logrado, sin embargo, en los últimos tres quinquenios (1980-1995). En 1982 se promulga la Ley española 25/82 sobre Agricultura de Montaña (LAM) que atendiendo al mandato constitucional (art. 130.2) establece un régimen jurídico especial para las zonas de montaña, atendiendo especialmente a los problemas agrarios pero sin perder de vista la población ni otros aspectos ecológicos e infraestructurales. En 1985 se publica, en el contexto de la P.A.C. el reglamento 797/85 sobre «Mejora de la eficacia de las estructuras agrarias» que recoge y mejora la directriz 268/75 antes citada. En el orden ambiental, en 1980 se presenta en Madrid la Estrategia Mundial para la conservación de la U.I.C.N., que sirvió de base para la definición de una nueva dialéctica Desarrollo-Medio Ambiente. En 1987 surge el informe Brundlandt «Nuestro futuro común» donde se define el término «Desarrollo Sostenible» incorporando entre los principios básicos los de solidaridad en el espacio y en el tiempo y la necesidad de emplear tecnologías blandas y fórmulas ecológicas en la gestión del medio. Los últimos hitos son, asímismo, muy conocidos. En 1992 tiene lugar la Conferencia de Rio en donde se deriva la Declaración y propuesta de una «Carta de la Tierra» y el Programa 21, además de las declaraciones sobre Bosques y Cambio climático y el Convenio sobre Biodivesidad.

Esta nueva base conceptual más abierta, en la medida que no se atiene a esquemas cerrados o excesivamente generales, es también la que sustenta la reforma de la política regional y ambiental comunitaria desde 1988, fecha de subscripción del Acta Única. El incremento de las disparidades regionales favoreció, en primer lugar, la reforma de los Fondos estructurales (FEDER, F.S.E. y F.E.O.G.A.) que aumentaron sus recursos y modificaron sus procedimientos en esta línea. En segundo lugar, el acceso al nuevo e importante Fondo de Cohesión se limitó, de hecho, a los países mediterráneos. En tercer lugar, se incluyeron entre las orientaciones básicas de la Comisión diversas líneas que refuerzan el desarrollo rural. Por último se hizo posible la adopción por la propia Comisión de iniciativas en orden al desarrollo rural integrado (Leader, por ejemplo). Todo ello al tiempo que se intentaba flexibilizar y adaptar, dentro de la P.A.C., algunas directivas, en la medida que lo hacían posible los acuerdos con el G.A.T.T. En el plano estrictamente ambiental, desde 1988, se han formulado el cuarto (1988-1992) y el quinto Programa sobre Medioambiente que introducen la adaptación progresiva de las pautas de crecimiento de la Unión Europea al Desarrollo Sostenible.

En diversos trabajos (1996, 1997) hemos puesto de relieve los problemas de adaptación de algunas de estas políticas en el ámbito montañoso andaluz, en el que estamos desarrollando un proyecto de investigación de conjunto, así como en el más concreto espacio de la Alpujarra. El propósito de esta exposición es más simple ya que no es posible otra cosa en tan corto espacio como el que disponemos. Se trata, substancialmente, de considerar la viabilidad que, sobre todo en la perspectiva del desarrollo sostenible, tienen algunas de las líneas seguidas o por seguir en la Alpujarra.

1. LA ALPUJARRA, ESPACIO ECOLÓGICO DE MONTAÑA MEDITERRÁNEA

Antes de entrar en dicho asunto, no me parece ocioso, por más que a algunos pueda resultar obvio, hacer algunas reflexiones previas relativas al contexto geográfico alpujarreño de donde deriva casi todo su potencial de desarrollo.

La Alpujarra, ante todo, se situa en pleno centro de la Andalucía montañosa, entre las cumbres de Sierra Nevada y el Mar Mediterráneo, sobre el que caen las elevaciones prelitorales de Lújar, Contraviesa y Gádor, cuyas faldas marítimas, hoy casi siempre netamente diferenciadas en el plano económico, formaban parte importantísima de la histórica Alpujarra. Lo esencial de la Alpujarra era y es, sin embargo, el gran valle longitudinal que se extiende entre las provincias de Granada y Almería drenado hacia el Oeste, por el río Guadalfeo y hacia el Este, por los ríos Grande de Adra y Andarax. En consecuencia, la Alpujarra comprende tierras de altitud muy diversa pero además muy fragosas y quebradas en su relieve que se integran en el sector central del complicado dominio bético interno. Entre el valle y las líneas de cumbres de Sierra Nevada, las más elevadas de la Península, los barrancos afluentes de los colectores principales atraviesan y profundizan en las discontinuidades estructurales nevadofilábrides y alpujárrides compartimentándolo todo, multiplicando los contrastes topográficos, acentuando las pendientes, etc. y otro tanto ocurre, a pesar de la menor altura, con los prufundos y angostos torrentes surgidos a uno y otro lado de las sierras prelitorales, un relieve con todos los ingredientes de la montaña típica tanto en sentido vertical como en horizontal.

Esta situación y esta configuración de la Alpujarra ha determinado asímismo, el escalonamiento y la multiplicación de los contrastes climáticos, entre el polo y el trópico, como se ha escrito un tanto hiperbólicamente, pero evocando una realidad física indiscutible, multiforme, origen de una rica variedad de micromedios, de diferenciadas condiciones edáficas y biológicas, de biodiversidad en suma. Una biodiversidad tanto más valorable, por encontrarse integradas estas montañas en la región climática del SE, la región más árida de Europa, de la que son también una frontera. Todo ello permite además establecer no solo analogías sino verdaderas concomitancias con el Norte de Africa. La aridez habitual del estío mediterráneo se amplifica aquí por el abrigo pluviométrico que Sierra Nevada introduce en relación con la circulación de origen atlántico, de componente Oeste. Así, si se exceptúa la alta montaña y el extremo occidental de la zona, en la que domina no ya la componente zonal típica sino la más híbrida del SO, en el resto de la Alpujarra el predominio de la circulación de Levante o del Este es notorio. Esto explica no solo la escasa cuantía anual media de la precipitación sino también la enorme irregularidad anual con sequias estivales entre tres y seis meses, e interanual, así como su carácter nival, en unos casos, y torrencial, en otros.

Se comprende, por consiguiente, que careciendo de cursos de agua exógenos a la región, como ocurre más al Este, en Murcia, la dependencia de la nieve acumulada en las cumbres, las más elevadas de la Península, sea un hecho capital. Aunque también un hecho muy matizable y diferenciado, por ejemplo, según el gradiente pluvionival y topográfico, decrecientes de Oeste a Este, o según el carácter del roquedo, por lo general esquistoso en la zona media y alta del macizo a la cual se adosan, a alturas en general más bajas, los materiales arcillosos, esquistosos y carbonatados postorogénicos y alpujárrides. Estos últimos constituyen acuíferos de relativa importancia. Pero lo esencial del suministro hídrico proviene de unas escorrentías diferidas en el tiempo no tanto por el régimen térmico como por la acción antrópica que, durante siglos, ha contrarrestado el efecto de las fuertes pendientes de los barrancos que partiendo de las cumbres conducen rápidamente las aguas hacia los colectores principales: Guadalfeo, Adra y Andarax.

El valor de Sierra Nevada, que cuenta con altitudes por encima de 3.400 m es, por tanto, muy grande no sólo como nudo hidrográfico rodeado por doquier de depresiones áridas, sino sobre todo como inmenso depósito o arca de agua invernal o embalse regulador, natural del agua que largas acequias distribuyen por las laderas. Así se vivifica la tierra, especialmente durante el semestre veraniego durante el cual la Alta Alpujarra y también los valles bajos irrigados representan un violento contraste con la aridez más o menos intensa y duradera del entorno. Pensemos que considerando sólo las acequias alto-alpujarreñas estamos hablando de un centenar de canales primarios de abastecimiento no sólo para los regadíos sino también para las poblaciones que se nutren de resurgencias o careos, una red que afecta a unas 6.800 has. de cultivos considerando sólo la ladera meridional de Sierra Nevada en Granada y Almería. Se comprende así el gradual tránsito que conduce de la montaña al «desierto» como se denomina localmente a los secarrales almerienses anticipados de hecho por las no menos áridas cuencas de Ugíjar, Canjáyar o Alboloduy-Nacimiento. Como ha escrito P. George, al Sur y al Sureste de Sierra Nevada, la montaña daría paso al desierto, de no ser por esta obra de ingeniería tradicional que es la red hidraúlica. Por otra parte, sería un tipo de transición bioclimática bastante parecida a la que se ha reconocido en el Norte de Africa.

2. LA ALPUJARRA, ESPACIO HUMANIZADO

Las diferenciadas condiciones naturales y ecológicas de la Alpujarra a las que acabamos solo de aludir, son el fundamento del que derivan sus caracteres geográficos esenciales. Pero su originalidad incomparable entre las áreas montañosas españolas y mediterráneas con las que más se entronca, se sustentan mas aún en su rico pasado, durante el cual se transformaron tan profundamente las condiciones naturales de partida que actualmente, por más que mitos y estereotipos digan lo contrario, por más que lo exija la sociedad de consumo actual ansiosa de naturaleza, es muy difícil aceptar como natural sensu estricto, es decir sin ningún tipo de interferencia antrópica, cualquier fragmento alpujarreño. Puede parecer innecesario insistir en esto, pero es que rara vez se sacan las conclusiones adecuadas de esta evidencia histórica y científica. Un espacio transformado en profundidad porque ha sido, ante todo, poblado en toda su extensión desde antiguo. y poblado significa ocupado, habitado con el fin de sacar de él todo el provecho posible, mediante el trabajo de estos ocupantes que se han visto compelidos a organizarse tanto por el medio como por otros condicionamientos, internos o externos a la zona. Una organización que cristaliza durante el medioevo, al hacerse más plenamente concordante con un tipo de economía que se va a mantener, en lo esencial, durante siglos, modificándose en los detalles, enriqueciéndose muchas veces, empobreciéndose otras, pero manteniéndose en lo sustancial. Es lo que ha ocurrido también pero menos tiempo en las llanuras. Es la economía preindustrial típica de las montañas, que es más específica y más original en tanto que los estímulos y los condicionamientos del relieve y el clima también lo son y obligan a meditar mucho más las innovaciones, por lo que también los cambios han sido siempre más lentos. En las montañas siempre se han desarrollado fórmulas más complejas y ricas de economías preindustriales, cuya finalidad principal es siempre la misma: garantizar la subsistencia y el autoconsumo del hombre y el ganado. Relieve y clima imponen una mayor exiguidad de los terrazgos y obligan al aprovechamiento de todos los recursos existentes con más continuidad e intensidad, pero respetando algunos equilibrios básicos tanto físicos como sociales, sin los cuales el sistema organizativo se desmembraría, como de hecho ha ocurrido cuando definitivamente no se han respetado desde mediados del siglo actual. Estos hechos básicos, y comunes a la mayoría de las montañas mediterráneas, deben ser matizados mucho en cada una de ellas para no caer en los vacuos tópicos a que nos tienen acostumbrados tantos aficionados como hay hoy en dia a estos temas en general y a la Alpujarra en concreto, un espacio geográfico cuya sustancia transciende bastante los inanes conocimientos ecológicos, paisajísticos y literarios al uso; de los cuales se nutre, sin embargo, gracias a los mas media, la equívoca percepción actual.

La evolución histórica de los modos de vida alpujarreños, la relación de éstos con unos determinados tipos de organización económica y social, así como su plasmación en el paisaje fueron descritos ya por J. Bosque en diversos trabajos que arrancan de 1968. Mas recientemente otros trabajos y tesis, principalmente de geógrafos e historiadores, han profundizado en estas cuestiones en las que no puedo detenerme aquí, aunque me parece previo su conocimiento para plantear cualquier alternativa seria de desarrollo. Especialmente relevante me parece a este propósito la crisis de la organización territorial tradicional y de los modos de vida u organización económica que, en gran medida, sustentaban aquella (Trillo Sanjosé, 1992 y 1994).

Con respecto a la organización del territorio será preciso tener en cuenta, al menos, que, las primeras organizaciones de significación militar, por ejemplo la que menciona Ibn Aljatib en «climas» o distritos defendidos por castillos ubicados en puntos estratégicos (Buxarra, con Berja, Adra, Dalías, Andarax y Alcolea; y Ferreira (con Lanjarón, Orjiva y Juviles), no son más que la base de las que, ya en época nazarita consiguen armonizar mejor las condiciones naturales y las exigencias de los sistemas de aprovechamiento y transporte preindustriales. Esta estructuración, no difiere mucho de las que se encuentran en otras montañas, en tanto que organización por valles (las tahas serían un equivalente de los «concejos de valle»). Si difieren en cambio en otros hechos. La organización, por ejemplo, se apoya más en la necesidad de aprovechamiento en común del agua para la agricultura que de los pastos. Pero la ganadería, en contra de lo que muchas veces se ha interpretado, tenía aquí un papel muy importante también. La vida tradicional en las montañas, incluso tan mediterráneas como éstas, exige la ganadería para garantizar tanto una mínima renta como el trabajo. Este aspecto merece un estudio en profundidad, que estamos abordando, para poner de manifiesto, entre otras cosas, que, incluso en estas «montañas de campesinos», el policultivo agrícola de regadío necesitaba de los secanos exteriores y del aprovechamiento de los pastizales temporales objeto de transterminancia y transhumancia. Solo así se comprende la unidad económica y cultural tradicional de este espacio alpujarreño tan solo autosuficiente cuanto complementario a lo alto ya lo ancho.

Esta estructura en tahas o valles persiste, en lo esencial, hasta el siglo XIX, según puso ya de manifiesto Caro Baroja. Tras la repoblación, la Alpujarra, dentro del Reino de Granada, estuvo integrada, sin embargo, por dos estados señoriales (Orjiva y Torvizcón) y dos partidos o territorios de realengo (Ugijar y Adra). El «partido alpujarreño» comprendía casi la totalidad del valle longitudinal del Andarax almeriense hasta Pitres, quedando fuera de él, por tanto, el Poqueira, Cáñar, Soportujar y Lanjarón. En 1833 se configura la división del Reino de Granada en tres provincias y la partición de la Alpujarra entre las de Granada y Almería. A esto siguió, en 1834 el decreto de creación de los partidos judiciales, que tuvieron el inmediato efecto de potenciar algunos núcleos en detrimento de otros. La Alpujarra granadina quedó configurada en cuatro partidos con centros en Orjiva, Ugijar, Albuñol y Motril. y la almeriense entre Canjayar y Berja.

Por otra parte, con este decreto, se perjudica a otros centros como Lanjarón, Juviles, Válor o Cádiar, que hasta entonces tenían tanta importancia subcomarcal como los elegidos. Sin embargo, a pesar de la quiebra que supuso en principio, el papel de los partidos judiciales ha sido clave en la articulación contemporánea de la Alpujarra, y en este sentido podemos considerar aún más calamitoso el decreto de 1965 que, ignorando esta realidad territorial y en aras a una discutible racionalización administrativa, determinó la concentración de los tres seculares partidos granadinos en uno solo: el de Orjiva y la desaparición del partido de Canjáyar en Almería. Esta decisión fue seguida de concentraciones municipales, lo que si bien planteado hubiera reportado reales beneficios sobre todo. en infraestructuras y servicios, en la práctica se ha revelado más bien como una aplicación mas de la lógica tradicional desarrollista, incentivadora del proceso migratorio.

Resultan interesantes en este sentido, por último, algunas referencias históricas. Así Pedro Antonio de Alarcón (1876) con el que se cierra toda una época de viajeros románticos consideraba que la Alpujarra iba desde las cumbres de Sierra Nevada, entre el río Lanjarón y Ohanes, hasta el Mediterráneo, comprendiendo la costa entre el límite del partido de Motril y Punta Entina en Almería, desde donde remontaba la cumbre de Sierra de Gádor y de ahí al susodicho Ohanes. Más recientemente, Gerald Brenan (1957) distingue entre la Alpujarra Occidental centrada en Orjiva, La Oriental centrada en Ugíjar y la Almeriense. Excluye, además de la Alpujarra a las sierras costeras de Lújar, Contraviesa y Gádor, al menos en su vertiente meridional. Parecido criterio tiene Spahni (1959) que distingue una Alpujarra granadina algo más amplia que la de Brenan ya que la extiende hasta el mar y una Alpujarra almeriense (Andarax, sin la costa).

Tras estas consideraciones, tan presentes como ignoradas en los planteamientos de reordenación más actuales se entenderá mejor el proceso más específico (pero evidentemente interconectado con lo anterior) de la crisis de los modos de vida tradicionales, para planterar posteriormente algunas posibilidades de cara al futuro.

Comenzando por el primero de los aspectos señalados, es evidente la singularidad que presta al sistema agrícola tradicional la posibilidad del escalonamiento altitudinal de las actividades en gran parte del territorio. Todo el terrazgo se organiza desde la Edad Media a partir de un regadío dividido hasta la saciedad, atomizado en infinidad de parcelas rodeadas muchas veces de setos de zarzales o de árboles forestales (castaños, encinas, robles) u olivar. Estos setos no tendrían tampoco sentido sin una práctica ganadera intensiva. Al regadío hortícola, en general no muy alejado de los pueblos, sucede un secano de cultivos escalonados con la altura, alternativo o sucedido en la parte superior desde los 1.600 ó 1.800 metros, por cultivos temporales de primavera-verano y los prados de verano que dominaban a partir de los 2.000 metros. El bosque no deja de estar presente, y constituye por lo general, un límite no contínuo entre el área agrícola permanente o temporal y la zona de pastos. Pero, entre los diversos tipos de terrazgos de riego y de secano, antes que el bosque s.e., los bosquetes semi abiertos o adehesados de castaños, encinas, nogales, próximos a las poblaciones, etc. desempeñan una función híbrida agropastoril y suministran, en las cercanías de los pueblos muchos de los productos necesarios sobre todo para el invierno (pastos, leñas, carbón, etc.).

Aunque tal escalonamiento altitudinal del paisaje sugiere una integración de la agricultura y la ganadería, se trata de actividades muchas veces más superpuestas que yuxtapuestas. No falta quien sugiere una separación radical (Mignon, 1982), pero esto parece exagerado, e históricamente inexacto. Es evidente, tanto el papel preponderante de las actividades agrícolas como una relativa autonomía de éstas y las ganaderas; autonomía que, a veces, se significa socialmente. En estos viejos regadíos, labrados a fuerza de trabajo y tradicionalmente ricos, el prestigio social del labrador era muy superior al de ganadero, en efecto, pero esto no excluye la colaboración e incluso, la interferencia y la complementariedad. De todos modos estos sistemas se apoyaban a su vez claramente en los de media montaña y en los del litoral y de ahí que el proceso de abandono, aunque coindidente en el tiempo, presente también matices diferenciales importantes, según las zonas y a medida que se fué rompiendo el sistema.

Entre 1950 y 1960, situación que reflejan aproximadamente algunos trabajos del profesor Bosque Maurel, la dimensión de muchas de las explotaciones minifundistas eran ya claramente insuficientes para subsistir, a pesar de que alternaban en gran medida diversas parcelas de riego de vega (1,5 ha de promedio), algunos «campos» temporales y a veces, los «cortijillos». Esto permitía, con un trabajo ímprobo, una o dos cosechas en la vega (trigo en invierno, maiz y hortalizas en verano) y una cosecha en el campo (patatas verano), a lo que se agregaba algún ganado doméstico. En otros casos, la finalidad alimentaria era menor y se había diversificado más aún este policultivo de vega, con una tercera cosecha de judías verdes que se plantaba entre el cereal. No menos diversa era la situación de los secanos, apoyados a veces en las áreas más secas con riegos de escorrentía en los años muy buenos en estos secanos, que perdieron muy pronto intensidad, la trilogía tradicional (cereal, vid, olivar) se veía enriquecida tradicionalmente con muy diversas fórmulas de cultivo y ganadería.

Estos sistemas se rompen porque están basados, como se ha dicho, en un enorme esfuerzo, no valorado tradicionalmente, y porque están definitivamente bloqueados en sus posibilidades de abrirse al mercado. La venta de semillas en la próxima costa, la minería, el parral, las obras hidroeléctricas, las migraciones temporales a la zafra azucarera, fueron otras tantas válvulas de escape que desaparecen casi al unísono que las actividades del monte ante la nueva economía de mercado y la atracción de las áreas industriales.

El éxodo fue enorme y sin apenas etapas intermedias. La Alta alpujarra pierde así entre 1950 y 1980 más el 75% de la población activa masculina, constituida esencialmente por pequeños propietarios y unos pocos jornaleros. En conjunto, sin embargo, la población a principios de los años 70 aunque envejecida ya veces muy envejecida era aún un recurso mas importante que hoy día. La situación era muy diferente según los valles, y, así, junto a pueblos envejecidos y en trance de abandono como Atalbéitar o Ferreirola, había otros donde convivían viejos y niños (Válor, Mecina, Bombarón) o incluso eran notables todavía los jóvenes (Trevélez, Pitres, Picena, Capileira y Bubión), aunque no siempre se trataba ya de agricultores. La población joven y madura aunque muy inferior a las zonas llanas periféricas, era todavía importante (32% de jóvenes, 31% de maduros, 15,5% de viejos y 21% de niños, en 1981). La crisis demográfica fue aquí, salvo excepciones locales, menos acusada que en otras montañas en términos relativos, aunque las pérdidas absolutas son semejantes a los records de la montaña media española.

Una vez más, como señalaba Mignon, cabría esperar de esta menor presión demográfica una intensificación o una salida al minifundio reinante. La comparación de los censos agrarios traduce en efecto una concentración que llega a veces al 50%, entre 1972 y 1982 pero tan generalmente escasa que en términos actuales, puede decirse que el tamaño de las explotaciones sigue siendo insuficiente. No se puede desconocer, al respecto, en primer lugar, que el abandono afectó ante todo a las tierras de cultivo temporal (los «cortijillos» abandonados ya muchos antes de 1950) y a los regadíos más alejados de los pueblos, en tanto que el abandono de las vegas cercanas a los pueblos ha sido más reciente. Por otra parte aunque se ha abandonado entre un 50 y 75% del terrazgo, no siempre esto significa una concentración de hecho. Esto porque los campesinos restantes no son capaces de atender, o no quieren, las ofertas muy variables, de tierras en alquiler y, luego, por la carestía que, a partir de 1980, y, sobre todo, en el sector más occidental, están alcanzando las tierras debido a la especulación urbanística que afecta particularmente a los terrenos próximos a los pueblos. Debe considerarse por último, la descapitalización y la dificultad de la mecanización.

En consecuencia, al igual que ocurre en otros casos, el sistema agrícola tradicional, una vez bloqueado en sus posibilidades normales, se empobrece y se derrumba totalmente. Sucede aquí, en efecto, también, primero una extensificación o especialización del intensivo y agotador sistema tradicional y poco a poco se entra en regímenes de una sola cosecha enormemente frágiles económicamente, incapaces de resistir la competencia del mercado. Un sistema que se deteriora cada vez más con la reutilización, por ejemplo, de las semillas, la falta de abonado congruente con el retroceso de la ganadería, el olvido de algunas técnicas (Remmers, G, 1995) y la falta de capital. Todo ello conduce, en definitiva, a una serie de explotaciones agrícolas residuales y a la desafección total o parcial del campesinado en cuanto existe la oportunidad de obtener de otro modo algunas rentas o de emigrar.

El declive de la ganadería fue más progresivo. En cierto modo ha resistido mejor la crisis y ha llegado a ser a veces casi una actividad económica preponderante o de mayor peso relativo que en el inmediato pasado. Esto a pesar de que las causas negativas ya apuntadas en otros sitios, no dejan de aparecer aquí (escasos pastores jóvenes, repoblaciones que limitan cargas y tránsitos, extensificación mayor de las trashumancias, etc.). Por otra parte, la crisis ganadera se relaciona, en principio, con la desaparición en los años 60 del sistema de la hatería donde un gran ganadero especializado organizaba todas las actividades pastoriles, trashumancia incluida. Este sistema era habitual en toda la Alpujarra y su crisis ha coincidido con la pérdida de valor absoluto de la ganadería. El hecho más significativo es el declive del ovino que cuenta hoy en la Alta Alpujarra casi con menos de la mitad de los efectivos de 1950, lo que es revelador de la quiebra del sistema trashumante tradicional y de la falta de técnicas adecuadas para hacer frente a las nuevas demandas lácteas y cárnicas. Otro tanto ocurre con el caprino, sin que la relativa mejora de la situación del vacuno y la pequeña ganadería doméstica de cerdos y aves de corral, la cunicultura y la apicultura sea tampoco muy estimables.

3. PERSPECTIVAS DE DESARROLLO

Desde comienzos de los 80 (recuerdese el magno congreso organizado por el MAPA, en 1982 sobre «Agricultura y desarrollo rural» parecía un hecho ya generalmente aceptado que la salida a la crisis generalizada del universo agrario alpujarreño, no podía afrontarse sin un planteamiento global de los problemas. El contexto ofrecido entonces era el de la Ley de Agricultura de Montaña, mediante la cual se intentaba ya superar las recetas desarrollistas para la montaña y el estrecho marco del «asistencialismo» que era ya criticado por todas las instancias, incluidas las de la CEE. En virtud de ello se intentaron algunas experiencias de revitalización agrícola a partir de la economía familiar y algunos ensayos de pluriactividad que pronto derivaron en una excesiva dependencia del turismo. Otro problema fue la escasa atención que la política agraria regional prestó a esta Ley cuya correcta aplicación pienso que habría podido contribuir a afrontar algunas reformas estructurales necesarias. No fue así porque faltó sensibilidad para entender que la montaña, la Alpujarra en concreto, no puede ser asimilada sin más a otras regiones desfavorecidas con problemas menos específicos. Se dedicó así más tiempo a un proceso de delimitación y caracterización socioeconómica estandarizado que a la necesaria adecuación de las políticas regionales a las características de nuestras montañas. De ahí el fracaso de alguna de las políticas comunitarias en Andalucía, como la Indemnización Compensatoria. A finales de los 80 se planteará finalmente una actuación global tanto en el plano económico como en el territorial. Este era al menos el sentido inicial del Plan Alpujarra. Este Plan culminado en 1991 detectaba «escasas oportunidades» en orden a los nuevos planteamientos de la CE sobre las transferencias de renta a regiones «desfavorecidas» y volvía a apostar sin mucha convicción por la economía familiar y la pluriactividad sin especialización («algo de todo»), señalando, entre otras cosas, asímismo, algo que todavía sigue siendo esencial, la necesidad tanto de mejorar la accesibilidad y la vialidad de la Alpujarra, como la urgencia de una acción institucional selectiva y coordinada. Algo que también podría afrontarse, de haber recursos y voluntad política a partir de otros instrumentos administrativos todavía no desarrollados pero contemplados en la legislación actual. Uno sería el Plan de Desarrollo Integral contemplado en la Ley 2189 «de Inventario» y en el P.O.R.N. y P.R.U.G. de Sierra Nevada, no desarrollado todavía y cuya implementación corresponde al I.F.A. ya la Consejería de Medio Ambiente, cuyo ámbito lógico es toda la Alpujarra y no estrictamente el Parque. Otro podría ser la Ley 1/1994 de Ordenación del Territorio de Andalucía (LOTA), quizá el marco más adecuado para la necesaria coordinación de todas las acciones territoriales (ambientales, urbanísticas, agrarias, de transporte y comunicaciones, y económicas, etc.). Los instrumentos previstos en dicha Ley (Plan de Ordenación del Territorio de Andalucía, y sobre todo los Planes Subregionales) siguen, asímismo, pendientes. Como también parecen estancados diversos planes sectoriales (carreteras, forestal...).

No es necesario decir que el Plan Alpujarra tampoco se llevó a efecto, y ello se ha intentado justificar por el propio IFA por la inmediata implantación del LEADER I a partir de 1991. La coincidencia de calendario es una realidad, pero también es una inconsecuencia bastante oportunista considerar que el LEADER I hace innecesario un planteamiento global y selectivo como el planteado por el Plan Alpujarra o más recientemente por el no nato Plan de Desarrollo Rural de Andalucía, al que haré alguna referencia después.

Con respecto al LEADER I hemos expresado algunas dudas sobre la sostenibilidad de la experiencia y las contradicciones que se observan entre las fórmulas seguidas en la Alpujarra y los objetivos teóricos del desarrollo rural integrado formulados tanto por la CEE como por la OCDE. Como conclusión de los análisis efectuados, y en especial en relación con los proyectos turísticos, absolutamente dominantes, dejamos, ante todo, constancia, del balance altamente positivo de la experiencia 1991-94 en tanto que factor de impulsión económica de un área atrasada y desarticulada con grandes potenciales endógenos ociosos y que había acumulado diversas frustaciones a raiz de las intervenciones públicas anteriores. En esto coincidimos con los análisis, así mismo recientes, de Barke y Ruiz Avilés. Sin embargo, en la perspectiva de la sostenibilidad, el proceso emprendido debería reconducirse en varios sentidos. En primer lugar, reequilibrando el papel del turismo, que debe mantenerse como actividad impulsora del proceso de desarrollo pero en absoluto como actividad cuasi monopolística con un alto grado de concentración espacial. En una experiencia real de desarrollo rural integrado y sostenible debería impedirse a toda costa que el turismo se convierta en un factor desincentivador de las actividades rurales, además de controlarse la especulación y los modelos constructivos nuevos ajenos a la tradición y al paisaje. El turismo debe plasmarse en una oferta más rica y sobre todo más genuina por su arraigo en los paisajes, recursos y actividades de cada subzona.

La revitalización de las actividades rurales o, más drásticamente expresado, su replanteamiento en términos de mayor rentabilidad pero sobre todo de sostenibilidad de la infraestructura heredada es esencial. Sin ello, la cultura se empobrece y los paisajes se esclerotizan, se fosilizan y en la mayor parte de los casos se degradan y agotan sus posibilidades de aprovechamiento de cara al futuro. La Alpujarra alta, media y baja necesita sobre todo un replanteamiento específico de sus sistemas culturales relacionados con el uso del agua en los regadíos e incluso, aunque parezca una futesa, en los secanos, que solo una grave ignorancia puede confundir con cultivos absolutamente en seco. No tengo espacio para analizar detalladamente las distintas alternativas viables de cultivo en cada área. Pero no quiero por ello dejar de referirme, sin embargo, a la consideración de la Alpujarra en las «Bases para un Plan de Desarrollo Rural Andaluz». Dicho documento, hasta ahora no instrumentalizado en un plan operativo, contiene aciertos innegables en el diagnóstico del mundo rural andaluz y en las diferentes estrategias generales acordes con los objetivos propuestos. En lo que concierne, en cambio, a las sierras penibéticas, adolece, ante todo, de la planificación a escala comarcal de algunas de las variables o estrategias previamente contempladas a nivel general y sobre todo, de concreción de los instrumentos de coordinación política y técnica necesarios para el desarrollo integrado y sostenible contemplado en el diagnóstico general. Estas lagunas serían más graves de tratarse de un plan operativo, pero denotan, en cierto modo, el poco relieve que la política agraria tiene en el contexto regional. Esto nos lleva, por otra parte, a considerar la posibilidad del desarrollo rural integrado y sostenible en un contexto actual, donde el intervencionismo de la administración pública regional alcanza cotas altísimas, sin precedentes, pero en paralelo, paradójicamente, a una descoordinación no menos insólita, sin duda no pretendida pero que dificulta muchísimo el desarrollo pretendido, de las leyes promulgadas, que, por añadidura, vienen tropezando con la falta de recursos económicos para su implantación efectiva.

Esta descoordinación se plasma de un lado en conflictos competenciales entre las administraciones, pero sobre todo, en la descoordinación en la gestión por los diversos intereses implicados en el territorio, aunque se trate de una misma administración. Prueba de ello, por ejemplo, es la descoordinación autonómica en política ambiental y política económica o entre estas y ordenación del territorio y obras públicas.

El logro de un desarrollo integrado y sostenible parece, por tanto, un objetivo utópico, si lo consideramos incluso a la luz de la experiencia reciente de las planificaciones económicas y territoriales. La propia Gerencia de Promoción del Parque de Sierra Nevada, responsable parcial al menos de esta coordinación, de acuerdo con la Ley de Inventario, ha tardado en configuarse más que la propia planificación y es hoy por hoy, un mero decorado. El Plan Subregional de Ordenación del Territorio previsto, está por conocerse, así como los medios con que impulsará efectivamente las distintas acciones implicadas. El éxito de la mayoría de las actuaciones en curso, entre ellas el LEADER II y el nuevo Plan Andaluz de Carreteras dependerá mucho de que esta coordinación mejore y se distribuyan más solidariamente, en el tiempo y en el espacio, los recursos económicos públicos. Condiciones éstas, unidas, asímismo, a la sostenibi\idad del desarrollo. La sostenibilidad exige, pues, no solo la continuidad del crecimiento, sino acciones integradas y coordinadas en gran medida pero no exclusivamente basadas en el medio ambiente. Los instrumentos de planificación existentes, tanto dentro como fuera del ámbito del Parque Natural, aún sin contar el PDRA y el Plan Subregional de Ordenación, serían suficientes a condición de una mayor eficacia de las administraciones e instituciones implicadas, que facilitaría además la adecuación de unos recursos que siempre serán escasos. A las administraciones municipales compete no poco de esta tarea de impulsar, coordinar y exigir conjuntamente el desarrollo de las acciones más concretas o prioritarias, especialmente en materia de infraestructura viaria e hidráulica. Materias a las que por cierto, en lo relativo a los regadíos de montaña, presta nula atención el considerado gran instrumento de referencia para la política ambiental de los años venideros, el Plan de Medio ambiente de Andalucía.

Para terminar, una reflexión que tal vez debería haber sido la primera de todas, la que se deriva de la relación entre sostenibilidad y el «capital humano» existente. En este sentido es indiscutible que la mayor parte, pero no todos, de los caracteres demográficos actuales se relacionan con la crisis demográfica y económica de los años 60 y 70. De ahí los desequilibrios en la distribución, la pérdida de importancia o la desaparición de hecho de algunos pequeños núcleos y muchos diseminados, la débil natalidad o el envejecimiento (Cózar, 1996). Este proceso no se ha detenido, aunque se ha ralentizado en los últimos años.

La Alpujarra granadina, en efecto, ha pasado de 39.590 habitantes de hecho en 1981, a 35.129 hab. en 1991, la que representa un retroceso en diez años del 11,2%, que hace asímismo, bajar su participación en el conjunto de la provincia de Granada que ya es sólo del 4,3% (frente al 5,1 en 1981). En el último quinquenio, la situación parece estabilizada, pero se debe sólo al moderado crecimiento de algunos núcleos de la Alpujarra occidental granadina. Por su parte, en la Alpujarra almeriense ha sucedido aproximadamente lo mismo, aunque para establecer comparaciones adecuadas hay que eliminar la distorsión que introducen Berja y sobre todo Dalias (que en 1981 incluía El Ejido que tenía casi tanta población como el resto de la zona). Corregido este problema, la Alpujarra almeriense ha pasado de 34.949 hab. en 1981 a 33.477 hab., es decir que ha perdido el 4,2% de su población, que ahora representa apenas el 7,1% de la provincia almeriense (frente al 8,6% en 1981). Los datos recientes, en este caso, no parecen aquí, en cambio, indicar la detención o estabilización del proceso. Otro hecho, entre otros muchos, a tener en cuenta a la hora de saber para qué o para quienes planificamos el desarrollo futuro, es el reciente vuelco estadístico experimentado por las actividades de la población. En este sentido, hasta 1981 era todavía notorio estadísticamente el predominio de la población ocupada agraria, en tanto que ahora representa más del 65% de la población ocupada en Granada y más del 50% en Almería, tiene su ocupación principal en los servicios. Es clara la explicación de ello en relación con la desmovilización continuada del sector agropecuario y la incorporación reciente de población femenina. Pero, en cualquier caso, la atención a las variables demográficas, a los recursos humanos, debería ser un referente contínuo, aunque no único de las actuaciones en pro del desarrollo sostenible, uno de cuyos objetos básicos es también la mejora de la renta familiar disponible y la calidad de vida de la población del área.

4. CONCLUSIÓN

A partir de las reflexiones precedentes no sería dificil elaborar un listado de actuaciones e incluso, priorizar éstas. Es una tarea que hemos abordado en otras ocasiones (Rodríguez Martínez, F, 1988, 1992 y 1996) y que podríamos volver a repetir aquí, aunque no nos parece lo más apropiado en este caso. Para acabar permítaseme reiterar la absoluta necesidad de una acción especial, global, urgente y coordinada de todas las administraciones públicas y de los agentes privados más significativos (los detectados o implicados a través de los propios LEADER I y II). Luego si hay algo prioritario desde hace mucho tiempo es una actuación urgente sobre la infraestructura viaria e hidráulica y una reordenación del sector agropecuario, sin la cual cualquier experiencia de desarrollo sostenible quedará abortada o muy limitada.

CAPÍTULO 13
PAISAJES Y SISTEMAS AGRARIOS DE MONTAÑA EN ANDALUCÍA*

En capítulos anteriores de esta obra hemos presentado las coordenadas comunes que definen la crisis de la montaña andaluza, en tanto que ámbito mediterráneo específico. Crisis demográfica ante todo, pero que refleja la quiebra de unos sistemas agrarios cuya infuncionalidad e inadaptación se hace a su vez cada vez más patente por la falta de efectivos humanos. Genéricamente hemos asistido a la quiebra de unos policultivos y unos sistemas ganaderos, que la falta de brazos hace cada vez más extensivos y frágiles desde cualquier punto de vista.

A pesar de los rasgos comunes que se derivan de factores idénticos, el mosaico de sistemas y paisajes existente en la montaña andaluza es susceptible, asimismo, de un tratamiento diferenciado. Y esto, no sólo en razón a los profundos contrastes ecológicos que han sido analizados ya, sino también a causa de los diversos factores locacionales, históricos y sociopolíticos de cada conjunto montañoso o más específicamente de cada macizo o área. En realidad, no hay ningún inconveniente, por paradójico que parezca, en reconocer que todos los conjuntos montañosos, incluso los de un mismo dominio o ámbito biogeográfico, resultan referibles a unos cuantos tipos o modelos que atienden preferentemente a los procesos dialécticos

* En *Geografía de Andalucía* (dir. Gabriel Cano García, eds. Tartesos, vol. 4, págs. 287-329.

entre los distintos elementos del conjunto agrario. Puede, así, reconocerse tanto un paisaje montano andaluz como unos paisajes que resultan de procesos dialécticos específicos y de peculiares reacciones ante impactos más o menos semejantes.

No es fácil, sin embargo, una caracterización tipológica completa de los espacios serranos andaluces. A pesar del considerable aumento de la bibliografía al respecto en los últimos años, incluidas varias tesis doctorales, son muchas las lagunas existentes y la desigualdad de la información existente. No obstante, una primera aproximación adecuada a las características de esta obra, puede diferenciar, en principio, los grandes sistemas orográficos enfrentados no sólo desde el punto de vista naturalístico, sino también desde el punto de vista de la ocupación y la gestión del territorio. Esto sin perjuicio de diferenciar sectores o sistemas tanto en las Cordilleras Béticas, donde los contrastres topográficos, biogeográficos y económicos son enormes, como en Sierra Morena donde las diferencias internas son mucho menos acusadas.

1. LOS MODELOS PENIBÉTICOS DE ALTA Y MEDIA MONTAÑA

La Cordillera Penibética, dentro de su pertenencia básica al sistema alpino y al dominio mediterráneo, no deja de ofrecer interesantes posibilidades de estudio en los sentidos apuntados. En efecto, esta montaña a pesar de su relativa falta de continuidad, de su atomización relativa en macizos diversos, constituye la más extendida en longitud, y la más meridional de las Cordilleras Béticas, al lado mismo del Mediterráneo, presentando al propio tiempo las cumbres más elevadas de la península. Los contrastes de potencial ecológico son muy considerables y no se limitan al característico escalonamiento altitudinal o a la clásica oposición, muy marcada sin embargo, entre solanas y umbrías, sino que aparecen toda una serie de hechos topográficos, litológicos, estructurales, climáticos y biogeográficos que contribuyen a diferenciar y a multiplicar los contrastes: por ejemplo, entre los diversos sectores orientales y occidentales de la cordillera, pero también a lo largo de algunos valles transversales (Andarax, Lecrín, Guadalhorce) y de las dos depresiones longitudinales intramontañosas (Alpujarra y Valle del Genal) que separan los conjuntos esenciales (Sierra Nevada y Serranía de Ronda) de una franja de sierras costeras (Contraviesa, Lújar y Palmitera-Bermeja) que caen casi directamente sobre el mar. Entre esos conjuntos citados, los Montes de Málaga y la tradicional Axarquía u Oriente malagueño no dejan de presentar interesantes variables formales y funcionales, lo mismo que la Sierra de los Filabres en el extremo oriental.

A una base ecológica diversa, se superpone por otra parte, una humanización antigua e intensa, como corresponde a la situación general de la montaña. En toda la cordillera se detectan restos prehistóricos y antiguos que permiten asegurar la sólida implantación del poblamiento prerromano y romano que constituyó la base sobre la que se estableció más tarde una intensa islamización y una organización rural, según todos los indicios, perfectamente adaptada y en equilibrio con el medio natural. Esta situación, que permite relacionar la Penibética con otras montañas mediterráneas, se alteró sin embargo, progresivamente a partir de la «Reconquista» y ulteriores repoblaciones que significaron una implantación de hábitos campesinos distintos, poco adaptados a la vida montañosa, que tendieron a recrear el paisaje de secanos cerealistas de las regiones de origen. A la vez que se fortalecían las bases de la extremada parcelación actual de la propiedad y de la explotación, mediante el sistema de repartimientos que, en esto, conservaron hasta la vieja costumbre morisca de se-parar el dominio del suelo y el vuelo. La extremada división de la propiedad y la atomización de las explotaciones y parcelas es un hecho general a la Andalucía mediterránea pero que alcanza su máximo desarrollo en las montañas.

El proceso debió culminar en los siglos XVIII y XIX a la vez que se producían otros importantes hechos que acabaron de configurar los aspectos esenciales del actual paisaje rural. Estos hechos pueden resumirse en los siguientes:

a) Nuevas roturaciones a expensas del bosque climácico hasta el límite superior de su extensión altitudinal, que estuvieron espoleadas por un relativo crecimiento demográfico, el desarrollo de nuevos cultivos como el maíz o la vid y una cierta expansión de la minería (más esporádicamente la siderurgia), la generalización de la práctica del carboneo y, por último, la necesidad de una ampliación del área de pastos extensivos.
b) Desamortización de los bienes eclesiásticos y, parcialmente, de los propios unida a la desaparición de los señoríos y del régimen señorial.
c) Consolidación del aislamiento de amplios sectores de la cordillera, al trazarse al margen de ellos la red de carreteras y ferrocarriles. Así mientras esto favorecía la transformación agrícola de algunas áreas de la periferia montañosa, estos sectores quedaban prácticamente condenados a una autarquía que a la larga limitó incluso los intercambios tradicionales con las zonas externas.
d) Desarticulación u abandono de la mayoría de los terrazgos tras la emigración y abandono de la actividad agraria en la segunda mitad del siglo XX.
e) Implantación de políticas asistenciales y desarrollo del turismo rural a partir de 1985

El paisaje rural de la Penibética, sobre todo en sus áreas más interiores, refleja toda esta larga herencia y denota que los hechos campesinos no se explican, como piensan algunos, por el simple aprovechamiento económico de una base ecológica. En realidad, como afirma García Fernández, existe toda una «infraestructura geográfica» heredada de la que dependen también la rentabilidad de la economía rural y el propio grado de adaptabilidad a los tiempos presentes, lo que se traduce a su vez en el paisaje ya que condiciona la renovación de la población, la redistribución de los usos del suelo y, en definitiva, la propia transformación de la organización heredada.

Esto explica la lenta evolución de los paisajes rurales que, como los penibéticos, resultan de una historia tan larga y compleja, asociada a grandes etapas de aislamiento. Pero la dinámica existe siempre y, en buena parte, también depende de factores exteriores al propio campo. Así el actual paisaje penibético se explica fundamentalmente por la inadaptación y el retraso con que sus viejas estructuras han recibido el impacto de la sociedad urbana, factor determinante, aunque no único, de la emigración que ha ido vaciando sus campos. Pero, cada vez más, aparece en este paisaje la huella de ese fenómeno, viejo y nuevo, que es la urbanización. De hecho es notorio que las revoluciones económicas y tecnológicas contemporáneas se han hecho en función de las ciudades que han actuado más que nunca como polos de atracción de población campesina. Pero también se observa ya en el campo penibético, esa especie de reflujo parece conllevar la vida urbana y que se materializa en una nueva ocupación, más o menos temporal, de parte del espacio rural (turismo, urbanización secundaria, etc.) que amenaza destruir un patrimonio que va mucho más allá de las transformaciones de la vivienda y, en definitiva del paisaje, significando un verdadero cambio de la cultura campesina tradicional. Las tierras cobran de pronto nuevo valor, el campesino adopta poco a poco una mentalidad más urbana y encuentra estímulos para una nueva ordenación del espacio rural con arreglo a nuevos presupuestos.

Dentro del precedente esquema general, en los diferentes ámbitos pueden encontrarse aspectos referibles plenamente al mismo, junto a otros que contribuyen a caracterizar y diferenciar los propios sistemas y paisajes y las modalidades específicas de su crisis y transformación actual.

1.1. *La Serranía de Ronda*

Constituye un primer modelo de montaña media perfectamente individualizable. Ante todo, en razón a su situación entre la alta y baja Andalucía que le ha permitido históricamente tanto el papel de refugio como el de frontera, este último sobre todo durante el Reino Nazarí de Granada. Pero localización también en el extremo SO. de las Béticas, concentrando una alta pluviosidad que explica que sea uno de los núcleos biogeográficos (pinsapares) e higrográficos más notables del Sur (Guadiaro-Genal, Guadalete, Guadateba-Turón-Guadalhore). Aún restringida a la actual provincia de Málaga, los diversos valles serranos se siguen vinculando a través del núcleo de Ronda, cuyo desarrolo histórico traduce el de las economías montanas vinculadas con él.

Unas economías de base muy antigua como ponen de relieve los restos arqueológicos que revelan el valor de los emplazamientos defensivos, controlando las rutas naturales que llevan desde Gibraltar y la costa al interior.

La población creció de forma lenta pero constante desde el siglo XVI. Un crecimiento que se justifica en el marco de unos modos de vida basados en el autoconsumo y un intercambio siempre relativo de algunos productos, predominantemente ganaderos, forestales o mineros casi siempre, salvo alguna pequeña contaminación del auge vitiviní-

Lámina 23. *Llanos de la Nava en Ronda (Málaga)*

cola malagueño del siglo XVIII-XIX. Tras el relativo estancamiento de principios de siglo, se registra un período de crecimiento que culmina en 1950 (76.887 habitantes, en los 24 municipios malagueños, casi el doble contando el Noroeste gaditano).

La espectacular caída demográfica subsiguiente representa un claro ejemplo del desmoronamiento en los modos de vida tradicionales. Todavía a finales de la década de los sesenta, los municipios de la Serranía Ronda llegaron a proporcionar el 40% de la riqueza catastral malagueña, a pesar de que en la cercana Costa del Sol empezaba entonces el «boom» turístico y la absorción de población de población serrana.

Las pequeñas explotaciones que sostenían el policultivo de autoabastecimiento se revelaron claramente progresivamente insuficientes e incapaces tras los años ulteriores a la autarquía de la postguerra. La fragmentación de la propiedad era entonces espectacular, con el 80% de pequeños explotantes parcelarios que se veían necesariamente obligados a completar su renta fuera de la propia explotación en actividades relacionadas bien con el monte comunal o de propios, bien con la ganadería. Un enorme esfuerzo costaba todo esto, teniendo en cuenta que, sólo en el Valle del Genal, había 6.800 parcelas de menos de 1 hectárea y casi tres veces más, de menos de 5 hectáreas, por lo general dispersas en un terrazgo muy discontinuo y atomizado.

Era un sistema agrario, como destacaba perfectamente Mignon (1982), incomprensible sin la solidaridad y cohesión de todos sus elementos. La descripción habitual de las actividades del monte como complementarias olvida con frecuencia la trabazón de estas en el sistema. Sólo desentrañandola se puede, en efecto, llegar a entender bien el desmoronamiento rápido que se produce en el sexto decenio de este siglo. Este empieza con la progresiva desaparición de las actividades del monte, muy numerosas, y que iban desde la obtención de carbón de leña, corcho o esparto hasta la obtención de cal viva en una infinidad de hornos. Estas actividades muy variadas en detalle e interrelacionadas con otras como la arriería y la ganadería (que se aprovechaba de las rozas del matorral para combustible y de las rastrojeras de las siembras esporádicas). Así la introducción del butano y de nuevos medios de transporte van a acabar con cientos de empleos de una manera brusca y va a demostrarse la insuficiencia crónica del policultivo de autoabastecimiento para mantener la población.

De hecho ante la desaparición de estos recursos del monte que daban salida a un subempleo habitual, lo lógico hubiera sido la intensificación de las actividades agrícolas. Esto se reveló enseguida imposible tanto por razones técnicas (falta de capital inicial), como por las limitaciones naturales (para la mecanización, por ejemplo, aunque ésta habría restringido también el empleo). De este modo, el minifundio de regadío, al contrario de lo que cabría suponer, se va empobreciendo y extensificando con aparcerías o arrendamientos progresivamente ruinosos, tanto para el propietario como para el colono. Esta crisis del pequeño cultivo, sucedánea de la del monte, acelera la emigración especialmente en los valles intramontanos, que se revela tanto efecto como causa de nuevos problemas al faltar jornaleros.

El paisaje no tardó en acusar este proceso de desorganización del sistema agrario. El primer efecto fue el abandono de los policultivos de secano, correlativos de las actividades del monte citadas, que se convierten poco a poco en yermos. El proceso se inicia con los cultivos anuales de las rozas, unidos a las caleras y al carboneo, que se abandonan inmediatamente, en tanto que la arboricultura de secano se mantiene, pero cada vez más como una actividad casi exclusivamente recolectora, con pocas o muy distantes labores (castañar, olivar, almendro, algunas frutas y productos hortícolas de autoconsumo...). Por último es evidente el rápido retroceso de la ganadería, en el que confluyen una serie de factores internos y externos. Entre los primeros, Mignon ha puesto, una vez más el énfasis en la conexión de este fenómeno con el declive general de la vida rural. El ganado menor (ovino y porcino, principalmente) se enfrenta, en efecto, con una serie de problemas técnicos, algunos de los cuales tiene relación con la situación agrícola (insuficiencia alimenticia, falta de alimentación complementaria al interrumpirse la trashumancia...), aunque otros no (selección de razas, apriscos, etc.). Pero si es verdad que ya no hay forrajes como antes (rastrojos, rozas, ramoneos de encinares, etc.), también es cierto que todo ello coincide con algunos hechos externos como la peste porcina o la limitación de cargas y de circulación de ganados en los montes públicos o consorciados resultado de la actividad del Patrimonio Forestal del Estado, primero, y del ICONA, después. En cualquier caso, la ganadería, por razones diversas, entre las que destaca también la falta de pastores privados o públicos (porqueros comunales) sufre una gran transformación en sentido regresivo.

Sin estas actividades, complementarias pero esenciales, el policultivo campesino de la Serranía experimenta un sensible y definitivo retroceso. Ante todo se produce un cambio de orientación, ya que los cereales pasan a un segundo plano, aunque siguen representando entre el 30 y 50% de la producción. Por otra parte, esto implica una extensificación, una menor dedicación, lo que es posible porque se obtienen rentas irregulares de diverso origen (remesas de familiares, paro, pensiones, trabajos de repoblación, etc.). Este policultivo, reliquia del viejo policultivo autárquico, tiende a tranformarse en una explotación familiar a tiempo parcial, en aquellos lugares en los que se mantiene una población joven suficientemente numerosa, lo que ha sido posible, sobre todo, por la aculturación que han sufrido y sufren los titulares en otros ambientes y, sobre todo, los jóvenes que aún quedan. De ahí que sea en realidad un tipo de explotación residual y, en realidad, minoritaria en relación con las explotaciones de jubilados cuya finalidad última es reducir las compras externas, mediante el autoabastecimiento parcial.

En los espacios adehesados de los altiplanos y en las laderas calcáreas no afectadas por las repoblaciones, subsisten algunas grandes explotaciones (de 300 a 1.000 Has.) ganaderas, en franca crisis también. Estas crisis, al igual que en Sierra Morena, responde en lo esencial a razones técnicas y económicas muy diferentes a la de la pequeña ganadería antes aludida. Su mantenimiento como explotaciones ganaderas por sus propietarios, generalmente absentistas, residentes en Ronda, Málaga, Sevilla supone un riesgo difícil de asumir. Mientras los salarios de los pastores eran bajos, era posible la superviviencia de este sistema con marcado carácter extensivo. Pero al elevarse los costos, la única salida sería la intensificación mediante mejoras técnicas que exigen inversiones y sobre todo riesgos mucho mayores que los que suponen otras inversiones urbanas. El estímulo inversor para la trashumancia apenas existe, por tanto y la tendencia sigue dos vías. Una consiste en conseguir apoyos financieros del Estado para una repoblación forestal especulativa y con limitados beneficios ambientales, cuando no se procura, sin más, la venta al IARA o al AMA. Otra vía es la explotación como cotos de caza menor, gracias a la cual se obtienen beneficios muy variables y, sobre todo, se mantiene cierto prestigio social.

En estas condiciones, y con la mejora notable, de la accesibilidad de la zona en los últimos años, la existencia de recursos hídricos, mineros, forestales, etc., ¿qué salidas hay, sobre todo que permitan el mantenimiento de una población mínima, capaz de subsistir dignamente? Al margen de las escasas posibilidades del sector agrario que cabe deducir de lo anterior, hay que considerar sobre todo las posibilidades de ciertas actividades industriales, consideradas suceptibles de un desarrollo endógeno autosostenido. Entre ellas, en primer lugar, las industrias cárnicas y de marroquinería. Junto a ello parece que una mejora sustancial de la infraestructura turística contribuiría a fijar algunas rentas, importantes dada la cercanía de la Costa del Sol a lo que no cabe achacar aquí, ya estas alturas, el efecto desmovilizador que sería sensible en otras zonas mucho más. Por último, la reciente definición de los parques naturales de la Sierra de Las Nieves y de Grazalema, debe abrir paso no sólo a un eficaz uso y gestión integrados en la zona, sino a un verdadero ecodesarrollo de la misma. En cualquier caso un desarrollo deshumanizado y sin otro referente que el mercado parece estar, lamentablemente, imponiéndose.

1.2. *La Axarquía malagueña*

Constituye, por su parte, una interesante variante de la montaña media con una evolución y unos fenómenos de contacto con el litoral que parecen emparentarla con otras sierras prelitorales, por ejemplo, de Granada. Disponemos, al efecto, de un reciente estudio de A. Justicia Segovia (1988), de quien proceden, salvo matices puntuales, las siguientes conclusiones.

Aunque existen unos evidentes condicionantes naturales del paisaje agrario, son razones principalmente económicas las que determinan el temprano «monocultivo» de la vid que, al igual que en la Contraviesa granadina, llega a ocupar la casi totalidad de las laderas y convertirse en el eje del modo de vida. Tras la crisis que sucede a la ruina del viñedo por la filoxera, se produce tempranamente una fuerte emigración y una larga inadaptación, sobre todo debido al minifundio reinante. Con todo, la recuperación lenta de este viñedo, sin alcanzar nunca los niveles anteriores a la crisis, permitió un pequeño pero sostenido avance demográfico basado en un crecimiento vegetativo moderado, inferior, por ejemplo, al de la Serranía de Ronda. De todos modos un buen número de municipios no había alcanzado todavía en 1950 el nivel demográfico de finales de siglo. El cénit poblacional entre 1880 y 1897 es un elemento distintivo de este tipo de montaña, por tanto.

La dificultad de recuperar el viñedo parece que obligó a una reorientación de la dedicación del suelo, en el sentido de retroceso de la especialización en beneficio del policultivo arbóreo, especialmente del olivar (cuya superficie crece espectacularmente por encima de 40%) y del almendral, que igualan en extensión al viñedo, aumentando también el erial a pastos.

A partir de 1960 se produce la quiebra de la agricultura familiar con la crisis del reconstituido modo de vida tradicional. Con esta se produce también, la desarticulación comarcal, con la desvinculación de la costa, que va a experimentar un desarrollo agrario distinto a base de subtropicales en tanto las laderas montanas quedan ancladas en el tradicional policultivo de secano. Este va a sufrir en términos económicos una evolución similar al de la Serranía de Ronda.

Lámina 24. *Vista aérea de Frigiliana (Málaga). Foto: Paisajes españoles*→

1.3. *La Alta Alpujarra*

Sobre este ámbito, en su sector granadino, disponemos también de trabajos recientes, del que esto escribe (1981) y de P. García Martínez (1988) en una tesis doctoral, aún inédita, que contiene interesantes aportaciones especialmente en relación con la evolución histórica de los modos de vida. Estos habían sido descritos ya con anterioridad sobre todo por Bosque (1969). Hay que recordar al respecto, las mayores posibilidades de este sector de la ladera meridional o gran solana de Sierra Nevada, en la que la cliserie altitudinal afecta a una franja comprendida entre los 500 y los 3.500 m, aproximadamente.

En consecuencia, la Alpujarra granadina comprende tierras de altitud muy diversa, escalonándose el poblamiento desde el fondo del valle hacia las laderas de Sierra Nevada. Entre el valle y la línea de cumbres de la montaña citada, la más elevada de la Península, los barrancos afluentes del Guadalfeo, lo mismo que el hábitat y los modos de vida han de adaptarse a un desnivel de más de 3.000 metros.

Esta situación de la Alpujarra, en el corazón de la Cordillera Penibética, al Sur de Granada, entre la Sierra Nevada y el Mediterráneo, en la retaguardia inmediata de la Costa del Sol granadina es, como señala Bosque (1971),

> «el fundamento del que derivan sus caracteres geográficos esenciales, su originalidad incomparable entre las comarcas montañosas españolas y mediterráneas, su rico pasado, su atractivo literario, sus problemas presentes y su mejores posibilidades de futuro».

Sin duda, la Alpujarra alcanzó su plenitud con el Reino musulmán de Granada. Entonces, a finales del siglo XV, e incluso en los primeros años del XVI, llegó a contar (incluida la Alpujarra almeriense) con 155 lugares, pequeños casi siempre, que hacia 1568 tendrían unos 65.000 habitantes, si bien esta población ha sido superada varias veces a lo largo de la historia. Una historia que, tras la repoblación, ordenada por Felipe II, ha sufrido los vaivenes lógicos, no sólo por los avatares políticos, sino también en función de las quiebras periódicas que supone el policultivo alimentario de base cerealista impuesta por los repobladores.

Del legado histórico importa, porque es uno de los mejores ejemplos al respecto, reconocer sobre todo los caracteres de la estructura territorial en el pasado, para contraponerlos con la actual y deducir en cierto modo los efectos que esto ha tenido en las condiciones actuales.

La primera organización territorial, de la que podemos dar noticia en la Alpujarra se remonta al siglo IX y tiene una inspiración netamente militar, con castillos defensivos en los que debió centrarse la organización del territorio y la vida rural (Hisn). Este sistema territorial fue evolucionando y ampliándose entre los siglos X-XII en gran medida gracias al fin de las tensiones políticas y religiosas tras la supresión del mozarabismo, dando lugar a una nueva organización del territorio (yuz, ayza). Los datos relativos a ella provienen de Ibn Aljatib que nos configura una Alpujarra dividida en dos climas o distritos defendidos por una serie de castillos en los puntos más estratégicos. Así la clima de Buxarra, la más oriental, comprendía las fortalezas de Berja, Adra, Dalías, Andarax y Alcolea; en tanto que la clima de Ferreira, la que comprendía la actual Alpujarra granadina, se basaba en Lanjarón, Órjiva y Juviles. En el siglo XIV se documenta ya una organización derivada de esta pero diferente, tal vez la que armonizó mejor las condiciones naturales con los sistemas de aprovechamiento y las condiciones de transporte preindustriales. Esta estructuración se basaba en las tahas o agrupaciones de varios lugares próximos y relacionados entre sí principalmente por razones de reparto de agua para los regadíos. Cada una de estas tahas venía a coincidir con un barranco o sector de un curso de agua. En la actual provincia de Granada se situaban las tahas de Orjiva, Poqueira, Ferreira, Juviles, Ugíjar, Cuheyel y Cehel (estas dos últimas en la vertiente costera de las Sierras de Lújar y Contraviesa). En la parte almeriense se situaban, además, otras cinco tahas.

Esta estructura persiste, en lo esencial, hasta el siglo XIX, según Simonet y Caro Baroja. Tras la repoblación ordenada por Felipe II en 1571, la Alpujarra, dentro del Reino de Granada, estuvo integrada, sin embargo, por dos estados señoriales (Órjiva y Torvizcón) y dos partidos o territorios de realengo (Ugíjar y Adra). El «partido alpujarreño» comprendía casi la totalidad del valle longitudinal, desde el Andarax almeriense hasta Pitres, quedando fuera de él, por tanto, el Poqueira, Cáñar, Soportújar y Lanjarón. En 1833 se configura la división del Reino de Granada en tres provincias y la partición de la Alpujarra entre las de Granada y Almería. A esto siguió, en 1834, el decreto de creación de los partidos judiciales, que tuvieron el inmediato efecto de potenciar algunos núcleos en detrimento de otros. La Alpujarra granadina quedó configurada en cuatro partidos con centros en Órjiva, Ugíjar, Albuñol y Motril. De esta última población pasa a depender, por primera vez, el sector costero alpujarreño más occidental. Por otra parte, con este decreto se perjudica a otros centros como Lanjarón, Juviles, Válor o Cádiar que hasta entonces tenían tanta importancia subcomarcal como los elegidos.

Sin embargo, el papel de los partidos judiciales ha sido esencial en la articulación contemporánea de la Alpujarra, y en este sentido podemos considerar calamitoso el decreto de 1965 que, ignorando la realidad territorial y en aras a una discutible racionalización administrativa, determinó la concentración de los tres seculares partidos en uno sólo: el de Órjiva. Esta decisión iba en paralelo a las concentraciones municipales, lo que si bien planteado hubiera reportado reales beneficios sobre todo en infraestructuras y servicios, en la práctica se ha revelado más bien como una vía de presión sobre los administrados que ha contribuido como un factor secundario a incentivar el proceso migratorio.

Vale la pena destacar en este sentido, por último, algunas referencias históricas. Así Pedro Antonio de Alarcón (1876) con el que se cierra toda una época de viajeros románticos, consideraba que la Alpujarra iba desde las cumbres de Sierra Nevada, entre el Río Lanjarón y Ohanes, hasta el Mediterráneo, comprendiendo la costa entre el límite del partido de Motril y Punta Entina en Almería, desde donde remontaba a la cumbre de Sierra Gádor y de ahí al susodicho Ohanes. Más recientemente, Gerald Brenan (1957) distingue entre la Alpujarra Occidental centrada en Órjiva, la Oriental centrada en Ugíjar y la almeriense con Canjáyar. Excluye, además de la Alpujarra a las sierras costeras de Lújar, Contraviesa y Gádor, al menos en su vertiente meridional. Parecido criterio tiene el antropólogo suizo Spahni (1959) que opone una alpujarra granadina algo más amplia que la de Brenan, ya que la extiende hasta el mar, y una Alpujarra almeriense (alto valle del Andarax, sin la costa).

Tras estas referencias históricas, tan presentes, sin embargo, en los planteamientos de reordenación más actuales, vamos a centrarnos al igual que en otros conjuntos, en el proceso más específico (pero evidentemente interconectado con lo anterior) de la crisis de los modos de la vida agrarios tradicionales, para plantear posteriormente algunas posibilidades de cara al futuro.

Comenzando por el primero de los aspectos señalados, es evidente la singularidad que presta al sistema agrícola tradicional la posibilidad del escalonamiento altitudinal de las actividades. Todo el terrazgo se organiza desde la Edad Media a partir de un regadío dividido hasta la saciedad, atomizado en infinidad de parcelas rodeadas muchas veces de setos de árboles forestales (castaños, encinas, robles) o frutales. A este regadío hortícola, en general no muy alejado de los pueblos, sucede un secano de cultivos escalonados con la altura, alternativo o sucedido en la parte superior hasta los 1.600 o 1.800 metros, por cultivos temporales de primavera-verano y los prados de verano que dominan a partir de los 2.000 m. El bosque no deja de estar presente y constituye, por lo general, el límite no continuo entre el área agrícola, permanente o temporal, y la zona de pastos.

Aunque tal escalonamiento altitudinal del paisaje sugiere una integración de la agricultura y la ganadería, se trata de actividades más superpuestas que yuxtapuestas. No falta quien sugiere una separación radical (Mignon, 1982), pero esto parece exagerado o inexacto. Es evidente, tanto el papel preponderante de las actividades agrícolas como una relativa autonomía de éstas y de aquéllas; autonomía que, muchas veces, se significa socialmente. En estos viejos regadíos, labrados a fuerza de trabajo y tradicionalmente ricos, el prestigio social tradicional del labrador es muy superior al del ganadero, en efecto, pero esto no excluye la colaboración e, incluso, en ocasiones, la interferencia y la complementariedad. De todos modos, estos sistemas se diferencian claramente de los de la media montaña, tanto en su pasado como en su presente y de ahí que el proceso de abandono, aunque coincidente en el tiempo, presente también matices diferenciales importantes.

Entre 1950-1960, situación que reflejan aproximadamente algunos trabajos del profesor Bosque Maurel (1969), la dimensión de muchas de las explotaciones minifundistas eran ya claramente insuficientes para subsistir, a pesar de que se alternaban en gran medida diversas parcelas de riego de vega (1,5 Has. de promedio) y algunos «campos» temporales en los «cortijillos». Esto permitía, con un trabajo ímprobo, una o dos cosechas en la vega (trigo en invierno, maíz y hortalizas en verano) y una cosecha en el campo (patatas verano), a lo que se agregaba algún ganado doméstico.

En otros casos, la finalidad alimentaria era menor y se había diversificado más aún este policultivo de vega, con una tercera cosecha de judías verdes que se plantaba entre el cereal.

Este sistema se rompe porque está basado, como se ha dicho, en un enorme esfuerzo no valorado tradicionalmen-

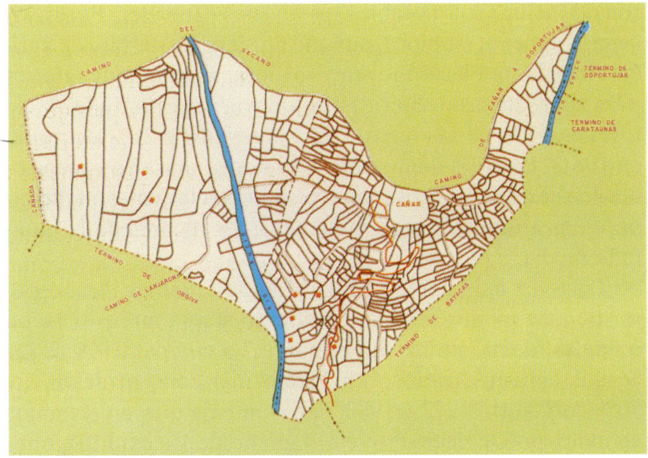

Lámina 25. *Mapa parcelario de Cáñar (Alpujarra Alta) según P. García*

te y porque está definitivamente bloqueado en sus posibilidades de abrirse al mercado. La venta de semillas en la próxima costa, la minería de Lújar, las obras hidroeléctricas, las migraciones temporales a la zafra azucarera de la caña o a la remolacha, eran otras tantas válvulas de escape que desaparecen casi al unísono de las actividades del monte ante el impacto de la nueva economía de mercado y la atracción de las áreas industriales.

El éxodo fue enorme y sin apenas etapas intermedias. La Alta Alpujarra pierde así entre 1950 y 1980, más del 75% de la población activa masculina, constiuída esencialmente por pequeños propietarios y unos pocos jornaleros. En conjunto, sin embargo, la población es todavía relativamente alta, aunque envejecida y, a veces, muy envejecida. La situación es muy diferente, según los valles, y, así, junto a pueblos envejecidos y en trance de abandono como Atalbéitar o Ferreirola (integrados con Pitres en el nuevo municipio de La Taha), hay otros donde conviven viejos y niños (Válor, Mecina Bombarón) o incluso son notables los jóvenes (Trévelez, Pitres, Picena, Capileira, Bubión), aunque no siempre se trata de agricultores. La población joven y madura, aunque muy inferior a las zonas llanas periféricas, es todavía importante (32% de jóvenes, 31% de maduros, 15,5% de viejos y 21% de niños, en 1981). La crisis demográfica ha sido aquí, salvo excepciones locales, menos acusada en términos relativos, aunque las pérdidas absolutas son semejantes a los récords de la montaña media.

Una vez más, como señala Mignon (1982), cabría esperar de esta menor presión demográfica una intensificación o una salida al minifundio reinante. La comparación de los censos agrarios traduce en efecto una concentración del 50% casi, entre 1972 y 1982, pero tan baja que, en términos actuales, puede decirse que el tamaño de las explotaciones sigue siendo insuficiente. No se puede desconocer, al respecto, en primer lugar, que el abandono afectó ante todo a las tierras de cultivo temporal (los «cortijillos» abandonados ya mucho antes de 1950) y a los regadíos más alejados de los pueblos, en tanto que el abandono de las vegas cercanas a los pueblos, ha sido más reciente. Por otra parte, aunque se ha abandonado entre un 50 y 75% del terrazgo, no siempre esto significa una concentración de hecho, porque los campesinos restantes no son capaces de atender, o no quieren, las ofertas, muy variables, de tierras en alquiler y, luego, por la carestía que, a partir de 1980 y, sobre todo, en el sector más occidental, están alcanzando los precios, debido a la especulación urbanística que empieza a afectar también a los terrenos de regadío próximos a los pueblos. Debe considerarse, por último, la descapitalización y la imposibilidad de la mecanización.

En consecuencia, al igual que ocurre en otros casos, el sistema agrícola tradicional una vez bloqueado en sus posiblidades normales, se empobrece y se derrumba totalmente. Sucede aquí, en efecto, también, una extensificación o especialización del intensivo y agotador sistema tradicional, entrando poco a poco en regímenes de una sola cosecha, enormemente frágiles económicamente, incapaces de resistir la competencia del mercado. Un sistema que se deteriora cada vez más con la reutilización, por ejemplo, de las semillas, la falta de abonado congruente con el retroceso de la ganadería y la falta de capital para abonos y pesticidas, etc. Todo ello conduce, en definitiva, a una serie de explotaciones agrícolas residuales y a la desafección total o parcial del campesinado, en cuanto existe la oportunidad de obtener de otro modo algunas rentas o de emigrar.

El declive de la ganadería ha sido más progresivo. En cierto modo ha resistido mejor la crisis y ha llegado a ser a veces casi una actividad económica preponderante o de mayor peso relativo que en el inmediato pasado. Esto a pesar de que las causas negativas, ya apuntadas en otros sitios, no dejan de aparecer aquí (escasos pastores jóvenes, repoblaciones que limitan cargas y tránsito, extensificación mayor de la trashumancia, etc.).

La crisis ganadera se relaciona en principio en la Alta Alpujarra con la desaparición en los años 60, del sistema de la hatería, donde un gran ganadero especializado organizaba todas las actividades pastoriles, trashumancia incluida. Este sistema era habitual en toda la Alpujarra y su crisis ha reincidido con la pérdida de valor absoluto de la ganadería. El hecho más significativo es el declive del ovino que cuenta hoy (1981) en la Alta Alpujarra casi con la mitad de los efectivos de 1950, lo que es revelador de la quiebra del sistema trashumante tradicional y de la falta de técnicas adecuadas. Otro tanto ocurre con el caprino, en tanto que ha mejorado algo en los últimos tiempos la situación del vacuno y la pequeña ganadería doméstica dc las aves de corral, cunicultura y apicultura.

La salida a la crisis de este universo agrario, en definitiva, no puede afrontarse al margen de un planteamiento global, por mucho que esto puede parecer ilusorio. De lo contrario, la Alpujarra, especialmente la alta, va camino de ser una especie de museo y escaparate para turistas a los que se les está vendiendo hoy un producto escaso, pero que puede no llegar a desaparecer incluso mañana. La condición imprescindible es tratar de lograr la recuperación de los recursos alpujarreños deteniendo el proceso degradativo actual. Tres objetivos básicos merecen ser intentados dentro de una planificación global: primero, la recomposición y restauración de las redes de regadío que son la base tanto del sistema agrario tradicional como del equilibrio de las vertientes. El desarrollo de nuevas experiencias agrícolas, especialmente en relación con las posibilidades de mercado de la «agricultura biológica» puede ser un camino para preservar un medio y una cultura vitales para el entorno.

No se puede olvidar que la erosión antrópica catastrófica en esta zona está en relación con algunas experiencias históricas de tipo agrícola de abandono y/o transformación del paisaje agrario. Pero este paisaje, esencialmente agrario, incluye un hábitat característico. La reproducción exacta, por fuera y por dentro, de la vivienda revela más ignorancia que cultura y es otra manera de provocar un turismo desconectado radicalmente del ambiente y desmovilizador a ojos vista de las actividades tradicionales. Un mantenimiento moderado y sobrio de las constantes de la vivienda alpujarreña puede justificarse en su aceptación por los usuarios como signo de identidad de una Alpujarra rejuvenecida con horizonte propio. Muy en segundo lugar, y con cierto riesgo de conflictos, puede manejarse el argumento de defensa del Patrimonio y la subsiguiente atracción turística.

En segundo lugar, la conservación y recuperación de ecosistemas singulares. Lo que incluye una protección máxima integral del área glaciar y de la vegetación arbórea y arbustiva, la fauna y los pastos de los pisos oromediterráneos y crioromediterráneos. Esto exige, de nuevo, el mantenimiento en la red de acequias de tierra, los manantiales medicinales y no medicinales y el desarrollo de los sistemas de arbolado autóctono (melojares) y pastizales nevadenses (borreguiles) frente a los pinares que han predominado hasta aquí. Es incongruente que la Sierra Nevada, uno de los ecotonos más valiosos del mundo, no sea aún (1985) Parque Natural y que se promuevan, en cambio, alegremente operaciones especulativas o de pseudodesarrollo que afectan a ecosistemas únicos.

Tercero. La lucha contra la erosión y «desertificación» propugnada por el proyecto LUCDEME, afecta principalmente a los bancales abandonados o arrasados, al matorral-pastizal ya las áreas susceptibles de repoblación.

Esta experiencia, como las mencionados en los párrafos anteriores, exige contar con las poblaciones, contaminadas por el «desarrollismo», pero dispuestas a ser convencidas de cualquier vía que redunde en la mejora de su calidad de vida y nivel de desarrollo.

2. LOS MODELOS SUBBÉTICOS

Afectan a una franja extendida E-O, entre el ámbito prebético del NE, de Jaén y las campiñas altas y medias del Guadalquivir de un lado y el llamado surco Intrabético de otro. Se trata de un ámbito de montañas medias constituidas en esencia por macizos calizos rodeados de amplias extensiones margosas que describen a veces pendientes notables. Estas áreas periféricas constituyen, en lo esencial, el espacio agrario, dominado por el olivar, en tanto que los núcleos dominantes calizos constituyen reductos de un erial poco consistente salvo donde hay dolinas o depresiones mas amplias que permiten el desarrollo y mantenimiento de los suelos.

Este espacio relativamente serrano en principio, nos es bastante conocido gracias a los excelentes trabajos de F. Ortega Alba (1974 y 1980) que pueden completarse con los de A. Humbert (1980), quien ha estudiado la peculiar evolución del paisaje agrario en los «montes» subbéticos granadinos, encontrando interesantes correlaciones entre la creación de este paisaje y la destrucción del encinar que dominaba hasta el siglo XIX.

Constituye, por tanto, un medio que ha sido bien definido como de transición entre una montaña media y unas campiñas altas (Ortega Alba, 1980) y que ha representado, en gran medida, un rol histórico muy específico que ha contribuido a diferenciarlo aún más de otros ámbitos serranos. Fronterizo durante mas de dos siglos, este espacio se estructura básicamente al finalizar la Reconquista en el siglo XIII. Esto supuso una serie de organizaciones territoriales señoriales, a partir de grandes núcleos de hábitat concentrado que traducen un origen seguramente defensivo. A lo largo de la Edad Moderna se va a producir una lenta transformación de este sistema, cuyos hechos más significativos, siempre según Ortega Alaba, son las roturaciones incesantes, la subdivisión continua de los bienes libres frente a la concentración de los inmovilizados (iglesia, mayorazgos) y la incesante presión demográfica que acelera a su vez el proceso de colonato en las tierras señoriales y en las dehesas comunales. Las desamortizaciones decimonónicas pusieron fin a las amortizaciones del terrazgo, pero a la vez liberaron nuevos espacios para las roturaciones que se dedican ya de modo continuo al olivar que acaba por constituir un verdadero monocultivo, salvo los regadíos autárquicos y algunas áreas de suelos no aptos o reservados también al autoabastecimiento. La evolución de la utilización del suelo es, por tanto, paralela a la evolución de la propiedad y constituye un prototipo muy específico de este ámbito, lo mismo que los restantes elementos, aparte el olivar, del paisaje formal.

En la actualidad, «aunque perviven numerosos vestigios de la vieja heterogeneidad formal y funcional (por ejemplo, la parcelación), lo dominante es la uniformidad de aspecto y función», Los mecanismos incluyen la convivencia de un proceso de desaparición de pequeñas empresas y de transformación técnica de macrofundios, de una parte, y las distorsiones económicas y sociales que viene planteando la evolución del mercado agrícola.

Por último, no están ausentes de la zona los problemas ambientales que la próxima declaración del Parque Natural de las Subbéticas cordobesas pone de actualidad.

3. EL MODELO PREBÉTICO O SEGUREÑO

El espacio situado al NE de la provincia de Jaén, correspondiente a las Sierras de Segura y Cazorla e integrado en el sector prebético del frente externo de las cordilleras Béticas, reúne una serie de caracteres de indudable originalidad e interés que lo diferencian netamente tanto de las zonas subbéticas próximas, como de Sierra Morena. Antiguamente este conjunto serrano se prolongaba en sentido meridiano desde la Sierra de Cazorla a la de Alcaraz, ya en la provincia de Albacete, teniendo todo este ámbito una cierta homogeneidad especialmente biogeográfica.

En efecto, los límites provinciales actuales se han sobreimpuesto a un viejo conjunto físico y humano. En la Edad Media este territorio constituyó, en principio, el núcleo o parte esencial del señorío de la Orden de Santiago que se prolongaba por el NO. hasta Sierra Morena, adentrándose en la Meseta por el Campo de Montiel y en la Sierra de Alcaraz por las encomiendas de Yuste y Taibilla. En el siglo XVIII este territorio integrado por las tres sierras será declarado «provincia marítima», debido a la calidad y abundancia de la madera de sus bosques, pasando a depender de los Ministerios de Hacienda y Marina. En el siglo XIX se produce la desaparición de esta jurisdicción especial y la división entre las provincias de Ciudad Real, Albacete y Jaén.

Una vez más nos encontramos con montañas no demasiado elevadas, de tipo medio, pero enormemente fractuosas y discontínuas. Casi el 60% del territorio se encuentra por encima de los 1.200 metros, pero apenas se sobrepasan los 2.000, en las partes más elevadas de estos anticlinorios calizos cuyos ejes se orientan NE-SO. Esta altura y orientación contribuyen a crear uno de los nudos pluviométricos importantes de Andalucía (más de 1.500 l./año) y, sobre todo, uno de los conjuntos hidrográficos mayores de España, situándose aquí el origen del Guadalquivir y del Segura. Se trata con todo de una montaña claramente mediterránea que no se sustrae a la sequía estival, si bien no se trata de una sequía tan intensa como en los sectores béticos más meridionales. Basta recordar en este sentido que si bien las lluvias de verano son apenas e11% del total anual, éstas son muy superiores en porcentaje a las montañas béticas más húmedas (Grazalema, 4%).

La riqueza arbórea y florística es otro rasgo distintivo. Es verdad que el bosque actual es el resultado de una intensa evolución antrópica, en la que sus productos han sido un elemento vital de subsistencia. La profunda modificación del paisaje vegetal se prolonga, sin embargo, hasta fechas actuales y, sobre todo, las repoblaciones efectuadas hasta los años 70 tuvieron como efecto una importante expansión de las coníferas en perjuicio de las quercíneas, frondosas y matorral serial bético que han quedado reducidas a las zonas más inaccesibles. La extensión de la masa vegetal arbolada y del matorral se acerca al 50% de la superficie productiva, lo cual es también un elemento diferenciador específico de este ámbito que ha contribuido a definir tanto los modos de vida tradicionales como las actividades actuales.

La explotación de los productos forestales y, en definitiva, la explotación del monte ha sido y es, en consecuencia, el pilar básico de la economía serrana. Históricamente esta explotación primaria ha suministrado la fracción más importante de las rentas campesinas aparte de servir de base a una serie de actividades derivadas relacionadas con la transformación y transporte de productos. No obstante, estos aprovechamientos han estado siempre muy mediatizados por la presencia y control de la propiedad estatal, lo que ha limitado al desarrollo de las actividades agrícolas y

Lámina 26. *Paisaje de olivares en las montañas de Jaén*

ganaderas y, sobre todo, ha supuesto un drenaje hacia el exterior de recursos sin apenas contrapartida en la zona. De ahí que como señalaba Araque Jiménez cuya tesis de doctorado seguimos (1988), haya existido siempre una conflictividad social en torno a esta propiedad pública, expresión de la cual han sido por ejemplo numerosas roturaciones ilegales o incendios.

El proceso de conformación y consolidación de la propiedad pública, magníficamente estudiado por el profesor Araque, es uno de los aspectos más atractivos y originales de este espacio. En este sentido parece que la creación de la «provincia marítima» supuso una serie de tensiones motivadas por la oposición de los vecinos a la expropiación de facto, sobre todo de las tierras comunales, consolidadas tras la venta de baldíos y realengos en el siglo XVI. Esta dependencia de Marina no era la única, ya que, incluso antes, se había registrado la intervención de hacienda a través del Intendente de la Fábrica de Tabacos de Sevilla, cuya

Figura 20. *Utilización del suelo en Sierra de Segura en 1755 y, según E. Araque*

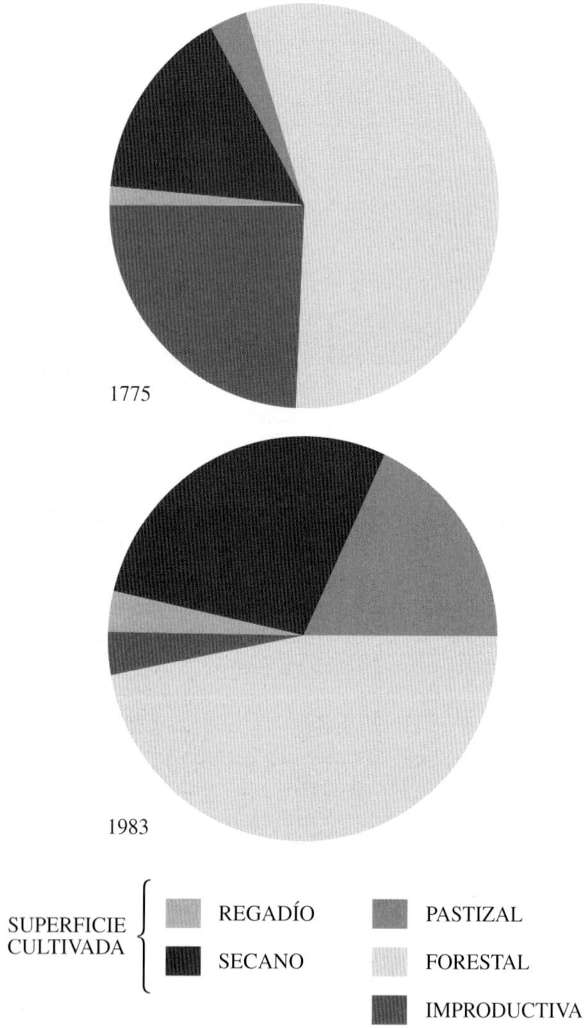

Figura 21. *Sierra de Segura: Evolución del número de licencias de caza. Según E. Araque*

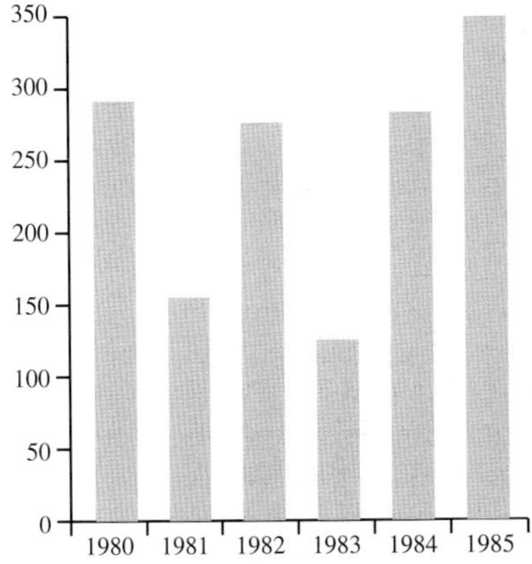

Figura 22. *Sierra de Segura: Origen de los cazadores. Según E. Araque*

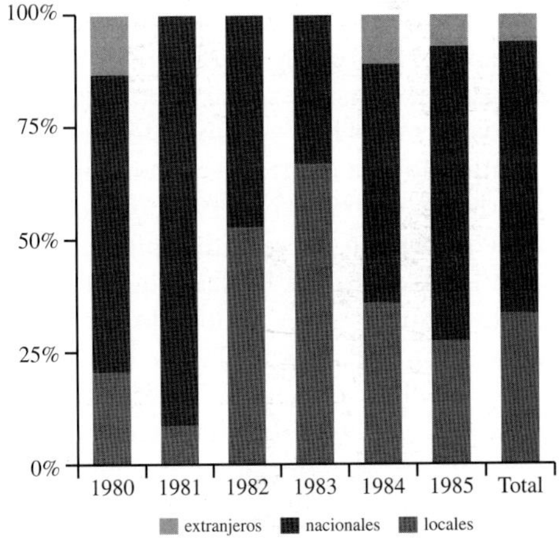

construcción también necesitaba madera. Todo ello sirvió para imponer un sistema alternativo de extracciones y sacas nunca bien coordinadas, lo que ha sido calificado de despilfarro, aparte de provocar una infinidad de conflictos hasta bien entrado el siglo XIX. La legislación liberal supone la desaparición de estas jurisdicciones y el desarrollo de un nuevo contexto en el que se hibridan las tendencias a la privatización con las que propugnan la continuidad de la propiedad pública como mejor medio de defensa de la Naturaleza.

Las Desamortizaciones en la zona parece que tuvieron escaso efecto real, aunque fueron numerosas las operaciones especulativas y las ventas ficticias, siendo lo más significativo, en cualquier caso, que los montes declarados expropiables fueron los «no maderables», es decir, los dominados por la vegetación de frondosas y quercíneas que serían, en todo caso los más afectados, contribuyendo a la larga al predominio casi absoluto de las coníferas. Los últimos episodios sobresalientes de esta historia del monte son tal vez, de un lado, la masiva explotación de RENFE, en los años 40 y 50, por «razones de interés nacional» y la declaración reciente del Parque Nacional de Segura, Cazorla y las Villas que cierra, de momento, el capítulo de las intervenciones exteriores en la zona.

A pesar de las tensiones que todo ello ha originado, estos espacios serranos han estado históricamente relativamente poblados, lo que contrasta, por ejemplo, con la vecina Sierra Morena. Entre 1857 y 1940, el crecimiento anual medio de la población es considerablemente superior al promedio de la provincia de Jaén, aunque inferior a la campiña del Guadalquivir sobre todo a lo largo del siglo XX. Ello se debe, una vez más, al menor efecto de las crisis epidémicas y al alto crecimiento vegetativo que en algún momento fuerza a migraciones de relevancia, tras crecimientos desorbitados espoleados por alguna actividad esporádica, como la construcción del ferrocarril Baeza-Utiel (Herín, 1976).

El máximo demográfico empieza pues a configurarse, como en otros ámbitos serranos andaluces, en los años 20 y 30 de este siglo para culminar en 1950, a partir de cuya fecha las Sierras de Segura y Cazorla participan espectacularmente del éxodo rural montañés, duplicando las tasas anuales de emigrantes de la provincia de Jaén. El efecto que esta salida, sobre todo de jóvenes, ha tenido en el régimen demográfico y en la vida económica ha sido enorme. La natalidad ha caído del 28‰ en 1941 al 10,10/00 en 1981, en tanto que la mortalidad se mantiene en límites muy bajos (8,7‰), lo que unido a la alta fecundidad (3,8) característica de este espacio serrano, conforma una pirámide distorsionada por el centro, pero que sigue reuniendo una base infantil relativamente amplia.

Para entender algo mejor los efectos económicos de la crisis hay que considerar otros aspectos relacionados con las actividades agrarias. Desde el siglo XVIII, la preponderancia del monte ha dejado la superficie cultivada en unos términos muy exiguos, en torno al 16% del total productivo. Esta superficie tenía un fraccionamiento extremo y una dedicación cerealista esencial que revela su vocación alimentaria. El cultivo del cereal al tercio y la existencia de casi un 20% de pastos naturales y eriales revelaba, por otro lado, la existencia de la trashumancia estaba garantizada y ordenada desde al menos, el siglo XVI, por la existencia de «cuartos» a veces muy alejados de los núcleos y que constituyen áreas reservadas en la zona de pastos, e incluso en municipios diferentes a los de procedencia del ganado. Junto a ello las rozas y las rastrojeras cerraban el ciclo. Con este sistema se registra a lo largo del siglo XIX un considerable desarrollo especialmente del ovino que contrasta con la regresión de otras áreas.

Desde principios de siglo, en cambio, la regresión de la cabaña de ovino lo mismo que la del caprino es contínua, y lo que guarda sin duda relación con la política de montes y las permanentes roturaciones en beneficio del olivar, un cultivo apenas conocido en el siglo XVIII que pasa a ser el primero en importancia entre 1890 y 1920. Se explica así la perdida de casi dos tercios de la cabaña ganadera, aunque a partir de la última fecha citada empieza una relativa recuperación a pesar de encontrarse con la nueva dificultad del cerramiento de campos y montes. No obstante, esta pequeña recuperación era lógica ante el desarrollo de economías cerradas que terminará hacia 1950. A partir de entonces, el herbaje de verano va a resultar casi imposible y la elevación de costes, la falta de pastores..., esto es las mismas causas de siempre, provocan el hundimiento de la ganadería y de las importantes ferias que éstas sustentaban, por ejemplo en Beas de Segura o Santiago de la Espada.

Una recuperación de esta ganadería es muy difícil, a pesar de la existencia de potencialidades, sobre todo en razas autóctonas de ovino («segureña»), caprino (murciano-granadina) y vacuno (retinta andaluza). Pero ello choca con considerables problemas de capitalización inicial, agravadas por la falta de instalaciones industriales en la zona, y por la nueva política en relación con el dominio público forestal, bastante ambigua en este punto por no decir contradictoria en sí misma.

En efecto, ha sucedido, primero el «saneamiento de la propiedad pública», llevado a cabo tras la Guerra Civil por el Patrimonio Forestal del Estado y posteriormente el ICONA, que produjo la recuperación total para el dominio público de numerosas superficies agroganaderas por una parte, y la limitación de cargas ganaderas y de la circulación trashumante por otra. Más recientemente la declaración de Parque Natural y la escasa participación que en el Consejo Rector del mismo tienen los entes locales y los ganaderos y agricultores es otro factor de crisis y tensiones continuas. Estas se manifiestan también en una suburbanización junto a los límites o barreras recién creados, pero también en las propiedades privadas conservadas en el interior del Parque. Todo lo cual tiene indiscutibles repercusiones económicas y medio ambientales. En este último aspecto debe resaltarse, no obstante, el espectacular crecimiento de las acampadas en el

Parque y sus inmediaciones, con los consiguientes problemas de vertidos, ruidos, degradación de sotobosque, incendios, etc. Como dato concreto, constatamos que entre 1984 y 1988 se ha duplicado la cifra de visitantes controlados que superan ya los 70.000 anuales.

El parque Natural, positivo sin duda desde otros ángulos, puede estar interfiriendo, por último, en la adaptación de la zona a los marcos previstos en la Ley de Agricultura de Montaña y a las subvenciones del FEOGA, al limitar las posibilidades de determinados proyectos ganaderos. Por todas estas razones el Parque Natural debería integrarse cada vez más en una operación de desarrollo integral de los recursos endógenos.

4. LOS MODELOS MARIÁNICOS

Sierra Morena constituye un ámbito serrano claramente diferente en varios aspectos de los que acabamos de analizar. Su situación al Norte de Andalucía, formando parte del borde de la meseta hace de ella un inmenso territorio silvopastoril de características no estrictamente andaluzas. De este basto territorio, con más de 2,5 millones de hectáreas de superficie productiva, sólo se cultiva una pequeña parte, estando constituido predominantemente por masas forestales, predominantemente encinas y alcornoques, que, más o menos aclarado, conforma el típico paisaje más o menos adehesado.

Se trata, por otra parte, de un espacio tradicionalmente despoblado o poco poblado, que en su momento de máximo sólo alcanzó densidades entre 25 y 30 habitantes por km^2. En ello ha influido sin duda su carácter fronterizo y forestal, pero también un medio físico que resulta más penetrable desde la meseta que desde Andalucía, debido al hundimiento, falla o flexura de la sierra en su pié de monte bético. Esto ha acentuado la erosión remontante de los ríos y en definitiva ha contribuido al fraccionamiento y discontinuidad de los diversos sectores. Así el río Yeguas separa la Sierra Morena de Jaén de la de Córdoba, y el Bembézar separa esta última de la Sierra Norte de Sevilla que, a su vez, queda separada de la onubense Sierra de Aracena por el Rivera de Huelva. El relieve aplanado de los batolitos graníticos como el de Los Pedroches cordobeses, estudiado en la tesis de Valle Buenestado, explica por otro lado el desarrollo de formaciones edáficas susceptibles de aprovechamientos agrarios y ganaderos que son excepcionales en el conjunto de Sierra Morena. Se explica así por ejemplo, que esta comarca cordobesa concentre el 45% de la superficie cultivada total de la Sierra Morena, que es sólo un 17% en Sevilla, 14% en Huelva, 11% en Jaén y 21% en el resto de la zona cordobesa. Los Pedroches concentran también la mayor extensión de prados (154.000 Has.).

A estas exiguas superficies labradas, tradicionalmente obligadas a una práctica cerealístico-alimentaria o a una arboricultura mixta, viene a agregarse la peculiar explotación ganadera extensiva en grandes fincas. En estos «latifundios de sierra», las grandes dimensiones (más de 1.000 Has.) son tanto una consecuencia del sistema de apropiación como una necesidad inherente a la explotación en régimen de dehesa. En cualquier caso con estos sistemas extensivos, esporádicamente complementarios con una minería de tipo colonial casi siempre (cobre en Huelva, carbón en Córdoba, plomo en Jaén) no se ha podido desarrollar un denso poblamiento, predominando además la concentración en grandes núcleos.

Los espacios adehesados de las grandes fincas han sustentado, por otra parte un tipo de explotación que B. Roux (1975) definió hace tiempo como de «capitalismo latifundista arcaico».

Quiere ello decir que estaba basado, entre otras cosas, en un envilecimiento del factor trabajo que permitía sustentar una mano de obra abundante y barata. La progresiva integración en la economía de mercado ha provocado la desintegración de un sistema en que los capitalistas, absen-

Lámina 27. *Embalse en Sierra Morena*

Lámina 28. *Dehesa en la Sierra Norte de Sevilla*

tistas en general, no están dispuestos a afrontar las mejoras técnicas que requeriría la tradicional ganadería extensiva (montanera del cerdo y pastizales extensivos de ovino, caprino y vacuno de carne o de lidia). Se ha ido, en consecuencia, simplificando un sistema que incluía los aclarados periódicos del monte, la preparación de los pastizales, el aprovechamiento de las siembras al tercio (barbecho y rastrojeras), la extracción del corcho, carbones y, más puntualmente el cultivo de castaños, olivos y almendros.

Aunque pueda hablarse de ciclos más o menos rentables en el desarrollo de esta arboricultura casi siempre mezclada con la cerealicultura, no deja de ser un tipo de economía extensiva, tan extractiva como la propia minería y que al igual que algunas dehesas o montes huecos tiene escasa justificación ecológica. En los momentos de máxima expansión de esta economía montana se llegaron a quemar y roturar, por ejemplo, extensas zonas de matorral para permitir la práctica de un cultivo o el aprovechamiento de unos pastos esporádicos.

La crisis de estos sistemas desembocó, en primer lugar en unas enormes repoblaciones de eucaliptus, especialmente en Huelva, donde ocupan el 33% de la superficie productiva, lo que todavía sigue siendo una tentación ante la demanda y los precios de la madera. Otra salida fue evidentemente, la emigración, que acabó hundiendo uno de los pilares del sistema tradicional. Una tercera ha sido la creación de grandes cotos de caza que parecen producir pingües beneficios, a pesar de su marcado carácter antisocial en áreas de subempleo y paro crónicos.

La dinámica actual no deja de presentar aspectos relativamente paradójicos, a juzgar por los estudios de Fourneau y colaboradores de la Casa de Velázquez en la Sierra Norte de Sevilla (1985). Está claro, en principio, la permanencia del sistema latifundista con todos sus aspectos clásicos (absentismo, control territorial, existencia de un 65% de jornaleros sin tierra, reducido número de ganaderos pequeños...). La existencia de una actividad principal fuera del sistema agrario, es otro rasgo dominante de esta gran propiedad que continúa existiendo, lo que acentúa el desinterés por la reconversión del mismo. Pero lo más interesante de todo es el proceso reciente de concentración de la propiedad que afecta a más de la mitad de la superficie ocupada por las grandes fincas de la Sierra Norte y sobre todo que esta concentración se ha hecho, según todos los indicios, a expensas de las subvenciones recibidas por los propietarios más acaudalados. Muchas fincas se compraron como matorral y fueron luego desbrozadas con dinero público:

Todo esto confirma, por último, que la economía de las grandes explotaciones se mantiene por recursos externos. Los grandes propietarios rara vez lo son de una dehesa; muchos de ellos por el contrario, poseen también grandes fincas en la campiña, y, con más frecuencia aún, la economía ganadera de la dehesa se inserta en un conjunto económico no agrario (financiero), lo que, en definitiva, permite absorber las pérdidas pero no propicia la mejora de la explotación, ya que esto requiere no sólo inversiones muy arriesgadas y no asumibles por tanto, sino también el dominio de un complejo de relaciones laborales que se les escapa por completo.

En estas condiciones la gran mayoría de campesinos se ve abocada a una agricultura familiar que no asegura una renta suficiente, por lo que ve obligada a una dedicación parcial a muy diversas actividades. Mientras dure el monopolio de la gran propiedad son, por tanto, muy escasas, las posibilidades de transformación de la agricultura y la ganadería salvo en comarcas muy puntuales.

BIBLIOGRAFÍA

ABREU PIDAL, J. M. (1981): «Condicionantes para la delimitación y gestión de áreas de montaña» *Coloquio hispano-francés sobre áreas de montaña «Supervivencia de montaña»* Madrid, Mº de Agricultura, págs. 35-50.

ACOSTA, R. (1995): De la dehesa tradicional a la dehesa actual. Una aproximación desde la agroecología. Sevilla, Universidad, págs. 198.

ALBURQUERQUE, F. (2002): *Guía para agentes de Desarrollo Económico Territorial.* Sevilla, Instituto de Desarrollo Regional, págs. 214

ALLAIRE, G.; PHIPPS, M. y STOUPY, M. (1973): Analyse ecologique des structures d'utilisation du sol. «L'espace geographique

ANGLADA, S. y BALCELLS, E. (1981): «La montaña como reserva». *Estudios Geográficos, XXXIX,* 153, págs. 443-472.

ARAQUE JIMÉNEZ, E. (1985): «Transformaciones recientes en una comarca de montaña andaluza: Sierra de Segura (Jaén)». *Jornadas sobre problemas actuales de los municipios de montaña de la Cordillera Cantábrica.* Pola de Lena, Resúmenes, págs. 34-35.

ARIAS ABELLÁN, J. (1981): «La repoblación forestal al norte de Sierra Nevada», *Cuadernos geográficos* (Granada), n.º 11.

ARIAS ABELLÁN, J. y CÓZAR VALERO, E. (1996): «Desequilibrios demográficos, envejecimiento y actividad de la población en Sierra Nevada». En «Sierra Nevada. Conservación y desarrollo sostenible». Actas del Congreso Internacional. Granada, 1996.

ARMAND, A. D. (1969): Natural complexe as Selfregulating information system. «Soviet Geography.», vol. 1.

ARMAND, A. D.; PREOERAZENKIJ, V. S.; y ARMAND, D. L. (1968): Les complexes naturels et les methodes actuelles de leur etude. «Annales de Geographie».

AUFRERE, L. (1936): Les paysages spirituels de l'Occident. «Annales de Geographie».

AVILÉS BENÍTEZ, A. (1995): La dehesa andalouse: de nouveaux enjeux pour un agrosystéme traditionel. Montpellier, Instituto Agronómico Mediterráneo, pág. 45
BALLION, H. R. (1981): Les representations sociales de la montagne. En *Supervivencia de la montaña,* Madrid, Mº de Agricultura, págs. 69-91.
BARTELS, D. (1970): «Wirtschaft» und «Sozialgeographie». Berlin, Newe Wiss. Bibliothek.
BAULIG, G. (1948): «La Geographie est-elle une science?». Annales de Geographie
BERTRAND, C. L.; BERTRAND, G.; RAYNAUD, J. (1978): Le Sidobre (Tarn). Esquisse d'une monographie. «R.G.P.S.O.», T-49.
BERTRAND, G. (1964): Esquisse bioqeographique de la Liébana (Massif Cantabrique, Espagne). La dynamique actuelle des paysages. «R.G.P.S.O.», T-39.
—, (1968): Paysage et Geographie physique globale. Esquisse méthodoloqique. «R.G.P.S.O.», T-39.
—, (1969): Ecologie de l'espace geographique. Recherches pour une «Science du paysage. «C. R. Soc. Eiogeographie». Paris, n.º 9. 406.
—, (1972): La «Science du paysage», une «Science diagonale». «R.G.P.S.O». T-43.
—, (1972): Les structures naturelles de I 'espace geographique. L 'exemple des Montagnes Cantabriques Centrales. «R.G.P.S.O.». T-43.
—, (1972c): Ecologie d'un espace geographique: Les géosystemes du Valle de Prioro. «L.E.G.».
—, (1973): la Geographie physique a la recherche d'une dimensión ecologique. «Annals de geographie» N.º 450.
—, (1973b): Quelques remarques sur le role de I'outil mathématique dans les études integrées de paysage. «L'espace geographique.
—, (1974): Essai sur la systematique du paysage: les montagnes cantabriques centrales. Toulousse, These d'Etat, 3 vols.

BERTRAND, G. (1975): Pour une histoire ecologique de la France rurale. En DUBY, G. -WALLON, A.: Histoire de la France rurale. Vol. I, Paris, seuil.
—, (1978): Le paysage entre la Nature et la Société. «R.G.P.s.o.». T-49.
—, (1978b): La Geographie physique contra nature? «Geodoc», No. 8 (Toulouse).
BERTRAND, G. y DOLLFUS, O. (1973a): Essai d'analyse ecologique de I'espace montagnard. «L.E.G.».
—, (1973b): l'Himalaya Central. Essai d'analyse ecologique. «L.E.G.».
—, (1973c): le paysage et son concept. «L.E.G.».
—, (1973d): les paysages du Nepal Central et leur organisation. «Bull. Ass. Geogr. Françaises», no. 404-405.
BERTRAND, M. J. (1977): les espaces humains d'un paysage. «L.E.G.»
BIROT, P. y DRESCH, J. (1953): *La Mediterranée et le Moyen Orient*, T. I. (La Mediterranée Occidentale) París, PUF.
BLACHE, J. (1933): *L'homme et la montagne*. París, Gallimare.
BLANC, A.; DRAIN, N. y KAYSER, B. (1968): *L'Europe medierranéenne.* París, PUF.
BOBECK, H. (1957): Gedankenüber das logische system der Geographie. «Mitteil der Osterreich Geselchaft». Viena.
BOBECK, H. y SMITHUSEN, J. (1949): Die landchaft in logischen system der Geographie. «Erkunde».
BOLOS, M. (1975): Paisaje y ciencia geográfica. «Estudios Geográficos», Homenaje a D. Manuel de Terán, vol. I.
BOLOS, M. (1978): Aportación al estudio del hombre como elemento y factor del paisaje. V Coloquio de Geografía (Granada 1977).
BOSQUE MAUREL, J. (1966): «Latifundio y minifundio en Andalucía oriental», Tercer Coloquio sobre Geografía, Salamanca, octubre, 1975. Asociación para el Progreso de las Ciencias, Madrid.

BOSQUE MAUREL, J. (1968): «Tradición y modernidad en las Alpujarras granadinas» *Aportación española al XXI Congreso Internacional de Geografía.* Madrid. Reproducido en *Andalucia. Estudios de Geografía agraria.* Madrid, Aljibe, 1978.

—, (1968-69): «La distribución de la explotación agraria en Andalucía, *Anales de Sociología,* nn. 4-5, págs. 3-10.

—, (1969): «Minería y agricultura tradicional en el Marquesado de Zenete», *Homenaje a Angel Cañellas,* Zaragoza, Facultad de Letras. (1969): «La distribución de la explotación agraria en Andalucía», Anales de Sociología, n.º 4-5.

BOSQUE MAUREL, J. (1970): La Alpujarra. Caja de Ahorros de Granada.

—, (1971): Granada, la tierra y los hombres, Granada, Facultad de Letras.

—, (1980): «La España del Sur: Andalucía». En *Los paisajes rurales de España.* Valladolid, A.G.E. págs. 191-205.

BLACHE, J. (1934): L'Homme et la montagne. Paris. Gallimard.

BLANCHARD, R.: I-Les Alpes et son destin. Paris, Fayard.

BRAUDEL, F. (1958): Le Mediterranie et le monde mediterranea. Vol. I.

BRAUDEL, F. y DUBY, G. y otros (1985, 1987, ed. española): *El Mediterráneo.* Madrid, Espasa Calpe.

BROECK, J. (1938): The concept «landscape» in Human Geography. «Comptes rendus, Congres d'Amsterdam».

BRUNET, R. (1974): Analyse des paysages et semiologie. «L´Espace Geographique».

CABERO DIEGUEZ, V. (1980): «Estado actual de las regiones de montaña». En A.G.E.: *La región y la Geografia española.* Valladolid.

—, (1981): «La despoblación de las áreas de montaña en España y la transformación del hábitat. El ejemplo de las montañas galaico-leonesas. (Sanabria y La Cabrera). En *Supervivencia de la Montaña,* págs. 171-185.

CALATRAVA REQUENA, J. (1983): «Análisis de la potencialidad del turismo rural como elemento generador de rentas complementarias en zonas de depresión económica: el caso de las Alpujarras granadinas» *Coloquio hispano-francés sobre espacios rurales,* Madrid, vol. II, págs. 305-328.

—, (1988): «El modelo de integración de rentas como base del desarrollo en zonas de montaña: consideración teórica y estrategias para su puesta a punto» Agricultura y Sociedad, n.º 47, Abril-Junio, págs. 55-82.

CALATRAVA REQUENA, J. (1995): «Actividad agraria y sustentabilidad del desarrollo rural». En Ramos, E. y Cruz, J. *Hacia un nuevo sistema rural.* Madrid, MAPA, págs. 303-329.

CARANDELL, J. (1935): «El hábitat de Sierra Nevada» *Bol. de la Soc. esp. de H. a Natural.* Separata, 55 págs.

CARVAJAL, M. C.: «Régimen demográfico de la población andaluza, 1975-1981». *Baetica,* Málaga, 7, págs. 59-87.

CASA DE VELÁZQUEZ (1986): *Supervivencia de la Sierra Norte.* Madrid, Ministerio de Agricultura, págs. 278.

CERAMAC (s.a, 2003?): *Crises et mutations des agricultures de montagne.* Colloque international en hommage a Ch. Mignon.

COLOQUIO HISPANO-FRANCES SOBRE ESPACIOS RURALES (1983). Madrid. Casa de Velázquez.

CONSEJO DE EUROPA: La conservación de la arquitectura rural europea. V Confrontación Internacional. Granada, 1977, pág. 2.

CÓZAR VALERO. M. E. y ARIAS ABELLÁN, J. (1996): «Desequilibrios demográficos, envejecimiento y actividades de la población en Sierra Nevada». I vol. IV, págs. 291-313.

CURRY, L. (1964): Landscape as System. «Geographical Review».

DEFFONTAINES, P. (1972): Analyse regionale des Systemes de production agricole et «Science du paysage»- «L'Espace Geographique».
—, (1972): El Mediterráneo. La Tierra, el mar, los hombres. Barcelona, Juventud
—, (1964): El Mediterráneo. Estudio de Geografía Humana. Barcelona. Juventud. pág. 153.
DELGADO CABEZA, M.: «Globalización, agricultura y ordenación del territorio en Andalucía». *Revista de Estudios Regionales,* Málaga, 54, págs. 183-202.
DELGADO MOLINA, J. M. (1985): «Perspectivas del turismo rural o de montaña en Andalucía. La Junta de Andalucía y el turismo de montaña». En *Estudios sobre áreas de montaña.* Granada, Centro de Estudios municipales y cooperación interprovincial. Col. Temas de Admón. Local, n.º 13, págs. 99-118.
DELPOUX, M. (1972): Ecosysteme et paysage- «R-G-P-S-O-»- T-43.
DEMANGEON, A. (1940): La «Geographie psicologique»- «A.G-». Vol- 59.
DOUGELDROIT, A. (1976): Les paysages forestiers d'Haute Provenze el des Alpes marilimes. Aix, Edisud-
ESCRIBANO, M. M. y otros. (1991): *El paisaje* Madrid, M.O.P.U.
ETXEZARRETA, M. (1988) : Desarrollo rural integrado. MAPA, serie estudios, Madrid.
FALLOT, P. (1984): «Les cordilléres betiques». *Estudios Geológicos,* 8, págs. 5-40.
FEL, A. (1974): Paysages, Geographie el Semiologie. «L'Espace Geographique».
FLUVIA FONT, M. (1985): «Pluriactividad en las zonas de montaña». *En Estudios sobre áreas de montaña,* págs. 23-50.
FORONDA ROBLES, C. (2000): «Entre la realidad y conceptualización del desarrollo sostenible. Los Programas Leader en Andalucía». En *Hacia un nuevo es-*

pacio euromediterráneo. III Encuentro de Geografía Regional. Barcelona (edit. En Sevilla), págs. 69-74.
FREMONT, A. (1974): Les profundeurs des paysages geographiques- «L.E.G.».
GABERT, D. y GUICHONET, P. (1965): *Les Alpes et les Etats alpins*. París, P.U.F., págs. 249
GARCÍA FERNÁNDEZ, J. (1973): Organización y evolución de los cultivos en la España del Sur. Valladolid, Departamento de Geografía.
—, (1975): Organización del espacio y economía rural en la España Atlántica, Madrid. Siglo XXI
—, (1991): «Sobre la montaña como hecho geográfico» *Agricultura y Sociedad,*_suplemento 2, págs. 7-64.
GARCÍA MANRIQUE, E. (1973): El minifundio en la costa mediterránea andaluza. Homenaje a don Amando Melón.
GARCÍA MANRIQUE, E. y OCAÑA, C. (1986): Geografía humana de Andalucía. Barcelona, Oikos-Tau., págs. 205
—, (1990): «L'evolution récente des montagnes meridionales de l'Andalousie», *Revue Geographique des Pyrénées el du Sud-Ouest,* Toulouse, 61, págs. 205-216.
GARCÍA MARTÍNEZ, P. (1988): «La transformación del paisaje y de la economía rural en la montaña mediterránea andaluza. El caso de la Alpujarra Occidental». Tesis. Edición 1998
GARCÍA RUIZ, J. M. (1975): Algunas consideraciones en torno al lema de los paisajes integrados. «Cuadernos de Geografía e Historia» (Logroño).
GEORGE, P. (1985): «L'eau dans les civilisations et les economies mediterranéenes». *Paralelo 37*, Almería, págs. 8-19.
—, L'evolution de la population rurale en France, 1930-1979. En Homenaje a F. Dussant.
GIBLIN, B. (1978): Le paysage, le terrain el les geographes. «Herodolo», T. 9.
GIL OLCINA, A. (1993): «Bonificación de áreas palustres». En *Algunas cuestiones de Ordenación del territorio.* Alicante.

GOICOECHEA ACOSTA, M. (1981): Aproximación al estudio cuantitativo de la erosión hídrica en la Alpujarra. Cuadernos Geográficos, n.º 11.

GÓMEZ BENITO, C.; RAMOS RODRÍGUEZ, E. y SANCHO HAZAK, R. (1987): *La política sociocultural en zonas de agricultura de montaña en España.* Madrid, MAPA.

GÓMEZ MORENO, M. L. (1997): «Espacios rurales y espacios naturales: las incoherencias de las políticas agrarias», *Baetica* Málaga, 19, vol. I, págs, 157-167.

GONZÁLEZ BERNÁLDEZ, F. (1987): *Ecología y Paisaje.* Madrid, Blume.

—, (1989): «Ciencia o Poesía. La temática específica del paisaje» En *Seminario sobre el paisaje,* Sevilla, Cosejería de Obras Públicas.

GRUPO E.R.A. (1980): *Las agriculturas andaluzas.* Madrid, MAPA, serie Estudios.

GUERIN, J. P. (1984): L'amenagement de la montagne. París, Ophrys, 1974, 468 págs.

HARD, G. (1970): Die «Landchaft» der Sprache und die «Landchaft» der Geographen, Bonn, «Colloquiun geographicum 11».

—, (1970): Was ist eine Landchaft? In D- Bartels.

HOUSTON, J. (1970): Paisaje y síntesis geográfica. «Revista de Geografía (Barcelona)».

HUBSCHMAN, J. (1972): Sols et paysages: quelques problemes d'ecologie du Sol. «R.G.P.S.O.».

I.N.I.A. (Instituto Nacional de Investigaciones Agrarias) (1983): Análisis espacial de la depresión socioeconómica en España en base a las comarcas agrarias. Madrid, serie Comunicaciones n.º 14.

ISNARD, H. (1973): Pays et paysages mediterranéens. P.U.F., col. «La Géographie»

JIMÉNEZ OLIVENCIA, Y. (1991): Los paisajes de Sierra Nevada. Granada, S. P. Universidad.

—, (1992): «Cambios medioambientales que suceden al abandono de los campos de cultivo en terrazas: la

acequia de Cachariche». Cuadernos geográficos, n.º 18-19, Granada.
JUNTA DE ANDALUCÍA (2001): Evaluación intermedia de la iniciativa Leader II para Anadalucía. (Policopiado), págs. 71.
LICHTENBERGER, E. (1979): «L'abandon de la haute montagne en Europe. *Hommage a F. Dussart.* págs. 379-400.
LIZEWSKI, S. y SULIBORSKI, A. (1977): «Colonisation et economie en haute montagne: Trevélez (Sierra Nevada, Espagne)» *Mediterranée,* n.º 1, págs. 65- 72.
LONG, G. (1969): Conception generale sur la cartographie biogeographique integrée de la vegetation et son ecologie. «A. G.».
—, (1974): Diagnostic phytoecologique et amenagement du territoire. Paris, Masson.
LÓPEZ ONTIVEROS, A. (1981): «El desarrollo reciente de la caza en España». En *Supervivencia de la montaña. Actas del Coloquio hispano-francés sobre áreas de montaña.* Madrid M.A.P.A.
LÓPEZ ONTIVEROS, A. y VALLE BUENESTADO, B. (1988): Caza y explotación cinegética en Córdoba y Jaén. Sevilla. JARA.
LUQUE BAENA, E. (1976): *Estudio antropológico de un pueblo del sur.* Madrid, Tecnos.
MARTÍNEZ DE PISÓN, E. (1978): El paisaje interior. Vol. «Homenaje a J. Caro Baroja».
—, (1981): «Los conceptos y los paisajes de montaña». En *Supervivencia de la montaña,* págs. 21-34.
MARTÍNEZ PARDO, M. (1985): «Hacia una política integral de las zonas de montaña». En *Estudios sobre áreas de montaña,* Granada, págs. 7-22.
MATHIEU, D. y WIEBER, J. C. (1973): L'analyse des structures des paysages naturelles. «L'Espace Geographique».
MC NEIL, J. R. (2004, e. o. 1992): *The mountains of the Mediterranean World: An Enviromental History.* Cambridge University Press.

MIGLIORINI, E. (1979): Il declino della popolazione rurale in Italia, En Homenaje a F. Dussart, 1979.
MIGNON, Ch. (1981): «La crise et les problemes de renovation de la vie rurale de montagne en Haute-Alpujarra». En *Supervivencia de la montaña,* págs. 511-524.
—, (1982): Campos y campesinos en la Andalucia mediterránea. Madrid, Mº de Agricultura, Serie Estudios.
MINISTERIO DE AGRICULTURA (1985): *Ley de Agricultura de montaña.* Madrid, Secretaria General Técnica. (Incluye toda la legislación de desarrollo y los primeros trabajos de la Comisión nacional-delimitación).
MOLERO MESA, J. y PÉREZ RAYA, F. (1987): La flora de Sierra Nevada. Granada. S.P. Universidad.
MULERO MENDIGORRI, A. (1994): «La recreación rural en la montaña española». *Estudios Geográficos,* Madrid, 214, págs. 81-106
MULERO MENDIGORRI, A. (1995): Los espacios rurales de ocio. Madrid, M.A.P.A., págs. 584.
MURCIA, E. (1978): El paradigma sistémico en Geografía y Ordenación del Territorio. «Ciudad y territorio»
NESTEROV, A. I. (1974): The development of antropogenic landscape science at the Geography. «Soviet Geography».
NIKOLAYEV, V.A. (1974): Principles of landscape classification. «Soviet Geography».
OCAÑA, C. (1996): «El medio rural». *Revista de Estudio, Regionales,* Málaga, 44, págs. 293-305.
OCAÑA, C.; GARCÍA MANRIQUE, E. y NAVARRO, S. (1998): *Andalucía. Población y espacio rural.* Málaga, Consejería de Agricultura de la Junta de Andalucía.
OJEDA RIVERA, J. F. (Cord.)(1993): Intervenciones públicas en el litoral atlántico andaluz. Efectos territoriales. Sevilla, Junta de Andalucia.
ORTEGA ALBA, F. (1974): El subbético de Córdoba. Estudio de Geografía Agraría. Córdoba, Caja de Ahorros.

ORTEGA, F. y RODRÍGUEZ, F. (1978): Un esquema metodológico para la planificación ecológica de Andalucía. (V Coloquio de Geografía. Granada, 1977).
ORTEGA VALCÁRCEL, J. (1975): La transformación de un espacio rural. Las montañas de Burgos. Valladolid.
PALIERNE, J. M. (1969): La notion de paysage en Geographie physique, est-elle un faux probleme? Norois, n.º. 62.
PANAREDA, J. M. (1973): Estudio de paisaje integrado. Ejemplo del Montseny. «Revista de Geografía de Barcelona», vol. VII.
—, (1979): Metodología pera un estudi global del paisatge. Homenaje a S. Llobet, De- partamento Geografía, Universitad de Barcelona.
PEREZ YRUELA, M. y GIMENEZ GUERRERO, M. M. (1994): «Desarrollo local y desarrollo rural; el contexto del programa Leader» Papeles de Economía Española, n.º 60-61, págs. 139-148.
PIORE, M.J. y SABEL, C.F. (1990) : La segunda ruptura industrial. Madrid, Alianza Editorial.
POSOCCO, F. y ZOIDO, F. (1992): «La Administración del paisaje». En *Paisaje Mediterráneo.* Milán, Electa, págs. 274.
RAMOS LEAL, E. y ROMERO J. J. (1993): «La crisis del modelo de crecimiento y las nuevas funciones del medio rural». En *El desarrollo andaluz a las puertas del siglo XXI*, Junta de Andalucía, págs. 11-24.
RAMOS, A. *y* CIFUENTES, R. (1982): «La consideración de los aspectos paisajísticos en la Ordenación integrada de los espacios litorales». En *Coloquio hispano-francés sobre* espacios *litorales.* Madrid, Ministerio de Agricultura, págs. 863-869.
RICHARD, J. F. (1975): Paysage, ecosysteme et environement. Un approche geographique. «L'Espace Geographique»
RiVERA MATEOS. M. (1992): Explotación agraria y ocupación del espacio productivo en Sierra Morena. Córdoba. Universidad.

ROCHEFORT, R. (1974): La perception des paysages. «L'Espace Geographique».
RODRÍGUEZ MARTÍNEZ, F. (1977): «El habitat de la Alpujarra: Consideración geográfica». *V Confrontación Internacional del Consejo de Europa.* Granada.
—, (1977): La Serranía de Ronda. Estudio Geográfico, Málaga.
—, (1978): «Factores humanos en la evolución del paisaje vegetal de Andalucía. El caso de la Serranía de Ronda». *I Congreso de Historia de Andalucía.* Córdoba, 1978.
—, (1979): «Bases físicas para un desarrollo integral de Ronda y su comarca», *Jornadas sobre Ronda y su comarca,* Madrid, 1980.
—, (1980): «El paisaje rural en los valles penibéticos «. En *los paisajes rurales de España.* Valladolid, Asociación de Geógrafos españoles.
—, (1981a): «El papel de la estructura agraria en la crisis de la montaña mediterránea andaluza:el caso de la Alpujarra». En *la propiedad rústica en España.* Alicante, Departamento de Geografía -As. de Geógrafos.
—, (1981b): «Notas sobre la crisis y las posibilidades de desarrollo de la montaña mediterránea andaluza. El modelo de Sierra Nevada». *Cuadernos geográficos* (Granada), n.º 11 (monográfico sobre Sierra Nevada).
RODRÍGUEZ MARTÍNEZ, F. (1981c): (Director) «Bases físicas para una Ordenación territorial de la vertiente Surde Sierra Nevada (Alpujarra, Granada)». *Cuadernos Geográficos* n.º 11.
—, (1983): «Situación actual de los latifundios de sierra en el ámbito penibético «. II Coloquio de Geografía Agraria, La Rábida (Huelva).
—, (1983): (Director) «Estudio de Reconocimiento territorial de la Alpujarra granadina». Junta de Andalucía, Consejería, de Política Territorial.

RODRÍGUEZ MARTÍNEZ, F. (1985a): «La estructura de las relaciones funcionales intermunicipales como factor de la ordenación territorial de una comarca de montaña: el caso de la Alpujarra granadina «*Congreso sobre Agricultura y Desarrollo rural en áreas de montaña,* Granada.

—, (1985b): Granada, medio físico y desarrollo Granada, Instituto de Desarrollo Regional.

—, (1987): «Los «latifundios de sierra» en el ámbito penibético». En *Estructuras y regímenes de tenencia de la tierra en España.* Madrid. MAPA. págs. 444-462.

—, (1988): «La ordenación territorial de la Alpujarra. Una propuesta geográfica». Sierra Nevada y su entorno. Actas del encuento Hispano-Francés organizado por la Casa de Velázquez y la Universidad de Granada. Granada. Universidad. págs. 247-292.

—, (1989): «La Agricultura de montaña en Andalucía». En *Geografía de Andalucía.* Ediciones Tartessos, Sevilla. págs. 283-329.

—, (1992): «La protección ambiental y el desarrollo de la montaña en Andalucía». En *La montaña en los* 90. *El campo,* Fundación BBV, págs. 68-74.

—, (1994): «El impacto ambiental del turismo». En *Desarrollo* y *crisi del turismo en Andalucía.* Almería, Diputación Provincial, Casa de Velásquez.

—, (1999): «Desarrollo Rural y desigualdades. Algunas observaciones en relación con Andalucía». *Revista de Estudios Regionales*, 54, págs. 269-260.

—, (2000): «Desarrollo rural en las montañas andaluzas. Un análisis desde la sostenibilidad» *Cuadernos Geográficos*, Granada, 30, págs. 97-121.

—, (2001): «Las montañas andaluzas en la encrucijada del desarrollo rural». *Ería,* Oviedo, 54-55, págs. 125-139.

RODRÍGUEZ MARTÍNEZ, F. y ARIAS ABELLÁN, J. (1996): «Sierra Nevada entre la conservación y el desarrollo. Análisis y perspectivas de un parque de alta montaña mediterránea». *Boletín de la Real Sociedad Geográfica*, CXXII, págs. 243-275.

RODRÍGUEZ MARTÍNEZ, F. y GARCÍA MARTÍNEZ, P. (1996): «La indemnización compensatoria de montaña en Andalucía». *VIII Coloquio de Geografía Rural*, AGE, págs. 349-362.

RODRÍGUEZ MARTÍNEZ, F. y GÓMEZ VIDAL, R. (1996): «Turismo y desarrollo rural sostenible en la Alpujarra» En *Sierra Nevada. Conservación y desarrollo sostenible.* Granada.

RODRÍGUEZ MARTÍNEZ, F. y JIMÉNEZ OLIVENCIA, Y. (1995a): «De la montaña al desierto. Algunas consecuencias del abandono agrícola en la periferia meridional de Sierra Nevada (España)». *Paralelo* 37 (Almería), Seminario internacional sobre desertificación en la cuenca mediterránea, n.º 16, págs. 85-94.

—, (1995b): «Abandono agrícola y desarrollo sostenible en Sierra Nevada». 1ª Conferencia Internacional sobre *Sierra Nevada: Conservación y desarrollo sostenible,* volumen 4, págs. 447-493.

ROUX, B. (1980): «L'evolution de l'agriculture latifundiaire dans le systeme capitaliste: les transformations de la grande explotation en Andalousie». Seminario Fundación Gulbenkian, diciembre 1979. Oeiras.

RUIZ AVILES, P y ULECIA, M. (1996): «La estrategia de desarrollo rural y la iniciativa Leader I». *Revista de Estudios Regionales*, 41, págs. 115-142.

RUIZ AVILÉS, P., ULECIA GARCÍA, M., y CASADO RAIGÓN, J. M. (1999): *Construcción del Desarrollo rural en Andalucía.* Consejería de Agricultura, monografía, n.º 22, págs. 228.

SABOVIC, P. (1973): La irrigación en el municipio de Capileira. Tesis doctoral inédita.

SACAREAU, I. (2003): *La montagne. Une approche geographique.* París, Belin.

SALA SANJAUME, M. (1978): Los geosistemas del macizo de las Gavarres. «Cuadernos de Geografía e Historia» (Logroño).

SANCHO ROYO, F. (1974): Actitudes ante el paisaje. Estudio experimental. Publicaciones de la Universidad de Sevilla.

SERMET, J. (1942): «Sierra Nevada». *Estudios Geográficos.*

SEVILLA GUZMAN, E. (1980): «Reflexiones teóricas sobre el concepto sociológico de latifundismo», *A Agricultura latifundiaria na Peninsula Ibertca.* Seminario Fundación Gulbenkian, diciembre 1979, Oeiras.

SIEGFRIED, A. (1943): *Vie generale sur la Mediterranée.* París.

SORRE, M. (1931): «Nomadisme agricole et trashumance dans Sierra Nevada». *Annales de Geógraphie.* Trad. esp. Bol Cámara Comercio de Granada, 1962.

—, (1955): «Algunos aspectos de la Geografía humana de la montaña». *Geographica,* págs. 3-8.

SORRE, M.; SION, J. y CHATAIGNEAU, V. (1934): «Mediterranées. Peninsules mediterranéennes». *Geographie Universelle,* Volumen VII.

STODDART. D. R. (1965): Geography and the Ecological approach. The ecosystem as a geographie Principes and Methods. «Geography».

STOHR, W. y TODTLING, F. (1976) : «Spatial Equity. Some anti-theses to Current Regional Development Doctrine» Papers of the Regional Science Association, vol. 38, 1977, págs. 33-53

SUPERVIVENCIA DE LA MONTAÑA (1981): Actas del *Coloquio hispano-francés sobre Areas de montaña,* Madrid, MAPA.

TAILLEFER, F. (1972): Le premier Colloque interdisciplinaire sur la «science du paysage». et ses applications. Rapport de synthese. «R.G.S.O.». T-43.

TERÁN, M. de (1987): «Del Mythos al Logos». *Estudios Geográficos,* número especial en homenaje al Manuel de Terán, págs. 39-58.

TRICART, J. (1978): La Ecogeographie. Paris. F. Maspero. col. Herodoto.

TROLL, C. (1973): «The upper timberlines in different climatic zones». *Artic and Alpine Research,* 5(3), págs. 3-18.

TROLL, G. (1971): Landscape ecology (Geoecology) and Biogeology: a Terminological study. «Geoforum». N.º 8.

VARIOS (1980): La vida rural en la montaña española (Orientaciones para su promoción). Jaca, Monografías del Instituto de Estudios pirenáicos, n.º 107.

VAZQUEZ BARQUERO, A. (1988): Desarrollo local. Una estrategia de creación de empleo. Madrid, Pirámide, 1988.

—, (1993): Política económica local a los desafíos del ajuste prooductivo. Madrid, Pirámide.

VERA REBOLLO, J. F. (1992): «Desarrollo de oferta complementaria como respuesta al agotamiento del turismo masivo». En *Ordenación* y *Desarrollo del Turismo en España* y *Francia,* Madrid, Casa de Velázquez

—, (1993): «Las infraestructuras de transporte en el arco mediterráneo». En *Algunas cuestíones de Ordenación del Territorio.* Alicante, Instituto de Geografía, págs. 67-110.

VEYRET VERNER, G. (s.a.): «Amenager les Alpes: Mythes et realités», *Etudes montagnardes. Neuvieme serie.*

VEYRET VERNER. P. (s.a.). «L'agriculture de montagne dans les Alpes françaises», *Etudes montagnardes.* Onzieme serie.

ZOIDO, F. (1987): «Paisaje *y* Ordenación del Territorio» En *Seminario sobre el paisaje.* Sevilla, Consejerla de Obras Públicas, págs. 135.

ÍNDICES

ÍNDICEDE FIGURAS

Páginas

Páginas

ÍNDICE DE CUADROS

Páginas

ÍNDICE DE LÁMINAS

ÍNDICE GENERAL

Páginas